高等院校公共基础课规划教材

计算机应用技能

（第2版）

主编 韦素云　　蒋安纳
参编 高琳明　　袁庆萍　　章春芳　　薛联凤

U0380099

东南大学出版社
SOUTHEAST UNIVERSITY PRESS
·南京·

内 容 提 要

本书是根据教育部计算机科学与技术教学指导委员会提出的《关于进一步加强高等学校计算机基础教学的意见》中的有关要求编写的,主要讲述了 Windows 10 操作系统、Word 2016 、Excel 2016、PowerPoint 2016 、Dreamweaver CC 2017、Photoshop CC 2017 和 Animate CC 2017 软件的使用方法。

本书强调学与练相结合,案例丰富、讲解详细、可操作性强、实用性强。

本书可作为各类高等院校计算机基础课程教材,也可作为计算机各类社会培训班的教材或者计算机初学者的自学参考书。

图书在版编目(CIP)数据

计算机应用技能 / 韦素云,蒋安纳主编. —2 版.
— 南京 : 东南大学出版社,2017.9(2021.12 重印)
ISBN 978 - 7 - 5641 - 6956 - 5

Ⅰ.①计… Ⅱ.①韦… ②蒋… Ⅲ.①电子计算机
Ⅳ.①TP3

中国版本图书馆 CIP 数据核字(2017)第 234467 号

计算机应用技能(第 2 版)

出版发行	东南大学出版社
出 版 人	江建中
社 址	南京市四牌楼 2 号
邮 编	210096
经 销	全国各地新华书店
印 刷	常州市武进第三印刷有限公司
开 本	787 mm×1092 mm 1/16
印 张	24
字 数	484 千字
版 次	2017 年 9 月第 2 版
印 次	2021 年 12 月第 6 次印刷
书 号	ISBN 978 - 7 - 5641 - 6956 - 5
定 价	52.00 元

(本社图书若有印装质量问题,请直接与营销部联系。 电话:025-83791830)

前言 Preface

随着社会的发展,新的计算机技术不断涌现,计算机在社会中的应用更加深入广泛,新时期社会对人才的培养提出了更高的要求,迫切需要加强高等院校计算机基础的教学工作。根据教育部高等学校非计算机专业基础课程教学指导分委员会提出的《关于进一步加强高等学校计算机基础教学的意见》,高等学校计算机基础教学是为非计算机专业学生提供计算机知识、能力与素质方面的教育,旨在使学生掌握计算机硬件、软件、网络、多媒体及其他相关信息技术的基本知识,培养学生利用计算机分析问题、解决问题的意识与能力,提高学生的计算机素质,为将来利用计算机知识与技术解决自己专业实际问题打下基础。

不同专业因其计算机应用特点不同,可能会对计算机基础教学提出不同要求。但概括起来,计算机基础课程的教学目的主要侧重于以下几个方面:

(1)掌握计算机软硬件的一些基础知识,以及程序设计、数据库、多媒体、网络等方面的基础概念与原理性内容,了解信息技术的发展趋势。

(2)熟悉典型的计算机或网络操作环境及工作平台,具备使用常用软件进行信息处理的能力。

(3)培养良好的信息素养,具有良好的社会责任与职业道德,能够利用计算机手段进行表达与交流,能够利用 Internet 主动学习。

基于以上目的和要求,针对信息技术快速更新发展和新时期高等学校学生的特点,我们组织了一批工作在教学一线并且有多年计算机基础课程教学经验的高校教师,编写了《计算机应用技能(第 2 版)》一书。

本书共有 7 章,详细介绍了多款实用软件最新版本的使用方法,案例丰富,步骤详细,可操作性强。

第 1 章介绍了 Windows 10 操作系统的使用方法;第 2 章介绍了 Word 2016 的基本操作方法,包括文本编辑、图文表混排、格式编排、长文档排版等方法;第 3 章介绍了 Excel 2016 的使用技巧,内容包括 Excel 表格制作和格式化方法,公式、函数和图表的使用方法,分类汇总表的创建方法;第 4 章介绍了 PowerPoint 2016 的操作方法,包括演示文稿的创建、修饰和高级设计方法;第 5 章介绍了 Dreamweaver CC 2017 的基本操作和网页网站的设计技巧;第 6 章介绍了图像处理软件 Photoshop CC 2017 的使用方法;第 7 章介绍了动画制作软件

Animate CC 2017 的操作方法。

本书强调学与练相结合,案例丰富、讲解详细、可操作性强、实用性强。通过本书的学习,学生可以掌握办公自动化、图像处理、网页制作和动画制作方法,提高计算机操作水平,为今后的学习与工作奠定基础。

参加本书编写的教师有蒋安纳(第 1 章、第 4 章)、章春芳(第 2 章、第 7 章),高琳明(第 3 章)、韦素云(第 5 章)和袁庆萍(第 6 章),全书由韦素云统稿,薛联凤、沈丽容、张黎宁、夏霖、朱正礼、窦立君等多位教师对本书进行审核并提出了许多宝贵的意见,在此表示衷心的感谢。在本书编写过程中参考了大量文献资料和网上资源,对相关文献和资源的作者,也在此表示衷心感谢。

由于时间仓促和编者水平有限,书中有欠妥和不足之处,恳请读者批评指正。

编者

2017 年 6 月

目录
Contents

第 1 章　Windows 10

2015 年 7 月 29 日，美国微软公司正式宣布发布 Windows 10 桌面版，一个新一代跨平台及设备应用的操作系统，同时宣布在正式版本发布后的一年内，所有符合条件的 Windows 7、Windows 8.1 以及 Windows Phone 8.1 用户都将可以免费升级到 Windows 10，这在微软历史上还是第一次。Windows 10 有很多地方都和原来不一样了，主要原因是微软要启用更安全的 Modern 主题。

1.1　Windows 10 英雄桌面

进入 Windows 10，最显眼的莫过于酷炫的 Windows 10 英雄壁纸了。仔细观察，任务栏多出了搜索栏和"任务视图"按钮，还有那显眼的位于左下角的 Windows"开始"按钮，它也带来了"开始"菜单的回归（如图 1.1 所示）。

图 1.1　英雄桌面

在这个桌面上只能看到"回收站"图标,其他系统图标都被隐藏起来了。在"开始"→"设置"→"个性化"→"主题"→"桌面图标设置"中勾选对应图标(如图 1.2 所示),就可以看到桌面的"此电脑"、"网络"、"回收站"等图标都有了新的面貌。

图 1.2　桌面图标设置

在操作界面中的另一个较大改变就是窗口。在 Windows 10 的窗口中,左侧、右侧及下侧的边框给去掉了,只保留了顶部的标题栏(如图 1.3 所示)。新窗口看上去就像没有了围栏的框一样,不过窗口被加上了比较漂亮的阴影效果。

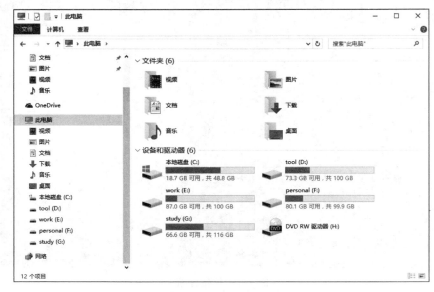

图 1.3　新的窗口界面

1.2　"开始"菜单回归

在 Windows 10 中，微软不仅恢复了"开始"菜单，还增强了"开始"菜单的功能。新的"开始"菜单最大的变化就是在原"开始"菜单的右侧新增加了一栏，这一栏其实是 Windows 8 的"开始"屏幕，即动态磁贴（如图 1.4 所示），默认显示最常用和最近添加的软件。用户可以灵活地调整、增加删除动态磁贴，甚至删除所有磁贴。

图 1.4　"开始"菜单的动态磁贴

想要设置动态磁贴很简单。如果想增加磁贴，只要在"开始"菜单相应的项目上单击鼠标右键，然后在弹出的快捷菜单中选择"固定到'开始'屏幕"选项即可。在应用商店中新增加的应用不会自动加入到"开始"屏幕，需要用户手动将其固定到"开始"屏幕，转变为磁贴。如果想删除磁贴，只需在磁贴上单击鼠标右键，在弹出的快捷菜单中选择"从'开始'屏幕取消固定"选项即可。还可以随意调整磁贴大小、固定应用到任务栏等。

当计算机中安装的程序较多时，"开始"菜单可能会显得过于"琳琅满目"，不便于查找程序。此时除了在小娜（Cortana）搜索栏直接查询之外，也可以在"开始"菜单中按照首字母排序进行快速定位。单击"开始"菜单中用于分类的大写字母，就会看到字母表（包括英文和拼音，如图 1.5 所示），选择需要项目的首字母，就可以直接进入该字母的分类列表，从而免去从头查询的麻烦。

图 1.5　排序的"开始"菜单

1.3　小娜语音助手

在 Windows 10 中新增加了一个小娜（Cortana）语音助手。Cortana 原本是 Windows Phone 中的智能语音助手，现在被引入到了 Windows 10 中。

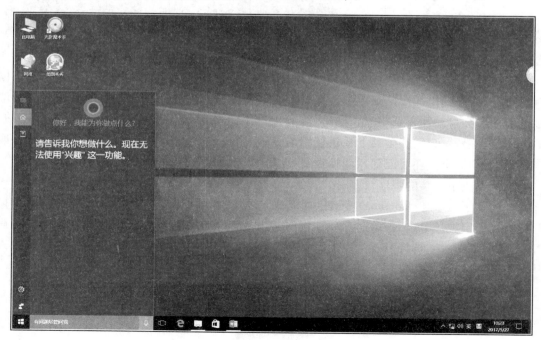

图 1.6　小娜语音助手

小娜可以做什么？小娜可以帮助用户搜索网页、查找文件、查询天气,甚至可以唱歌讲笑话。小娜具备一定的人工智能,还能进行简单的对话,比如"你是谁"之类的。如果小娜无法识别内容,会自动打开浏览器帮助用户进行相关的内容搜索操作。想要使用小娜很简单,单击搜索栏或圆环形"搜索"按钮,就可以显示与小娜对话的界面(如图 1.6 所示)。此时可以直接输入想要搜索的内容,也可以根据小娜给出的内容来查看。

1.4 虚拟桌面

在 OS X 与 Linux 操作系统中有个受用户欢迎的功能叫做虚拟桌面,通过此功能用户可以建立多个桌面,在各个桌面上运行不同的程序而不会相互干扰,让工作清晰有条理。现在 Windows 10 中也加入了该功能。单击小娜(Cortana)搜索栏旁边的"任务视图"按钮就可以进入该功能。此时单击屏幕右下角的"新建桌面"按钮(如图 1.7 所示)就可以创建多个虚拟桌面,再单击屏幕中间的任务缩略图就可以任意切换前台任务,也可以用 Win+Ctrl+←/→组合键轻松切换桌面。

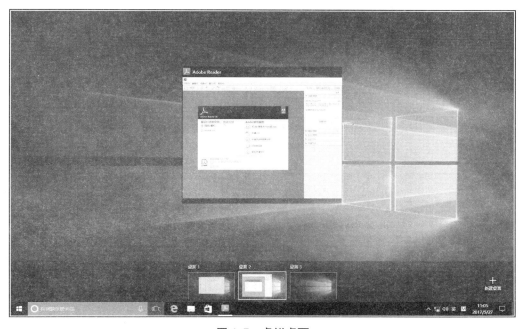

图 1.7 虚拟桌面

1.5 智能分屏

Windows 10 为大屏幕用户带来了福音,打开的窗口不仅能够实现传统的最大化、还原和半屏效果,还有最新加入的"四分屏"和"大小自适应"效果,让"Windows 本性"发挥得淋漓尽致。窗口被拖至屏幕两边时,系统会自动以 1/2 的比例完成排布(如图 1.8 所示)。在 Windows 10 中,热区增加到了 7 个,除了之前的左、上、右 3 个边框热区外,还增加了左上、左下、右上、右下4个边角热区以实现更为强大的1/4分屏，同时新分屏可以与之前的1/2分屏共同存在（如图1.9所示）。将窗口向热区拖动，直至出现预见效果框再松手即可实现分屏。一个窗口分屏结束后，Windows 10的"分屏助理"会自动询问用户另一侧打开哪个窗口。当用户手工将一个窗口调大后，第二个窗口会自动利用剩余的空间进行填充（如图1.10所示），即自动整理原本应该出现的留白或重叠部分，省心又高效。

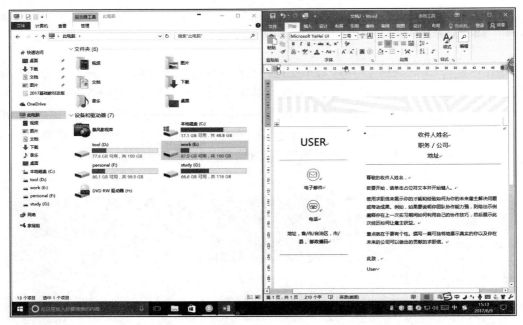

图1.8　1/2分屏效果

图1.9　1/4分屏与1/2分屏同时并存

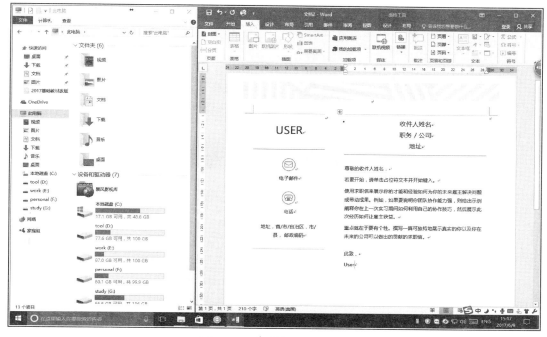

图 1.10　自动填充分屏窗口

1.6　Edge 浏览器

　　打开计算机,上网冲浪已经成为多数人每日必做的功课。Windows 10 中增加了一个全新浏览器 Edge(如图 1.11 所示),不仅增强了性能,还添加了地址栏搜索、手写笔记、阅读模式等多种附加功能,深度结合小娜助手,让用户的搜索体验更加无缝。

　　用户可以直接在网页上进行书写(如图 1.12 所示)或键入笔记并与他人分享,可以切换到无干扰的阅读模式阅读在线文章,还可以方便地保存喜欢的文章以便日后阅读。启用小娜语音助手后,用户可以迅速执行重要操作(例如进行关键字搜索及预约或查看评论),而不用离开正在浏览的页面。

　　Windows 10 的默认浏览器被设置为了 Edge,而老将 Internet Explorer 其实还在,只是被隐藏到了"开始"→"Windows 附件"中,其版本号为 11(如图 1.13 所示)。对于一些网站比如国内的网上银行,Edge 会直接推荐用户采用 Internet Explorer 进行打开,以保持兼容性。

图 1.11　Edge 浏览器

图 1.12　在网页上书写

图 1.13　**Internet Explorer 11**

1.7　全新应用商店

　　和在 iPhone、iPad 以及 Android 手机和平板电脑上类似,在 Windows 10 中下载应用和游戏也得进入应用商店。Windows 10 默认把应用商店图标(类似手提包形状)放在任务栏上,如果任务栏上没有,也可以在"开始"菜单的动态磁贴中找到(参见图 1.4),或者单击"开始"→"应用商店"(或"Store")(如图 1.4 所示)。应用商店内容丰富,国内的视频软件如爱奇艺、优酷、PPTV 等,音乐播放软件如酷我、酷狗、QQ 音乐等,即时通讯软件如 QQ、飞信、微博等常用工具都可以在应用商店中找到。不过下载应用程序需要注册微软账户,点击"应用商店"窗口上方的人形头像标志,按照引导即可完成注册。

1.8　设置选项

　　在新的设置窗口中,用户可以进行系统、设备、网络、个性化、账户、更新和安全等内容的设置,新版的 Windows 设置窗口如图 1.14 所示。

　　想要删除 Windows 10 中的应用,除了可以在"开始"菜单的动态磁贴上单击鼠标右键,或在"开始"菜单的程序列表中的应用上单击鼠标右键,再在弹出的快捷菜单中选择"卸载"选项之外,还可以通过单击"开始"→"设置"→"系统"→"应用和功能"进行删除(如图 1.15 所示)。在这里操作的好处就是可以找到所有已安装应用,集中性很强。

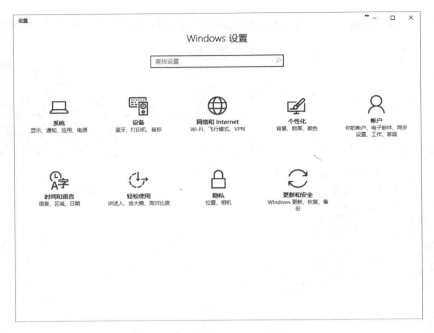

图 1.14　新版的 Windows 设置窗口

想要设置应用程序默认的打开方式，可以单击窗口左侧的"默认应用"选项（参见图 1.15），再在相应的项目上单击，选择想要使用的程序即可，即时生效。

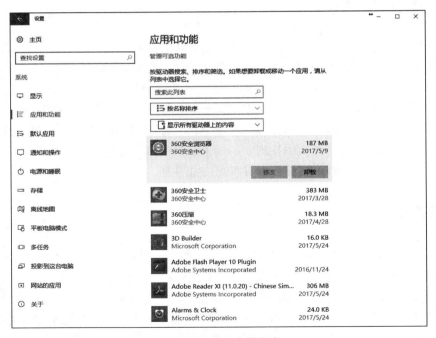

图 1.15　删除应用程序

当需要短暂离开，又不想让人查看计算机时，可以将屏幕锁住。Windows 10 的锁屏界面较之前的版本功能更加强大。除了显示时间之外,还能显示其他各种内容,例如实时天气、邮件、闹钟以及用户设定的第三方应用内容等。单击"开始"→"设置"→"个性化"→"锁屏界面"即可订制属于自己的锁屏界面(如图 1.16 所示),设置包括背景模式(纯图片、Windows 聚焦和幻灯片)、显示详细的应用以及来自微软的消息提示等。

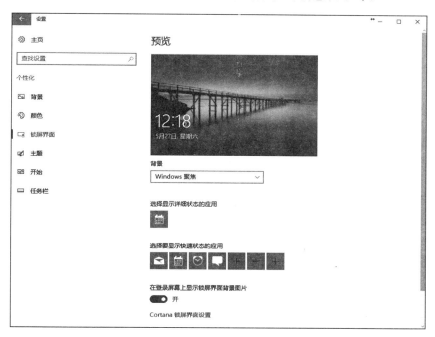

图 1.16　设置锁屏界面

在旧版 Windows 中,可以设置关闭自动系统更新,而在 Windows 10 中已经无法关闭系统自动更新,用户只能选择"推迟功能更新"(如图 1.17 所示)。安装更新后系统会智能选择电脑的非忙碌时间进行重启操作。

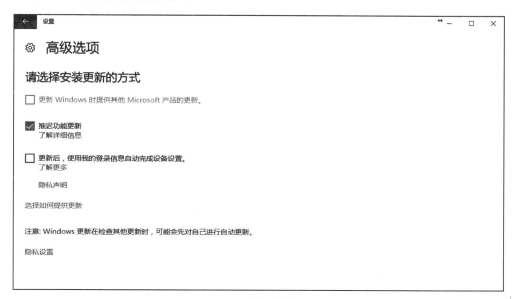

图 1.17　推迟功能更新

第2章 Word 2016 的使用

在 Office 的众多应用程序中,Word 以其简单易行的操作排在了首位,它具有强大的文字处理、文档排版、图片处理、表格制作等功能。本章采用 Word 2016 作为操作平台进行讲解,即使读者熟悉的是 Word 的较早版本也不用担心,只要熟悉了新界面的操作方法和各个命令的新位置,就可以逐步掌握 Word 2016 的各种操作。下面就一起来学习 Word 2016 的操作环境、文档编辑、页面布局、图文混排、表格处理等方面的内容,体验 Word 2016 的精美界面和强大功能。

2.1 Word 2016 的操作环境

如果读者之前是 Word 2003 的忠实粉丝,那么当打开 Word 2016 时,全新的界面会让你突然感觉有点不知所措;如果读者之前是 Word 2007 版本以后的用户,那么对你来说操作上基本没有太大的变化。自 Word 2007 引入功能区起,Word 的界面就有了革命性的变化。读者不要因为界面的变化,就对自己的 Word 操作能力产生怀疑。和 Word 2007 至 Word 2013 的各版本相比,Word 2016 的窗口和对话框的风格发生了变化,同时新增了 Tell Me、朗读等功能,这些在后续的章节都会进行介绍。

2.1.1 熟悉 Word 2016 的工作界面

启动 Word 2016 程序后,屏幕上出现启动画面,画面中有漂亮的动画特效。成功启动后,屏幕上就会出现 Word 2016 的启动界面(图 2.1 所示),其中左侧显示用户最近使用的文档,右侧为各种类型的文档模板,用户可以根据实际的需求选择相应的模板,从而提高编辑的效率。从图 2.1 可以看出,Word 2016 采用蓝色主题也是它的新特性之一。

在图 2.1 中,点击"空白文档"按钮即可创建一个文件名为"文档 1"的文档,如图 2.2 所示。Word 2016 的工作界面主要由快速访问工具栏、标题栏、选项卡及其下的组、文档编辑区、状态栏等部分组成。

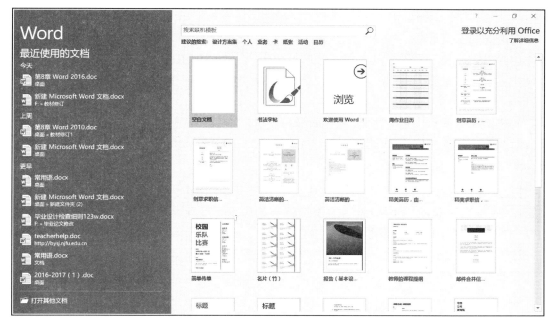

图 2.1 Word 2016 的启动界面

快速访问工具栏　　选项卡　　　标题栏　　　选项卡下的组

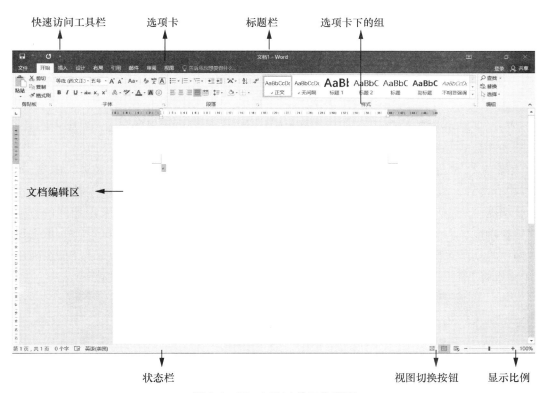

文档编辑区

状态栏　　　　　　　　　视图切换按钮　　显示比例

图 2.2 Word 2016 的工作界面

1. 快速访问工具栏

快速访问工具栏是一个可自定义的工具栏,提供对常用工具的快速访问。默认情况下,快速访问工具栏位于标题栏的左侧,但快速访问工具栏的位置并不是固定不变的,单击"自定义快速访问工具栏"按钮 ，在下拉菜单中单击"在功能区下方显示"命令,即可修改其位置。

快速访问工具栏中包含"保存"、"撤销键入"和"重复键入"按钮,用户也可以根据自己的需要向快速访问工具栏中添加和删除按钮,具体方法参考 2.1.3 节。

2. 选项卡

标题栏下方显示的是选项卡,默认情况下有 9 个基本选项卡。每个选项卡表示一个活动区域,单击选项卡,功能区中显示的信息就会相应发生变化。每个选项卡包含若干个组,而每个组又包含若干命令按钮,如图 2.3 所示。

选项卡所包含的任何组都是根据用户需求慎重选择的。例如,"开始"选项卡包含编辑文档时最常用的组,如"字体"、"段落"和"样式"等。

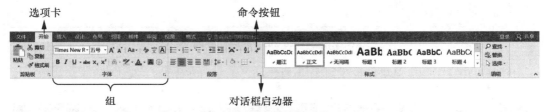

图 2.3 选项卡、组、命令按钮组成的功能区

3. 文档编辑区

Word 工作界面中的白色区域为文档编辑区,在这里用户可以输入文字;插入图片、表格、图表和公式等对象,有滚动条、视图切换按钮、显示比例按钮等。

编辑文档时,若想在屏幕上显示更多的文档编辑区,可以随时将功能区进行隐藏,操作的方法有两种。方法一:鼠标右键单击功能区中的任意一个按钮,在弹出的快捷菜单中选择"折叠功能区"命令,即可将功能区隐藏起来。想要再次显示功能区,只需采用相同的方法取消"折叠功能区"命令即可。方法二:在功能区的右下方有一个"折叠功能区"按钮,单击该按钮,即可将功能区隐藏起来。想要再次显示功能区,单击"功能区显示选项"按钮,在弹出的菜单中选择"显示选项卡和命令",即可将功能区再次显示出来,如图 2.4 所示。

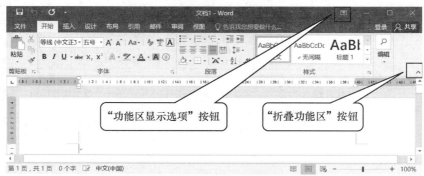

图 2.4 "折叠功能区"和"功能区显示选项"按钮

4. 状态栏

状态栏位于 Word 工作界面的底部,用于显示文档的丰富信息,可大多数用户都很少注意到它。状态栏中的命令按钮并不是固定的,可很多用户都不曾去修改它,其实根据实际的需求来定义状态栏是一个很不错的选择。例如右键单击状态栏,然后在弹出的快捷菜单中勾选"行号"命令,即可查看当前编辑的是该文档页面的第几行。

2.1.2　创建、保存和打开文档

熟悉了 Word 的界面后,下面就开始讲解如何创建文档,任何文档的编辑都必须从创建文档开始,然后将其保存在自己需要的位置上。

1. 创建文档

在 Word 中创建文档可以有很多种方式,但文档的类型只有两种:空白文档和从模板创建的文档。

创建空白文档最常用的方法是使用"文件"选项卡下的命令,具体操作方法是单击"文件"选项卡,在打开的窗口中选择"新建"命令,在右侧的选项区域中点击"空白文档"按钮即可创建一个空白的文档,如图 2.5 所示。

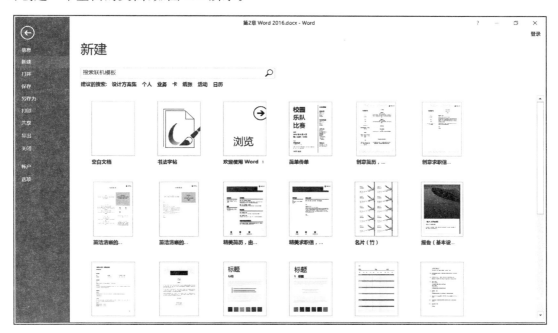

图 2.5　"新建"窗口

除了空白文档外,Office 应用程序还提供了许多模板,有的安装在系统中,有的是联机提供的,还有从 Office.com 上搜索并下载的模板。模板是具有一定格式设置和版式设置的文档,用户根据需要选择合适的模板来创建文档,将节省很多时间,提高工作效率。例如选择"简单传单"模板,模板中包含活动时间、活动地点、购票信息、主办方信息等,如图 2.6 所示。选择从模板来创建文档时,用户可以在模板的基础上保留自己所需的部分,删除不需要的部分，当然还可以增加一些新的元素。

图2.6 "简单传单"模板

其实空白文档也是根据模板来创建的，它就是 Word 的通用模板 Normal. dotm，该模板是所有 Word 文档的起点。如果你还有所怀疑的话，就按照下面的方法进行确认。单击"文件"→"选项"，弹出"Word 选项"对话框，选择左侧的"加载项"选项，然后在对话框底部的"管理"下拉列表中选择"模板"选项，单击"转到"按钮（如图2.7所示），即可打开"模板和加载项"对话框，在"文档模板"文本框中可以确认空白文档所套用的模板是 Normal（图2.8所示）。

图2.7 "Word 选项"对话框

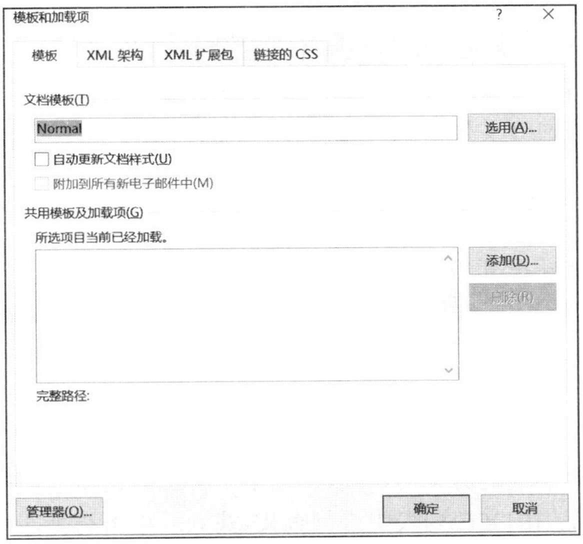

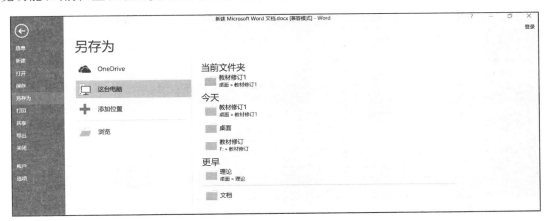

图 2.8　"模板和加载项"对话框

2. 保存文档

保存文档时可以选择"文件"选项卡下的"保存"或"另存为"命令,也可以使用快速访问工具栏中的"保存"按钮。在 Word 2016 中对"另存为"窗口的界面进行了改良,存储位置、浏览功能、当前位置和最近使用文档的排列都变得更加清晰,如图 2.9 所示。

图 2.9　"另存为"窗口

第一次保存文档会弹出"另存为"对话框,在该对话框中可以选择文档保存的位置(路径)、文件名和文件类型。之后保存文档时只要不选择"另存为"命令,Word 都会按照第一次的设置进行保存。

强烈建议不要将文件保存在我的文档、桌面或 C 盘的文件夹中,因为这三者都是占用 C 盘中的存储空间,一般情况下 C 盘是系统盘,若今后格式化 C 盘以重装系统,那么 C 盘中的文件便都被销毁了。

另外，保存文件时一定要注意文件的保存类型，因为 Word 2016 默认的保存类型为
.docx 格式，而在 Word 2003 或更低的版本中无法直接打开.docx 格式的文档，需要下载并
且安装一个文件格式兼容包，具体方法是登录微软（中国）下载中心搜索"Microsoft Office
Word、Excel 和 PowerPoint 文件格式兼容包"，下载后进行安装即可。

3. 打开文档

打开文档是一项最基本的操作，因为编辑文档的第一步是将其打开。在 Word 2016 中，
可以直接打开所有 Word 早期版本的文档，但它们是以兼容模式打开的，有些新功能会被
禁用。

Word 2016 采用全新的"打开"窗口（图 2.10）。如果知道文档的存储位置，那么可以在
"文件"选项卡中单击"浏览"命令，在弹出的对话框中选择要打开文档的所在位置，再选中所
需文档即可。

如果所需文档是最近编辑的文档，可以尝试单击"文件"选项卡中的"最近"命令，然后在
窗口右侧出现的最近使用的文档列表中进行查找，找到后单击选择即可打开。

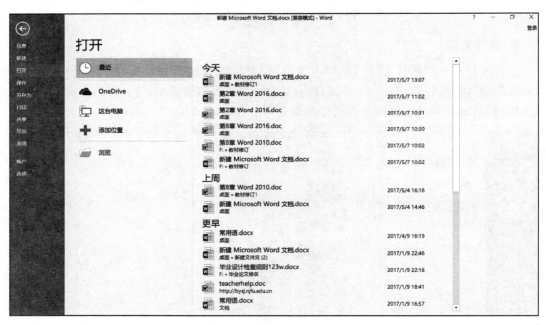

图 2.10　"打开"窗口

需要说明的是，最近使用的文档列表中显示的文档的个数是用户可以自定义的，在
"Word 选项"对话框中单击"高级"选项，在对话框右侧的选项区域中找到"显示此数目的'最
近使用的文档'"选项，然后根据需要进行设置。

2.1.3　Word 2016 的便携操作环境

Word 2016 的新工作界面为我们的操作提供了很多人性化的改变，使得我们在编辑文
档时更加顺手。例如，Tell Me 功能便于用户查找一些功能命令；新增的朗读功能可以自动

地将文字转换成语音。另外,Word 2016 中提供了多种视图方式,用户可以从不同的角度,用不同的方式来编辑自己的文档,特定的工作在特定的视图下完成;在编辑文档的过程中,还可根据实际情况,将所需的功能按钮添加到快速访问工具栏,或者自定义功能区,从而完成个性化的设置。

1. Word 2016 的 5 种视图模式

在 Word 2016 中提供了 5 种视图模式供用户选择,包括页面视图、阅读视图、Web 版式视图、大纲视图和草稿视图。用户可以在"视图"功能卡中选择需要的视图模式,也可以在 Word 2016 工作界面的右下方单击视图按钮来选择视图模式。

(1)页面视图:页面视图是最常用的视图模式,因为它是"所见即所得"的视图,即视图中显示的效果和打印出来的效果是一样的。页面视图可用于编辑页眉和页脚、调整页边距以及处理分栏和图形对象。

(2)阅读视图:阅读视图中隐藏了很多的屏幕元素,例如选项卡、组等元素,用户可以单击"工具"按钮来选择各种阅读工具。该视图适合于长文档的阅读,文档可以并排显示,就像一本打开的书,如图 2.11 所示。

图 2.11　阅读视图

(3)Web 版式视图:Web 版式视图专为浏览和编辑 Web 网页而设计,它能够模仿 Web 浏览器来显示 Word 文档。在此视图模式下,用户可以看到页面背景和为适应窗口而换行显示的文本,且图形位置与在 Web 浏览器中的位置一致。如果文档中包含了超链接,那么将默认在其下方显示下划线。

(4)大纲视图:大纲视图是 Word 最强大的工具之一,尤其是在编辑长文档时,但该视图模式却很少被使用。在大纲视图下,用户能够非常方便地查看和修改文档的结构,可以通过拖动标题来移动、复制和重新组织文本,特别适合大块文本的移动。在该视图模式下可以通过折叠文档来查看主要标题,或者展开文档来查看所有标题以至正文。大纲视图中不显示页边距、页眉和页脚、图片和背景。

(5)草稿视图:草稿视图取消了页边距、分栏、页眉页脚和图片等元素,仅显示标题和正文,是最节省计算机硬件资源的视图模式。用户可以通过状态栏右侧的"显示比例"控制条来调节视图的显示比例,从而对视图大小进行调整。

2. 个性化自定义

我们经常用 Word 编辑文档,Word 2016 的文字和表格处理功能更强大,外观界面更美观,功能按钮的布局也更合理,但是天天面对"老面孔"还是会感到厌倦,默认设置有时候用起来会不顺手。其实,在 Word 2016 中,有很多东西都可以通过自定义来满足用户的个性化需求。

1)自定义界面外观

Word 2016 与 Word 2003 及更早的版本相比,界面有了很大的变化,内置的配色方案还允许用户根据自己的喜好自定义界面外观的主色调。单击"文件"→"选项",打开"Word 选项"对话框,切换到"常规"选项卡,打开"Office 主题"下拉列表,这里有"彩色"、"深灰色"和"白色"三种配色方案供用户选择。选择不同的配色方案,界面外观会呈现不同的风格,从而满足不同用户的个性化需求。

2)自定义功能区

Word 2016 继续沿用了 Word 2007 的功能区设计,并且允许用户自定义功能区,还可以创建功能区,让操作界面更符合自己的使用习惯。

打开"Word 选项"对话框,切换到"自定义功能区"选项卡,在"自定义功能区"列表框中,勾选相应的主选项卡,即可自定义功能区显示的主选项卡。除了自定义主选项卡之外,用户还可以对主选项卡添加或删除一些组。

在 Word 2016 中新增了朗读功能,该功能可以将文字转化成语音。当用户完成文档输入,需要校对时,不再需要一字一句地核对文档,可以使用朗读功能,通过语音来完成文档的校对,从而提高工作的效率。新增的朗读功能在哪儿呢?下面就介绍一下如何在功能区中添加"朗读功能"选项卡,具体操作步骤如下:

(1)按照上文介绍的方法,打开"Word 选项"对话框,切换到"自定义功能区"选项卡,如图 2.12 所示,单击右下方的"新建选项卡"按钮,在"主选项卡"列表中出现"新建选项卡(自定义)"选项。

(2)选中"新建选项卡(自定义)",单击鼠标右键,在弹出的快捷菜单中选择"重命名"命令,在弹出的"重命名"对话框中设置选项卡的名称,如"我的选项卡",单击"确定"按钮。

(3)单击"新建组"按钮,在"我的选项卡"选项卡下创建组,鼠标右键单击新建的组,在弹出的快捷菜单中选择"重命名"命令,在弹出的"重命名"对话框中选择一个符号,输入组的名称,如"朗读功能",单击"确定"按钮。

(4)选择新建的"朗读"功能组,在"从下列位置选择命令"下拉列表中选择"不在功能区中的命令",然后在下面的列表框中找到所需的"朗读"命令,单击"添加"按钮,即可将命令添加到组中。此时自定义的"我的选项卡"选项卡设置完成,"朗读"命令则在此选项卡下,如图 2.13 所示。

图 2.12　自定义功能区的设置

图 2.13　添加了"朗读"命令后的功能区

如果需要删除自定义功能区,可在"Word 选项"对话框中,切换到"自定义功能区"选项卡,用鼠标右键单击自定义的选项卡或组,在弹出的快捷菜单中选择"删除"命令,即可将自定义的选项卡或组删除。

3)自定义快速访问工具栏

默认情况下,快速访问工具栏中只有数量较少的命令按钮,用户可以根据需要添加多个自定义命令按钮。在"Word 选项"对话框中,切换到"快速访问工具栏"选项卡,在左侧的列表框中选择相应的命令,如"查找"命令(图 2.14),然后单击"添加"按钮,即可在快速访问工具栏中添加"查找"命令按钮。

如果需要删除快速访问工具栏中的命令按钮,可以在如图 2.14 所示的对话框中右侧的列表框中,选中某个命令,然后单击"删除"按钮,即可删除该命令按钮。

4)设置自动保存时间

在编辑文档的过程中,如果遇到计算机死机或停电而文档恰巧没有保存,损失将十分惨重。通过设置 Word 的自动保存时间间隔则可减少损失。

在"Word 选项"对话框中,切换到"保存"选项卡,勾选"保存自动恢复信息时间间隔"复选框,在后面的文本框中设置恰当的时间间隔即可。注意,当文档较长时保存时间也会增长,因此时间间隔不宜过短,否则动辄保存文档,时间都浪费在等待保存完成的过程中。时间间隔亦不宜过长,否则遭遇突发事件还要花费精力补救。虽然 Word 提供自动恢复文档的功能,但日常保存工作必不可少,也是不可取代的。

图 2.14　自定义快速访问工具栏

3. Tell Me 功能

Word 2016 新增了 Tell Me(中文译为"请告诉我您想要做什么")功能,其对应按钮位于"视图"选项卡的后面。在编辑文档时,用户可以通过该功能查找自己所需的功能命令。例如在"告诉我您想要做什么"文本框中,输入"页眉",按下回车键后,即可出现和"页眉"相关的命令,如图 2.15 所示。

图 2.15　Tell Me 功能

2.2　文本的操作

文本操作是 Word 的基本操作,无论你需要的是什么类型的文档,文档中一定会有文本信息,在编辑的过程中就缺少不了文本的录入、选定、删除、移动、复制和粘贴等操作,本节将围绕这些操作展开叙述。

2.2.1 文本的录入

输入文本是创建文档后需要做的第一件事,也许你会认为输入文本不就是打字嘛,可事情并不是想象得那么简单。常见字符的输入对于我们来说肯定是没有问题的,选择合适的输入法后就可以顺利地完成中英文字符的输入。然而在用 Word 编辑文档时,常常需要输入一些特殊文本,如特殊符号、日期和时间以及公式等。

1. 输入特殊符号

在"插入"选项卡的"符号"组中单击"符号"按钮,在弹出的下拉菜单中显示了用户最近使用过的 20 个符号。若没有所需要的符号,可单击"其他符号"命令打开"符号"对话框(如图 2.16 所示),在其中选择所需的符号,单击"插入"按钮即可插入符号。

图 2.16 "符号"对话框

2. 插入日期和时间

如果编辑的文档是合同、会议纪要或是日记,那么经常需要输入当前的日期和时间。首先将光标定位到插入的位置,在"插入"选项卡的"文本"组中单击"日期和时间"按钮,在弹出的"日期和时间"对话框中选择合适的格式,如"二〇一七年五月九日",然后单击"确定"按钮即可完成插入,如图 2.17 所示。

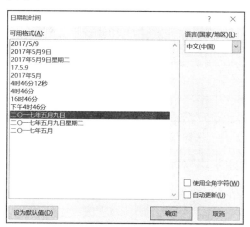

图 2.17 插入日期和时间

如果文档中的日期是需要自动更新的，那是不是需要每次打开文档时都重新插入当前的日期呢？其实 Word 是非常智能的，只需要在如图 2.17 所示的对话框中勾选"自动更新"复选框，那么下次打开文档时，该日期即会自动更新。

3. 插入公式

在文档录入过程中难免会遇到一些公式，它们之中有些简单，有些复杂。编辑简单的公式，如"$z = x^2 + y^2$"，其中的上标"2"可以通过"开始"选项卡的"字体"组中的"上标"按钮来设置。可复杂的公式，如"$E(N) = \int_0^\infty \frac{5x}{\theta} e^{-5x/\theta} \mathrm{d}x$"，那就需要借助 Word 中的公式功能。和之前的版本相比，Word 2016 中公式工具的位置是非常明显的。在"插入"选项卡的"符号"组中单击"公式"按钮，在弹出的下拉菜单中单击"插入新公式"命令，即可打开公式编辑器。在"公式工具"的"设计"选项卡中包含了丰富的数学公式模板和数学符号，可以任意组合使用，操作简单，易于编辑。

4. 使用自动图文集的方式录入

如果在文档中需要输入大量重复性的内容，例如公司的名称、外国明星的姓名，很长很容易出错，那么可以使用自动图文集的方式来进行输入。

例如某足球杂志的一篇文章中需要大量出现球星"利昂内尔·安德雷斯·梅西"，那么在第一次录入时便可以将其添加到自动图文集。自动图文集是文档部件库中的一项内容，所以需要在插入的时候将其添加到文档部件库，具体方法是：

（1）选中文本"利昂内尔·安德雷斯·梅西"或者需要作为整体的图片与文字，在"插入"选项卡的"文本"组中单击"文档部件"按钮，在弹出的下拉菜单中选择"将所选内容保存到文档部件库"命令，如图 2.18 所示。

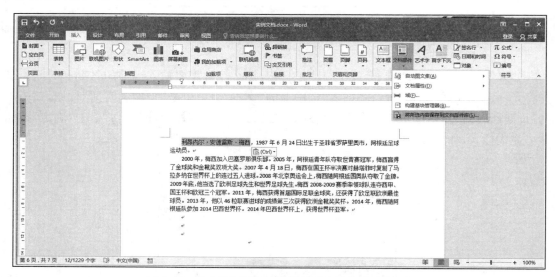

图 2.18　选择"将所选内容保存到文档部件库"命令

（2）在弹出的"新建构建基块"对话框中，为方便以后使用而为该内容输入一个名称，如

《计算机应用技能》

实验报告

实验一　Word 的基本操作

一、实验目的和要求

1. 掌握 Word 2016 的页面布局方法。
2. 掌握查找和替换的操作。
3. 掌握段落格式的排版。
4. 掌握分栏、项目符号的设置。

二、实验内容

启动 Word 2016 程序，打开实验素材中的"实验一. docx"文档，按照下列要求进行编辑和排版。

1. 在"布局"选项卡的"页面设置"组中的"纸张大小"下拉菜单中将文档纸张大小设置为 A4，"纸张方向"下拉菜单中将纸张设置为"纵向"。

2. 在"布局"选项卡的"页面设置"组中单击"页边距"→"自定义边距"，在打开的"页面设置"对话框中设置上、下边距为 2.5 厘米，左、右边距为 3 厘米，距离装订线 0.5 厘米，装订位置在左边；在"版式"选项卡中设置页眉和页脚为"奇偶页不同"，页眉和页脚距边界 1.5 厘米；在"文档网格"选项卡中选中"指定行和字符网格"单选按钮，再设置每页 40 行，每行 40 字，如图 1.1 所示。

图 1.1　"页面设置"对话框

3. 添加标题:在文档开始处加上文章标题"因特网的形成和发展"。

(1) 将标题设置为居中、黑体、三号字、红色、加粗、加着重号,字符间距为加宽 5.5 磅。添加文字边框(紫色)。

(2) 将段前、段后间距设置为 16 磅。

4. 设置小标题,包括文档中的"Internet 的形成"、"因特网在中国"、"163 和 169 网"。

(1) 将小标题设置为四号字、加粗、倾斜、蓝色,其中的西文字符字体设置为 Arial Black,中文字符字体设置为楷体。

(2) 在每个小标题前添加项目符号♣(操作方法:"开始"→"段落"→"定义新项目符号"→"符号",来源于 Symbol 集合),左缩进 0.8 厘米,悬挂缩进 1.2 厘米。

5. 设置段落,即 3 个小标题下方对应的文字。

(1) 将每个小标题下面的自然段设置为首行缩进 2 字符,段前、段后间距为 8 磅,1.25 倍行距,两端对齐,五号字,中文字符字体为宋体,西文字符字体为 Times New Roman。

(2) 将第 1 个小标题下面的自然段("1969 年美国国防部……")设置首字悬挂,下沉行数为 2,字体为 Arial Black;为该段落添加 15% 的紫色图案底纹,并添加红色边框,文字与边框的上、下、左、右边距都设置为 8 磅。

(3) 为第 2 个小标题下面的自然段("早在 1987 年,……")设置首字下沉,下沉行数为 3,距正文 0.5 厘米,字体为华文彩云。

(4) 将第 3 个小标题下面的自然段("163 网就是……")分成两栏,栏宽为 18 字符,栏间加分割线。

6. 进行查找和替换。

(1) 查找文档中"的"字出现的次数。

(2) 为文档最后一段中所有的"中国"一词添加下划线,操作方法为:在"查找和替换"对话框中设置"查找内容"为"中国",单击"替换为"文本框后再单击"更多"按钮展开对话框,然后选择"格式"下拉列表中的"字体"选项,并在打开的"替换字体"对话框中选择"下划线",如图 1.2 所示。

图 1.2 "查找和替换"对话框

（3）将文档中的数字修改为绿色。操作方法为：单击"查找和替换"对话框中的"查找内容"文本框，再单击"特殊格式"按钮，在打开的列表中选择"任意数字"，单击"替换为"文本框，再单击"格式"→"字体"，在打开的"替换字体"对话框中设置字体颜色为绿色，如图1.3所示。

图1.3 查找特殊字符

（4）将文档中所有的小写字母都改为大写字母。操作方法为：单击"查找和替换"对话框中的"查找内容"文本框，再单击"特殊格式"按钮，在打开的列表中选择"任意字母"，单击"替换为"文本框，单击"格式"→"字体"，再在打开的"替换字体"对话框中勾选"全部大写字母"复选框，如图1.4所示。

图1.4 设置全部字母大写

7. 添加项目符号和编号。具体操作步骤为：

（1）将光标定位到文档的末尾，插入一个分页符，然后在文档的第二页中输入如图 1.5 所示的文本，设置文本为五号、宋体。

（2）将"新闻网站"设置为楷体，并定义新的编号格式"〈一〉"，编号为红色；使用格式刷为"邮箱"和"购物网站"添加相同编号。

（3）为"新浪新闻"设置紫色的项目符号"★"（来源于 Windings 集合），使用格式刷为其他的文本添加相同的项目符号，效果如图 1.6 所示。

新闻网站	〈一〉新闻网站
新浪新闻	★ 新浪新闻
搜狐新闻	★ 搜狐新闻
人民网	★ 人民网
邮箱	〈二〉邮箱
163 邮箱	★ 163 邮箱
126 邮箱	★ 126 邮箱
QQ 邮箱	★ QQ 邮箱
购物网站	〈三〉购物网站
京东	★ 京东
淘宝	★ 淘宝
苏宁易购	★ 苏宁易购

图 1.5　文本内容　　　　　　图 1.6　使用项目符号和编号后的文本

8. 设置制表位：复制图 1.6 中的文本，并粘贴在文档中，去除项目符号。选中刚刚粘贴的文本，打开"段落"对话框，单击"制表位"按钮，开"制作位"对话框。

在"制表位"对话框中，设置制表位为"左对齐"，在"制表位位置"文本框中输入"2 字符"，再单击"设置"按钮，就可以添加一个制表位了。依次添加"10 字符"、"18 字符"和"26 字符"制表位。

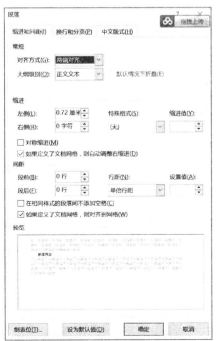

图 1.7　"段落"对话框

图 1.8 "制表位"对话框

设置完毕后,通过按 Tab 键可以将每个文本块移动到相应的制表位内,使得文字上下对齐,如图 1.9 所示。

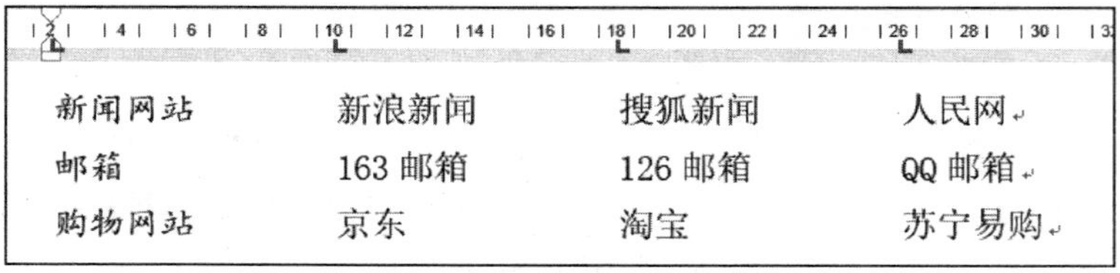

新闻网站	新浪新闻	搜狐新闻	人民网
邮箱	163 邮箱	126 邮箱	QQ 邮箱
购物网站	京东	淘宝	苏宁易购

图 1.9 使用制表位的效果

9. 使用"文本转换成表格"命令将图 1.9 所示的文本转换为表格,并完成下列设置:

(1) 为图 1.9 中的"搜狐新闻"设置超链接,地址为"http://news.sohu.com",屏幕提示文字为"全新资讯"。

(2) 将图 1.9 中的"苏宁易购"设置为带圈号的文字"㊼宁㊼购"。

10. 利用插入符号和公式功能,完成下列操作:

(1) 利用插入符号功能,在文档末尾输入"$\lambda = \alpha^2 + \beta^2$"。

(2) 使用插入公式功能,在文档末尾输入以下 2 个公式

① $S_n = \prod\limits_{k=1}^{n} \dfrac{2k}{2k-1} \cdot \dfrac{2k}{2k+1}$

② $1 + \dfrac{x}{2 + \dfrac{x}{2 + \dfrac{x}{2+x^2}}}$

11. 设置奇数页页眉为"第一章",偶数页页眉为"因特网简介",在页脚底部中间位置插入页码,格式为"Ⅰ,Ⅱ,Ⅲ……"。

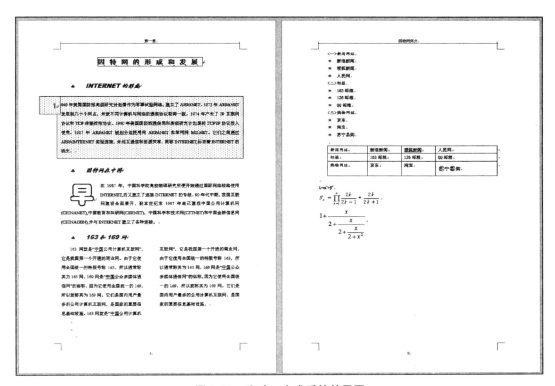

图 1.10 实验一完成后的效果图

实验二　Word 的图表编辑

一、实验目的和要求

1. 掌握 Word 2016 中表格的建立和编辑方法。
2. 掌握表格数据的排序方法。
3. 掌握图片、艺术字的插入方法。
4. 掌握自选图形、SmartArt 图形的编辑方法。
5. 掌握图文混排的方法。

二、实验内容

（一）编辑表格

新建 Word 文档，将该文档进行保存，文件名为"实验二（表格制作）. docx"。

1. 制作课程表。具体操作步骤如下：

（1）新建一个 7 行 6 列的表格，将第一行的所有单元格进行合并，按照表 2.1 输入相应的文字。

（2）设置第一行的"2017—2018 学年第一学期课程表"为加粗的宋体四号字，"制表时间:2017-7-29"为黑体小五号字，其他行的所有文字均为宋体五号字，其中第 2 行和第 1 列加粗显示。

（3）第 1 列居中对齐，第 2～6 列采用分散对齐。

（4）表格外框线为 2.25 磅蓝色实线，第 3、5 和第 7 行上方为 2.25 磅的绿色双实线。

（5）为第 1 行设置 10％的紫色底纹。

表 2.1　课程表

2017—2018 学年第一学期课程表 制表时间:2017-7-29					
星期 节次	星期一	星期二	星期三	星期四	星期五
1—2 节	英语	计算机	英语	政治	体育
3—4 节	计算机	政治		计算机	英语
5—6 节		体育	政治	实验	实验
7—8 节	生化	英语		英语	
9—10 节		图形学		系统概论	

2. 制作期末成绩表。具体操作步骤如下:

(1) 新建一个 3 行 6 列的表格,表格列宽为 2 厘米,第 1 行的行高为 2 厘米,其他行的行高为 1 厘米。

(2) 按照表 2.2 输入相应文字,第 1 行的字体为楷体、小四、加粗,其他行的字体均为宋体、五号。

(3) 设置表格的单元格边距,上、下边距为 0.2 厘米,左、右边距为 0.3 厘米。

(4) 在"高晓伟"和"李翔"之间插入一行,在"总分"列之后插入一列"平均分",如表 2.3 所示。

(5) 利用公式先计算"平均分",再计算"总分"。

(6) 表格中的文字为水平居中对齐。

(7) 排序:按照英语的成绩由低到高排列,分数相同的情况下,再参照总分由高到低排列,表格效果如表 2.4 所示。

表 2.2 期末成绩表——添加"总分"列

科目 姓名	高数	英语	计算机	政治	总分
高晓伟	80	79	81	76	
李 翔	88	75	68	63	

表 2.3 期末成绩表——添加"平均分"列

科目 姓名	高数	英语	计算机	政治	总分	平均分
高晓伟	80	79	81	76		
陆 青	83	79	91	68		
李 翔	88	75	68	63		

表 2.4 最终完成的期末成绩表

科目 姓名	高数	英语	计算机	政治	总分	平均分
李 翔	88	75	68	63	294	73.5
陆 青	83	79	91	68	321	80.3
高晓伟	80	79	81	76	316	79.0

3. 制作"糖代谢相关指标比较"表(效果见表 2.5)。具体操作步骤如下:

(1) 新建一个 4 行 5 列的表格,第 1 行的行高为 2 厘米,其他行的行高为 1 厘米;表格 1～5 列的列宽分别为 1.5、2.5、3.5、2.5 和 3.5 厘米。

(2) 参照表 2.5 输入文字内容,字号为五号,中文字符字体为宋体,西文字符字体为 Times New Roman(提示:"±"符号来源于"普通文本"字体的"拉丁语-1 增补"子集)。

(3) 设置内外边框:表格仅显示三条边框线(2.25 磅黑色),无其他边框线。

(4) 将第 2～4 行的文字设置为水平居中对齐。

表 2.5　糖代谢相关指标比较

组别 Group	体重 Body weight （g）	空腹血糖 Fasting blood sugar （mmol/L）	K 值	胰岛素表达平均值 Mean value of insulin
A	550±35	5.17±0.55	55.72±3.79	82.09±1.71
B	553±37	5.35±0.59	56.44±4.36	81.09±0.99
C	352±32	17.93±2.40	49.68±6.02	63.48±2.04

（二）图文混排

使用图片和文本框制作简单图文混排的效果,将文档保存为"实验二(图文混排).docx"。

1. 在文本框中填充图片。具体操作步骤如下:

(1) 插入文本框(高 7 cm,宽 14 cm,无边框),并在文本框中填充图片"背景.bmp"(该图片存放于"素材"文件夹中的"实验二"文件夹中),将图片设置为"冲蚀"效果(在"图片工具"的"格式"选项卡的"调整"组中的"颜色"下拉菜单中"重新着色"选项区域中查找)。

(2) 插入文本框(高 5 cm,宽 7 cm),在"绘图工具"的"格式"选项卡中将该文本框的"形状轮廓"设置为"无轮廓","形状填充"也设置为"无填充颜色",然后输入如下文本:大榕树还是那样的茂盛,围着大榕树的房屋还是那么的陈旧。今日榕树下能让我回忆的是过去,今时今日,让人有失落的感觉。没变的是榕树还依然如此花开花落。文本格式要求为:楷体,小四号字,蓝色,行间距固定值为 24 磅。

(3) 在第 3 行第 3 列插入艺术字,字体为华文行楷,字号为 36,输入文字"大榕树",将文本效果设置为"山形"(在"绘图工具"的"格式"选项卡的"艺术字"组中单击"文本效果"按钮,在弹出的下拉菜单的"转换"子菜单的"弯曲"选项区域中查找)。

(4) 按住 Shift 键不放,同时单击文本框、艺术字对象,单击鼠标右键,在弹出的快捷菜单中选择"组合"命令,将所有对象组合成一个整体。

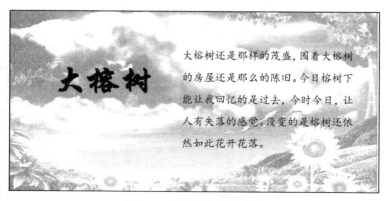

图 2.1　图文混排后的效果

2. 制作 SmartArt 图形。

将光标定位在图 2.1 所示文档的下方,然后在"布局"选项卡的"页面设置"组中单击"分隔符"按钮,在弹出的下拉菜单中选择"下一页",在第二页中插入 SmartArt 图形。

(1) 单击"选择 Smart Art 图形"对话框中的"层次结构"图形样式,将颜色更改为"彩色范围-个性色 3 至 4",并设置"强烈效果"的 SmartArt 样式。

(2) 在图形的第三层中添加形状,然后按照图 2.2 输入相应的文字,并调整形状的大小。

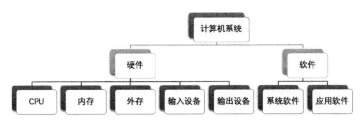

图 2.2　SmartArt 图形的效果

(3) 使用艺术字制作水印。具体操作步骤如下:

① 在文档中插入文字水印,水印文字为"图文混排"(操作方法:"设计"→"页面背景"→"水印")。

② 删除第一页中的"图文混排"文字水印:单击"插入"→"页眉和页脚"→"页眉",在弹出的下拉菜单中选择"编辑页眉",进入页眉的编辑状态。在"页眉页脚工具"的"设计"选项卡下取消选中"链接到前一条页眉"按钮,然后选中第一页的"图文混排"文字并将其删除。

③ 进入页眉的编辑状态,选中艺术字"图文混排",然后将艺术字进行旋转,最后将艺术字移动至文档的合适位置,效果如图 2.3 所示。

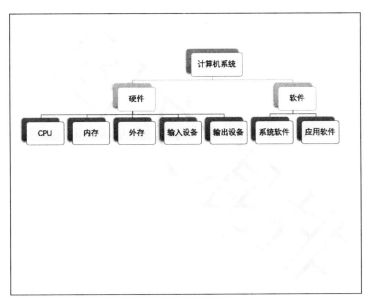

图 2.3　调整水印后的效果

实验三　Excel 的基本操作

一、实验目的和要求

1. 了解 Excel 的工作界面和功能。
2. 掌握数据的输入、编辑与格式化。
3. 掌握公式与函数的使用。

二、实验内容

1. 依照图 3.1 创建表格,命名为"实验三.xlsx"。

A1		0701011班学生成绩表							
	A	B	C	D	E	F	G	H	I	J
1	0701011班									
2	学号	姓名	高数	英语	线性代数	物理	总分	平均分	等级	总分排名
3	070101101	何凤	90	80	64	78				
4	070101102	李伟	86	64	69	71				
5	070101103	刘海	50	71	60	44				
6	070101104	王同艳	85	78	63	66				
7	070101105	杨宏伟	87	71	64	77				
8	070101106	杨世尚	49	75	77	72				
9	070101107	袁磊	82	66	81	68				
10	070101108	郑妮	85	77	89	80				
11	070101109	周意	81	72	80	82				
12	070101110	陆强	80	68	80	86				
13	070101111	史文亚	94	94	89	90				
14	070101112	孙鑫鑫	80	95	85	82				
15										

3.1　实验三样表

说明:A1 单元格中由于字数较多,显示不全,属于正常现象,后面会对标题行单元格进行合并,这里只需输入文字即可。

操作技巧:

(1) 在输入学号时,要先将"学号"列设置为"文本"格式,这样才能确保学号第一位的"0"能够保留在单元格中。设置方法:选中"学号"列,单击鼠标右键,选择"设置单元格格式",在打开的"设置单元格格式"对话框的"数字"选项卡中选择"文本"。

(2) 利用自动填充柄快速输入一系列等差数据。具体方法:输入最前面的两个学号后将这两个单元格选中,用鼠标左键按住选定区域右下角的黑色小方块,即自动填充柄,向下拖拽鼠标可以进行自动填充。

2. 利用公式或函数求值。包括以下内容:

(1) 计算每个学生的总分和平均分,每门课程的平均分、最高分和最低分。求总分用 SUM 函数,平均分用 AVERAGE 函数,最高分用 MAX 函数,最低分用 MIN 函数。具体用法请参考前文相关章节。用公式求总分的方法如下:单击 G3 单元格,输入公式"=C3＋D3＋E3＋F3"并按回车键即可。同理,用公式求平均分的方法如下:单击 H3 单元格,输入公式

"＝(C3＋D3＋E3＋F3)/4"并按回车键即可。

操作技巧:利用函数先计算出第一个单元格的值,然后利用自动填充柄快速得到其他单元格的值。单击其他单元格,观察一下被引用单元格的行号、列号的变化情况,以确保函数引用的数据区域是计算所需的。

(2)利用 IF 函数显示每个学生的成绩等级,如果平均分大于或等于 60,则显示"合格";否则,显示"不合格"。操作方法:在 I4 单元格中插入函数:＝if(H4＞＝60,"合格","不合格"),按回车键即可。注意:"合格"、"不合格"两边的引号必须是英文状态下的标点符号(参见前文相关章节)。

(3)利用 RANK 函数求每个学生的总分排名,如求"070101101"学生的总分排名,可以在 J4 单元格中插入函数"＝RANK(G4,＄G＄4:＄G＄15)",其中"＄G＄4:＄G＄15"表示绝对引用 G4~G15 之间的单元格,其作用是保证在进行函数填充时,这些单元格的行号、列号不会发生改变。

3. 在表格标题与表格之间插入一个空行,合并 A1:J2 单元格,将其背景色填充为黄色,然后将表格标题设置为蓝色、楷体、18 磅、双下划线格式。

操作技巧:选中第二行的单元格,在右键快捷菜单中选择"插入"命令,插入一行后,选中 A1:J2 单元格区域,在右键快捷菜单中选择"设置单元格格式"命令,在"对齐"选项卡中选中"合并单元格"复选框并设置标题对齐方式,在"字体"选项卡中设置标题格式。

也可以单击"开始"选项卡的"对齐方式"组中的"合并后居中"按钮快速合并单元格区域,如图 3.2 所示。

图 3.2 "开始"选项卡的"对齐方式"组

4. 将表格各栏标题加粗、居中,再将表格中的其他内容居中,平均分和各科平均分保留 1 位小数(操作方法:在"设置单元格格式"对话框的"数字"选项卡中选择"数值",然后设置"小数位数"值即可)。

5. 设置单元格底纹填充色:将各标题栏以及最高分、最低分、平均分、等级、总分排名各单元格均设置为灰色。

6. 对学生的所有单科分数设置条件格式:将每个同学各科小于 60 分的成绩设置为红色、加粗。

操作方法:选取 C4:H15 单元格区域,单击"开始"→"样式"→"条件格式"→"突出显示单元规则"→"小于",在弹出的"小于"对话框中将"为小于以下值的单元格"设置为"60",在"设置为"下拉列表中选择"浅红填充色深红色文本",如图 3.3 所示。

图 3.3　设置条件格式

7. 设置表格的外边框为绿色,双线;内边框为黑线,虚线。

8. 设置第 3~18 行的行高为 16,操作方法为:将第 3~第 18 行全部选中(单击行号"3"选中第 3 行,再按住鼠标左键并向下拖到第 18 行后松开鼠标),单击鼠标右键,在弹出的快捷菜单中选择"行高",在打开的"行高"对话框中设置"行高"为"16"。

9. 设置 A~J 列的列宽为 10,操作方法为:单击列号 A,按住鼠标左键并向右拖到 J 列后松开鼠标,单击鼠标右键,在弹出的快捷菜单中选择"列宽",在打开的"列宽"对话框中设置"列宽"为"10"。

10. 将 Sheet1 工作表重命名为"学生成绩单"。表格编辑完成,效果如图 3.4 所示。

	A	B	C	D	E	F	G	H	I	J
1					0701011班学生成绩表					
2										
3	学号	姓名	高数	英语	线性代数	物理	总分	平均分	等级	总分排名
4	070101101	何凤	90	80	64	78	312	78.0	合格	6
5	070101102	李伟	86	64	69	71	290	72.5	合格	10
6	070101103	刘海	50	71	60	44	225	56.3	不合格	12
7	070101104	王同艳	85	78	63	66	292	73.0	合格	9
8	070101105	杨宏伟	87	71	64	77	299	74.8	合格	7
9	070101106	杨世尚	49	75	77	72	273	68.3	合格	11
10	070101107	袁磊	82	66	81	68	297	74.3	合格	8
11	070101108	郑妮	85	77	89	80	331	82.8	合格	3
12	070101109	周童	81	72	80	82	315	78.8	合格	4
13	070101110	陆强	80	68	80	86	314	78.5	合格	5
14	070101111	史文亚	94	94	89	90	367	91.8	合格	1
15	070101112	孙鑫鑫	80	95	85	82	342	85.5	合格	2
16		各科平均分	79.1	75.9	75.1	74.7				
17		各科最高分	94	95	89	90				
18		各科最低分	49	64	60	44				

图 3.4　编辑后的效果图

实验四 Excel 图表的创建与编辑

一、实验目的和要求

1. 掌握 Excel 图表的创建、编辑、修饰等操作。
2. 掌握 Excel 数据的导入、排序、筛选、分类汇总方法。

二、实验内容

（一）图表制作

1. 新建工作簿，保存在 D 盘上，文件名为"实验四.xlsx"。在 Excel 工作表中输入如图 4.1 所示的数据。

	A	B	C	D	E	F
1	朝阳公司年度销售统计表					
2	单位：万元					
3		一季度	二季度	三季度	四季度	区域合计
4	北京	3321	2860	2550	2950	
5	上海	2345	2970	2650	2890	
6	南京	2830	2790	2675	3020	
7	杭州	2720	2880	2480	2670	
8	广州	2650	2900	2880	2770	
9	季度合计					

图 4.1　实验四的工作表数据

2. 利用公式或函数计算合计金额。将 B4:F9 单元格区域内的数据设置为货币格式，带 2 位小数和千位分隔符，货币符号为"￥"。

3. 分别将 A1:F1、A2:F2 单元格区域内的单元格合并，文字居中显示。效果如图 4.2 所示。

	A	B	C	D	E	F
1			朝阳公司年度销售统计表			
2			单位：万元			
3		一季度	二季度	三季度	四季度	区域合计
4	北京	￥3,321.00	￥2,860.00	￥2,550.00	￥2,950.00	￥11,681.00
5	上海	￥2,345.00	￥2,970.00	￥2,650.00	￥2,890.00	￥10,855.00
6	南京	￥2,830.00	￥2,790.00	￥2,675.00	￥3,020.00	￥11,315.00
7	杭州	￥2,720.00	￥2,880.00	￥2,480.00	￥2,670.00	￥10,750.00
8	广州	￥2,650.00	￥2,900.00	￥2,880.00	￥2,770.00	￥11,200.00
9	季度合计	￥13,866.00	￥14,400.00	￥13,235.00	￥14,300.00	￥55,801.00

图 4.2　"区域合计"计算结果

4. 选取 A4:A8 和 F4:F8 单元格区域的单元格(技巧:按住 Ctrl 键可以选取不连续的多列数据),根据这两列数据创建二维饼图,并加入标题"朝阳公司年度销售统计图",添加百分比形式的数据标志,将图例位置调整到图表底部,将图表标题文字设置为楷体、红色、16 磅、加粗。

操作方法:

(1) 选好图表的数据区域后,单击"插入"→"图表"→"插入饼图或圆环图",在下拉菜单中选择"二维饼图"。

(2) 选中图表时,在"图表工具"的"设计"选项卡的"图表布局"组中单击"添加图表元素"按钮,在下拉菜单的"图表标题"子菜单中选择"图表上方"。

(3) 将鼠标指针定位于图表标题,在右键快捷菜单中选择"字体",可设置图表标题的字体。

(4) 在"图表工具"的"设计"选项卡的"图表布局"组中单击"添加图表元素"按钮,在下拉菜单中单击"数据标签"→"其他数据标签选项",打开"设置数据标签格式"窗格,在其中完成数据标签格式设置。

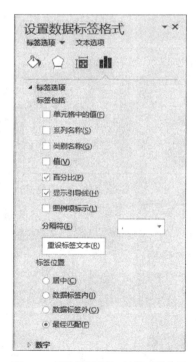

图 4.3 "设置数据标签格式"窗格

5. 设置图表区有圆角、深蓝色、双线、2 磅的边框且背景填充效果为渐变填充,选择"预设渐变"下拉列表中的第一个效果。将广州地区的销售扇形图的填充效果设置为"小棋盘"图案,以突出显示。完成后的饼图效果如图 4.4 所示。

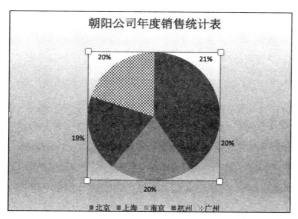

图 4.4　朝阳公司年度销售统计图

操作方法：双击图表区，打开"设置图表区格式"窗格，如图 4.5 所示，在"填充"、"边框颜色"、"边框样式"中完成实验要求。同理完成数据点"广州"格式设置，如图 4.6 所示。

图 4.5　"设置图表区格式"窗格

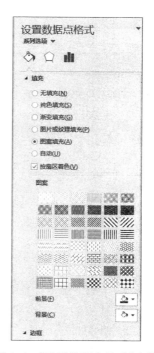

图 4.6　"设置数据点格式"窗格

6. 选取 B3:E3 和 B9:E9 单元格区域,根据这两列数据创建三维簇状柱形图,并加入标题"朝阳公司销售季度统计图",Y 轴标题设置为"销售额",X 轴显示主要网格线,Y 轴显示次要网格线,数据标志显示值,不显示图例。

7. 将图表标题文本设置为隶书、蓝色、18 磅、加粗。图表区的背景填充为"图片或纹理填充"。

8. 将第二季度的柱形用黄色突出显示,该季度的数值用红色、加粗显示。

9. Y 轴刻度设置如下:最小值为 13 000,最大值为 14 400,主要刻度单位为 200,次要刻度单位为 50。效果如图 4.7 所示。

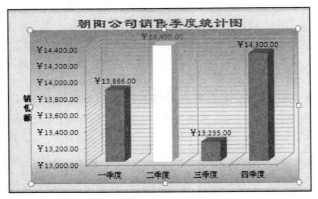

图 4.7 朝阳公司销售季度统计图

(二) 数据排序、筛选和分类汇总

1. 新建 Excel 工作簿,保存文件为"ex3.xlsx",将工作簿中的 Sheet1 工作表重命名为"员工信息表"。

2. 为"员工信息表"导入实验素材"data1.txt"(单击"数据"→"获取外部数据"→"自文本")。

3. 在第一行之上插入两个新行,然后在第二行依次输入标题:工号、姓名、部门、性别、入职日期、工作天数、日工资、薪水;为所有标题设置格式为:宋体,14 磅,加粗,居中,黑底白字;设置青色单元格边框,采用最适合列宽。按照图 4.8 输入内容。

4. 将 C3:F22 单元格区域设置为居中对齐,效果如图 4.8 所示。

5. 合并 A1~H1 单元格,输入表头"员工信息表",设置格式为:宋体,20 磅,加粗,深蓝色,垂直方向居中。

6. 为 A1:H22 单元格区域设置表格内边框为单线,外边框为双线。

7. 用公式和自动填充方法计算每位员工所得薪水。

图 4.8　员工信息表

8. 选中 A2:H22 单元格区域,根据部门名称进行排序,排序方式为升序,排序结果如图 4.9 所示。

图 4.9　按部门名称排序的结果

9. 选中 A2:H22 单元格区域,将其复制到 A25:H45 单元格区域。

10. 利用自动筛选功能将 A2:H22 单元格区域中薪水超过 3000 元(含 3000 元)的员工筛选出来,筛选结果如图 4.10 所示。

	A	B	C	D	E	F	G	H
1					员工信息表			
2	工号	姓名	部门	性别	入职日期	工作天数	日工资	薪水
3	000001	李海	广告部	男	2011-9-1	30	160	¥ 4,800.00
7	000005	刘繁	企划部	女	2013-5-1	29	120	¥ 3,480.00
20	000018	熊亮	行政部	男	2014-4-1	29	120	¥ 3,480.00

图4.10　筛选出薪水超过3000元的员工信息

操作方法:单击"数据"→"排序和筛选"→"筛选",而后在"薪水"列的下拉菜单中选择"数字筛选",再作进一步设置,详见前文相关章节。

11. 对 A25:H45 单元格区域的数据进行分类汇总。

操作方法:选中 A25:H45 单元格区域,将数据按照"部门"升序排列,再单击"数据"→"分级显示"→"分类汇总",打开"分类汇总"对话框,将"分类字段"设为"部门","汇总方式"设为"平均值","选定汇总项"设为"薪水"。

完成后的效果如图 4.11 所示。

	A	B	C	D	E	F	G	H
24								
25	工号	姓名	部门	性别	入职日期	工作天数	日工资	薪水
26	000016	周繁	财务部	女	2012-1-1	25	80	¥ 2,000.00
27			财务部 平均值					¥ 2,000.00
28	000001	李海	广告部	男	2011-9-1	30	160	¥ 4,800.00
29			广告部 平均值					¥ 4,800.00
30	000005	刘繁	企划部	女	2013-5-1	29	120	¥ 3,480.00
31			企划部 平均值					¥ 3,480.00
32	000004	武海	市场部	男	2013-4-1	20	60	¥ 1,200.00
33	000008	钟兵	市场部	男	2011-5-1	12	80	¥ 960.00
34			市场部 平均值					¥ 1,080.00
35	000003	陈霞	销售部	女	2013-11-1	17	80	¥ 1,360.00
36	000006	袁锦辉	销售部	男	2014-1-1	22	80	¥ 1,760.00
37	000007	贺华	销售部	男	2014-1-1	20	130	¥ 2,600.00
38	000010	程静	销售部	女	2012-5-1	23	65	¥ 1,495.00
39	000011	刘健	销售部	男	2013-2-1	29	85	¥ 2,465.00
40	000013	廖嘉	销售部	女	2013-7-1	18	100	¥ 1,800.00
41	000014	刘佳	销售部	男	2011-1-1	19	85	¥ 1,615.00
42	000015	陈永	销售部	男	2013-2-1	17	150	¥ 2,550.00
43	000017	周波	销售部	男	2014-1-1	29	60	¥ 1,740.00
44	000019	吴娜	销售部	女	2014-8-1	22	80	¥ 1,760.00
45	000020	丁琴	销售部	女	2013-1-1	24	110	¥ 2,640.00
46			销售部 平均值					¥ 1,980.45
47	000002	苏杨	行政部	男	2012-1-1	10	90	¥ 900.00
48	000009	丁芬	行政部	女	2012-7-1	17	70	¥ 1,190.00
49	000012	苏江	行政部	男	2013-4-1	22	95	¥ 2,090.00
50	000018	熊亮	行政部	男	2014-4-1	29	120	¥ 3,480.00
51			行政部 平均值					¥ 1,915.00
52			总计平均值					¥ 2,094.25

图4.11　分类汇总结果

实验五　PowerPoint 实战——八达岭长城

一、实验目的和要求

1. 掌握幻灯片主题、版式、母版的设置方法。
2. 掌握文本框的格式化、图片的编辑处理方法。
3. 掌握文本、图片等对象的动画设置方法。
4. 掌握 SmartArt 图形的插入与编辑方法。

二、实验内容和步骤

启动 PowerPoint 2016，新建空白演示文稿，保存文件为"GreatWall. pptx"。

1. 制作幻灯片母版。具体操作步骤如下：

1）插入"logo_1. tiff"图片至幻灯片左上角，并排插入"logo_2. tiff"和"logo_3. jpg"图片至幻灯片顶部，调整大小和位置。

2）插入一横排文本框，输入"八达岭长城游历"，设置字体格式为华文行楷，分散对齐，颜色的 RGB 值为(204,0,102)[①]，并将字号设置如下："八"和"历"为 28，"达"和"**游**"为 32，"岭"和"城"为 36，"长"为 44。

设置文本框的填充效果为"logo_2. tiff"（"设置形状格式"→"填充"→"图片或纹理填充"→"文件"），设置文本框垂直对齐方式为中部居中；调整文本框的位置和大小，使其刚好能够覆盖"logo_2. tiff"图片。

设置文本框的动画效果如下：动画为"擦除"，效果为"自左侧"，"上一动画之后"开始（或"高级动画"→"动画窗格"→"从上一项之后开始"）[②]，持续时间为"快速"，动画文本为"按字母""50％字母之间延迟"。

紧贴图片下边缘插入一个 1 行 6 列的表格，设置线条为褐色，实心线，1.5 磅。

3）在各个单元格中分别输入"长城历史"、"乘车路线"、"出行参考"、"旅游景区"、"长城文化"和"长城图库"，设置字体格式为华文新魏，加粗，18 磅。

4）插入"line. gif"图片，调整其大小和位置，使其刚好能覆盖表格所在位置并置于底层。

5）插入 8 张"dragon. gif"图片，调整其大小和位置，将它们平铺在表格下方，设置图片格式如下：锐化 50％，亮度＋20％，对比度＋20％，"重新着色"为"灰色－25％，背景颜色 2 浅色"。效果如图 5.1 所示。

---

① 此后简称 RGB(204,0,102)，不再一一说明。

② 此后简称"之后"，不再一一说明。

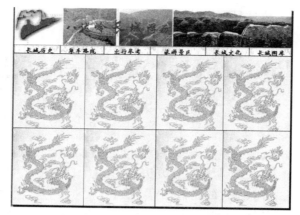

图 5.1　幻灯片母版

2. 隐藏母版背景图形。具体操作步骤如下：

为了使制作的幻灯片效果类似于网页，可制作一个开始页，该页主要的特点是用大的图片作背景，只有通过单击"Enter"按钮才能进入下一页。

1）切换至普通视图，设置第 1 张幻灯片为"空白"版式，点击"设计"→"设置背景格式"→"填充"→"隐藏背景图形"（仅在第 1 张幻灯片中隐藏母版的背景图形）。

2）插入"background.jpg"图片，使其完全覆盖住幻灯片；设置图片的动画效果如下：动画为"轮子"，效果为"4 轮辐图案"，"从上一项开始"，持续时间为"中速"。

3）在图片上方插入一横排文本框，输入"雄伟的八达岭长城"，设置字体格式为华文新魏，加粗，紫色，36 磅。设置文本框的动画效果如下：动画为"基本缩放"；效果为"从屏幕中心放大"，"从上一项之后开始"，持续时间为"非常快"，延迟 1 秒。

4）在图片右下角插入"arrow.gif"图片，改变箭头方向；在其上方插入一文本框，输入"Enter"，设置字体为 Arial Black，字号为 24 磅，RGB(255,0,102)；调整文本框和图片的大小，使两者的大小相近，并组合为一个整体；设置文本框和图片组合的动画效果如下：动画为"向内溶解"，"从上一项之后开始"，持续时间为"非常快"，延迟 1 秒。

5）给"Enter"文本框设置超链接，超链接至下一张幻灯片。

6）设置第 1 张幻灯片的切换效果为：淡出，全黑，取消选中"单击鼠标时"复选框。效果如图 5.2 所示。

图 5.2　第 1 张幻灯片

3. 设置文本。具体操作步骤如下:

1) 制作第 2 张幻灯片。

(1) 使用"空白"版式,插入"greatwall_1. tif"和"greatwall_2. tiff"图片。设置"greatwall_1. tiff"图片的动画效果如下:动画为"随机线条",效果为"垂直","上一动画之后"开始,持续时间为"快速",延迟 1 秒。设置"greatwall_2. tiff"图片的动画效果如下:动画为"随机线条",效果为"水平","上一动画之后"开始,持续时间为"快速",延迟 1 秒。

(2) 插入 3 个文本框,分别输入"万里蜿蜒于中华大地的长城,以其无比宏伟的雄姿久闻于世""长城像巨龙般腾越在崇山峻岭、沙漠戈壁""总长十几万里的中华巨龙,仍然是人类古代最巨大壮观的工程"。设置字体格式为华文新魏,20 磅,RGB(51,51,153)。

设置第一个文本框的动画效果如下:动画为"飞入",效果为"自左侧","上一动画之后"开始,持续时间为"非常快",延迟 1 秒。设置第二个文本框的动画效果如下:动画为"基本缩放",效果为"从屏幕中心放大","上一动画之后"开始,持续时间为"非常快",延迟 1 秒。设置第三个文本框的动画效果如下:动画为"飞入",效果为"自右下部","上一动画之后"开始,持续时间为"非常快",延迟 1 秒。效果如图 5.3 所示。

图 5.3　第 2 张幻灯片

2) 制作第 3 张幻灯片。

(1) 使用"空白"版式,于右下方插入一个文本框,输入"长城历史",设置字体格式为隶书,24 磅,RGB(255,0,102)。设置文本框的动画效果如下:动画为"淡出","从上一项开始",持续时间为"中速","重复""直到幻灯片末尾"。

> 且称此文本框为"说明文本框",以后各张幻灯片中均有涉及,其设置的文本位置、字体、动画效果均相同,只需复制即可,故此后不再一一说明

(2) 于幻灯片左部插入一个文本框,输入"公元前 221 年,秦始皇统一六国后,为防北边匈奴,调动军民上百万人,命大将蒙恬督筑长城,西起洮河沿黄河向东,再按原秦、赵、燕长城走向一直到辽东,绵亘万余里,成为我国最早的万里长城。"设置"公"字的格式:加粗,32

磅;设置其他文字的格式为:20磅;设置所有文字的格式为:宋体,RGB(0,51,0),对齐方式为分散对齐。

设置文本框的动画效果如下:动画为"字体颜色",字体颜色为"RGB(51,51,153)";样式为"样式"下拉列表中的最后一个,动画文本为"按字母""50%字母之间延迟","从上一项之后开始",持续时间为"中速",延迟1秒。

(3)插入三个"☆"作为分隔,设置其动画效果如下:动画为"浮入",方向为"下浮","从上一项之后开始",持续时间为"非常快"。

(4)于幻灯片右部插入三个文本框,依次输入"八达岭位于北京西北60公里处,是峰峦叠嶂的军都山中的一个山口。""一千五百年前的北魏,曾在八达岭一带修筑长城。""八达岭长城在明朝重新修筑,使之成为'纵深防御体系'。"设置所有文字的格式为:华文新魏,20磅;依次设置三个文本框的文字颜色为:RGB(51,102,255)、RGB(51,153,255)和RGB(51,51,115)。按住Ctrl键,从上到下逐一选中三个文本框,设置动画效果为:动画为"浮动","从上一项开始",持续时间为"非常快",延迟1秒。效果如图5.4所示。

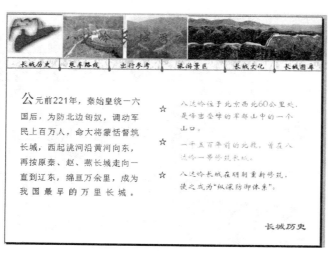

图5.4 第3张幻灯片

3)制作第4张幻灯片。

(1)使用"空白"版式,于右下方插入"说明文本框",输入"乘车路线"。

(2)插入"horse.gif"图片,设置动画效果如下:动画为"飞入",效果为"自底部","从上一项之后开始",持续时间为"非常快",延迟0.5秒。

在图片后插入艺术字"火车",字体为华文彩云,字号为36磅,文本轮廓颜色为RGB(128,0,0);设置艺术字的动画效果如下:动画为"飞入",效果为"自底部","从上一项开始",持续时间"非常快",延迟:0.5秒

在艺术字后插入一个文本框,输入"每年四月到十月,开通从北京到八达岭的专线列车。"设置文字的格式为:幼圆,20磅,RGB(0,51,0)。设置文本框的动画效果如下:动画为"飞入",效果为"自底部","从上一项之后开始",持续时间为"非常快",延迟1秒。

(3)再插入"horse.gif"图片和艺术字"长途汽车",设置格式和动画效果同上。

在艺术字后插入一个文本框,输入"车次发车时间发车地点 919 6:30—8:30 德胜门",中间用"—"隔开,设置文字的格式为:宋体,Arial,18 磅;两行文字之间的分隔线的颜色为RGB(0,51,0);下一行文字的颜色为RGB(255,0,102);使用 Tab 键控制它们的位置。设置文本框的动画效果同上

(4) 继续插入"horse.gif"图片和艺术字"旅游汽车",设置格式和动画效果同上。

在艺术字后插入一个文本框,输入"在前门、崇文门等处,每天都有去八达岭的旅游车。可提前一两天预订车票,也可以临时买票。"设置文字的格式为:幼圆,20 磅,RGB(51,102,255)。设置文本框的动画效果同上。

注意,此幻灯片的动画效果的顺序按行依次为:标题、图片、艺术字和文本框。效果如图 5.5 所示。

图 5.5　第 4 张幻灯片

4. 使用射线图。具体操作步骤如下:

1) 新建幻灯片并使用"空白"版式,于右下方插入"说明文本框",输入"乘车路线"。

2) 插入艺术字"附近的景点",设置格式为:宋体,36 磅,黑色,略倾斜。设置艺术字的动画效果如下:动画为"螺旋飞入","从上一项之后开始",持续时间为"快速",延迟 0.5 秒。

3) 插入 SmartArt 图形,类型为"基本射线图",更改颜色为"彩色范围一个性色 2—3",SmartArt 样式为"优雅";图形的中心输入"八达岭",其余分支按顺时针方向依次输入"居庸关"、"龙庆峡"、"十三陵"和"官厅水库",调整图形形状。

设置文字格式为:幼圆,20 磅,RGB(204,0,102)。设置 SmartArt 图形的动画效果如下:动画为"向内溶解",效果为"逐个","从上一项之后开始",持续时间为"非常快",延迟 1 秒。

在图形的线条上按顺时针方向依次添加文本框并输入"11 km"、"30 km"、"36 km"和"44 km",字体为 Arial,字号为 18 磅;顺时针依次选中文本框,设置动画效果如下:动画为"擦除",效果为"自左侧","从上一项之后开始",持续时间为"非常快",延迟 0.5 秒。效果如图 5.6 所示。

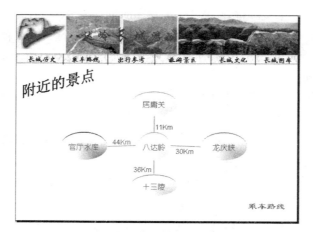

图 5.6　第 5 张幻灯片

5. 制作其他幻灯片。具体操作步骤如下：

1) 制作第 6 张幻灯片。

（1）使用"空白"版式，于右下方插入"说明文本框"，输入"出行参考"。

（2）绘制 4 个右箭头，依次插入文本"Find a hotel"、"Enjoy meals"、"Go shopping"和"Need help?"，文字格式为：Arial，加粗，18 磅。

（3）依次插入图片"hotel. tiff"、"meals. tiff"、"shopping. tiff"和"help. tiff"。

（4）调整箭头和图片的位置，依次选中它们，设置它们的动画效果如下：动画为"向内溶解"，"从上一项之后开始"，持续时间为"快速"，延迟 1 秒。效果如图 5.7 所示。

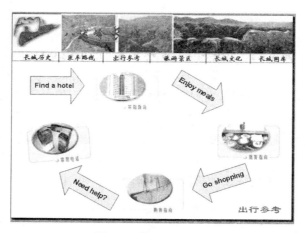

图 5.7　第 6 张幻灯片

2) 制作第 7 张幻灯片。

（1）使用"空白"版式，于右下方插入"说明文本框"，输入"长城图库"。

（2）插入艺术字"长城的四季"，设置如下："艺术字样式"→"文本效果"→"转换"→"弯曲"→"单地道"。

设置艺术字的动画效果如下：动画为"螺旋飞入"，"从上一项开始"，持续时间为"快速"，延迟 0.5 秒。

（3）插入图片"spring.jpg"，设置动画效果如下：动画为"随机线条"，效果为"垂直"，"从上一项之后开始"，持续时间为"快速"，延迟 1 秒。

在图片上插入艺术字"春"，设置动画效果如下：动画为"回旋"，"从上一项之后开始"，持续时间为"中速"，延迟 1 秒。

（4）依次插入图片"summer.jpg"、"autumn.jpg"和"winter.jpg"，以及艺术字"夏"、"秋"和"冬"，设置图片和艺术字的动画效果同上。效果如图 5.8 所示。

图 5.8　第 7 张幻灯片

3）制作第 8 张幻灯片。

（1）使用"空白"版式，于右下方插入"说明文本框"，输入"旅游景区"。

（2）插入图片"stamper.tiff"、"BeiLin.gif"和"ShiXiang.gif"，以及艺术字"长城碑林"和"石佛寺石像"，设置动画效果如下：动画为"挥鞭式"，"从上一项之后开始"，持续时间为"非常快"。效果如图 5.9 所示。

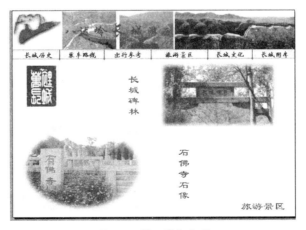

图 5.9　第 8 张幻灯片

4）制作第 9 张幻灯片。

（1）使用"空白"版式，于右下方插入"说明文本框"，输入"旅游景区"。

（2）插入图片"stamper. tiff"、"ShiKe_1. gif"和"ChaDaoLiang. gif"，以及艺术字"摩崖石刻"和"岔道梁"，设置动画效果如同前一张幻灯片。效果如图 5.10 所示。

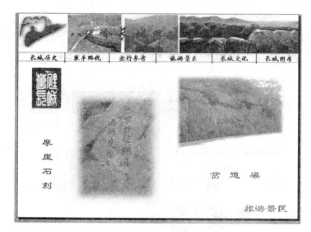

图 5.10　第 9 张幻灯片

5）制作第 10 张幻灯片。

（1）使用"空白"版式，于右下方插入"说明文本框"，输入"旅游景区"。

（2）插入图片"stamper. tiff"、"ShanZhuang. gif"和"ShiKe_2. gif"，以及艺术字"清野山庄"和"不到长城非好汉石刻"，设置动画效果如同前一张幻灯片。效果如图 5.11 所示。

图 5.11　第 10 张幻灯片

6）制作第 11 张幻灯片。

（1）使用"空白"版式，于右下方插入"说明文本框"，输入"长城文化"。

（2）于幻灯片左部插入文本框，输入古诗《登八达岭》：

> ## 登八达岭
>
> ### 沈用济(清)
>
> 策马出居庸,盘回上碧峰。坐窥京邑尽,行绕塞垣重。
> 夕照沉千帐,寒声折万松。回瞻陵寝地,云气总成龙。

设置文字格式如下:

① 标题:华文行楷,32 磅,加粗,RGB(255,0,102);

② 作者:宋体,14 磅,加粗,黑色;

③ 诗文:华文行楷,24 磅,RGB(255,0,102)。

设置段落格式为"1.5 倍行距",对齐方式为"居中"。

(3) 于幻灯片右部插入图片"epigraph.jpg",于幻灯片底部插入文本框"几千年,经过八达岭留下诗、书、画的人物,不计其数!"

(4) 设置古诗的动画效果如下:动画为"阶梯状",效果为"右下","从上一项之后开始",持续时间为"中速",延迟 1 秒;设置图片的动画效果如下:动画为"缩放",效果为"从屏幕中心放大","从上一项之后开始",持续时间为"快速",延迟 1 秒;设置文本框的动画效果如下:动画为"切入",效果为"自左侧","从上一项之后开始",持续时间为"非常慢",延迟 1 秒。效果如图 5.12 所示。

图 5.12　第 11 张幻灯片

6. 在母版中添加超链接。进入母版编辑状态,按照表 5.1 将文本链接到相关幻灯片。

表 5.1　超链接设置

文本内容	链接位置	文本内容	链接位置
长城历史	幻灯片 3	乘车路线	幻灯片 4
出行参考	幻灯片 6	旅游景区	幻灯片 7
长城文化	幻灯片 11	长城图库	幻灯片 8

实验六　PowerPoint 实战——古典音乐赏析

一、实验目的和要求

1. 掌握文本、图片等对象的动画设置方法。
2. 掌握音频文件的插入和播放方法。
3. 掌握幻灯片间的切换方式。
4. 掌握超链接的设置方法。

二、实验内容和步骤

（一）制作西方古典音乐演示文稿

启动 PowerPoint 2016，新建空白演示文稿，将文件保存为"Foreign. pptx"。

1. 制作第 1 张幻灯片。具体操作步骤如下：

（1）使用"空白"版式，插入一个黑色矩形，大小刚好覆盖幻灯片，设置矩形的动画效果如下：动画为"劈裂"，效果为"中央向左右展开"，"从上一项开始"，持续时间为"慢速"（形成幕布效果）。

（2）插入"Sydney_1. jpg"图片，大小刚好覆盖幻灯片，设置动画效果为"淡出"。

（3）再插入"Sydney_2. jpg"图片，大小刚好覆盖幻灯片，设置动画效果为"淡出"。

（4）插入艺术字"西方古典音乐"，字体为宋体，字号为 36 磅，；设置艺术字动画效果为"缩放"。

（5）插入背景音乐"小夜曲（肖邦）. mp3"，幻灯片放映时自动播放；隐藏声音图标（"播放"→"音频选项"→"放映时隐藏"）。设置动画效果如下：动画为"播放"，在"播放音频"对话框的"效果"选项卡中，设置"开始播放"为"从头开始"，"停止播放"为"在 10 张幻灯片后"；在"计时"选项卡中，设置"重复"为"直到幻灯片末尾"。将该动画置于动画效果列表的顶端。

（6）设置幻灯片切换方案为"揭开"。效果如图 6.1 所示。

图 6.1　"Foreign. pptx"的第 1 张幻灯片

2. 制作第 2 张幻灯片。具体操作步骤如下：

(1) 使用"仅标题"版式,标题中输入"托斯卡尼尼",设置文字格式为:RGB(153,0,0),44 磅,加粗。设置动画效果如下:动画为"淡出",动画文本为"按字母""100％字母之间延迟"。

(2) 插入图片,设置动画效果为"向内溶解"。

(3) 输入文字,行距为"1.3 倍",设置动画效果为"随机线条"。效果如图 6.2 所示。

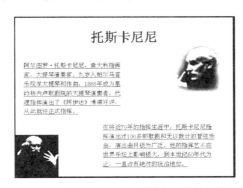

图 6.2 "Foreign. pptx"的第 2 张幻灯片

3. 制作第 3 张幻灯片。设置标题的动画效果为"基本缩放";设置右上方图片的动画效果如下:动画为"浮入",效果为"下浮";设置左下方图片的动画效果如下:动画为"浮入",效果为"上浮";设置文本的动画效果如下:动画为"展开",动画文本为"按字母""100％字母之间延迟"。效果如图 6.3 所示。

图 6.3 "Foreign. pptx"的第 3 张幻灯片

4. 制作第 4 张幻灯片。设置标题的动画效果为"基本缩放",设置右上方图片的动画效果为"擦除"。为文本依次设置 2 次动画,先设置动画效果 1:动画为"擦除";再设置动画效果 2:动画为"字体颜色",字体颜色为"褐色",平滑开始为"0 秒",平滑结束为"1 秒"。效果如图 6.4 所示。

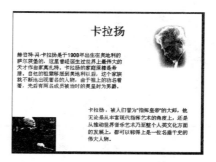

图 6.4 "Foreign. pptx"的第 4 张幻灯片

5. 制作第 5 张幻灯片。设置标题的动画效果为"基本缩放",设置图片的动画效果为"随机线条"。为文本依次设置 2 次动画,先设置动画效果 1:动画为"劈裂",效果为"中央向左右展开";再设置动画效果 2:动画为"下划线"。效果如图 6.5 所示。

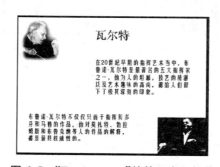

图 6.5 "Foreign. pptx"的第 5 张幻灯片

6. 制作第 6 张幻灯片。设置背景为水滴纹理;设置标题的动画效果为"飞入";设置小花图片的动画效果为"切入";输入网站名称,设置文本的动画效果:动画为"切入",效果为"自左侧",并插入超链接。效果如图 6.6 所示。

图 6.6 "Foreign. pptx"的第 6 张幻灯片

（二）制作中国古典音乐演示文稿

新建空白演示文稿,将文件保存为"China. pptx"。

1. 制作第 1 张幻灯片。具体操作步骤如下:

（1）插入背景图片,动画效果为"菱形","切入";再插入一个矩形框覆盖住图片,以纯色填充矩形框,填充颜色为 RGB(187,224,227),透明度为 50%,动画效果为"随机线条"。

(2) 输入标题,设置动画效果如下:动画为"回旋","从上一项之后开始",动画文本为"按字母""80%字母之间延迟"。

(3) 插入金色(RGB(255,204,102))的 6 磅线条,动画效果为"擦除","从上一项之后开始"。

(4) 线条上方插入古乐器图片,动画效果为"展开","从上一项之后开始"。

(5) 设置幻灯片切换方案为"淡出"。效果如图 6.7 所示。

图 6.7 "China. pptx"的第 1 张幻灯片

2. 制作第 2 张幻灯片。具体操作步骤如下:

(1) 设置背景填充效果为"渐变填充",预设渐变为"浅色渐变—个性色 3",类型为"矩形",方向为"从中心"。

(2) 幻灯片右部插入一个矩形框,设置形状效果为"棱台"→"角度",顶部棱台的宽度和高度设置为 16 磅,插入文本框输入标题。在"文件"→"选项"→"自定义功能区"→"主选项卡",勾选"开发工具",此时窗口顶部将增加一个"开发工具"选项卡。

在棱台上插入一个文本框控件("开发工具"→"控件"→"文本框"),输入文字后,再设置文本框属性("开发工具"→"控件"→"属性")如下:滚动类中,ScrollBars 为"2—fmScrollBarsVertical";行 为 类 中,EnterKeyBehavior 为 "True",Locked 为 "True",MultiLine 为"True"。

(3) 插入缺角矩形("插入"→"形状"→"基本形状"),设置动画效果为"向内溶解","从上一项之后开始";再添加动画效果为"展开","从上一项开始"。通过这样设置,一个对象可同时播放两种动画效果。依次完成其他缺角矩形。

(4) 设置幻灯片切换方案为"溶解"。效果如图 6.8 所示。

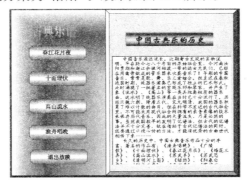

图 6.8 "China. pptx"的第 2 张幻灯片

3. 制作第 3 张幻灯片。具体操作步骤如下：

(1) 输入标题(设置"劈裂"动画效果)和文本(设置"楔入"动画效果)。

(2) 插入音频文件"春江花月夜. mp3"。

(3) 插入 4 个自定义动作按钮,并编辑如下：

① 制作"重新播放"按钮：单击右键选择"编辑文字",输入"重新播放",再单击小喇叭图标,设置动画为"播放",在"播放音频"对话框中选择"计时"→"触发器"→"单击下列对象时启动效果"→"动作按钮：自定义重新播放"。

② 制作"停止播放"按钮：单击右键选择"编辑文字",输入"停止播放",再次单击小喇叭图标,设置动画为"高级动画"→"添加动画"→"媒体"→"停止"；在"停止音频"对话框中选择"计时"→"触发器"→"单击下列对象时启动效果"→"动作按钮：自定义停止播放"。

③ 制作"暂停播放"按钮：单击右键选择"编辑文字",输入"暂停播放",第三次单击小喇叭图标,设置动画为"高级动画"→"添加动画"→"媒体"→"暂停"；在"暂停音频"对话框中选择"计时"→"触发器"→"单击下列对象时启动效果"→"动作按钮：自定义暂停播放"。

④ 制作"返回索引"按钮：单击右键选择"编辑文字",输入"返回索引",将该按钮超链接至第 2 张幻灯片。效果如图 6.9 所示。

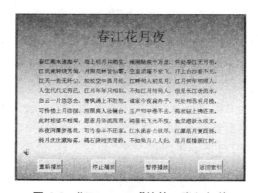

图 6.9 "China. pptx"的第 3 张幻灯片

4. 第 4、第 5 和第 6 张幻灯片的制作步骤同第 3 张幻灯片,效果如图 6.10~6.12 所示。

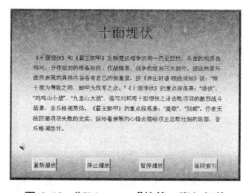

图 6.10 "China. pptx"的第 4 张幻灯片

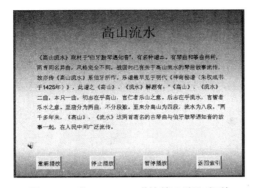

图 6.11 "China. pptx"的第 5 张幻灯片

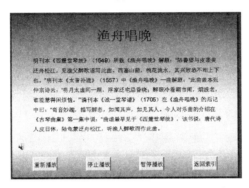

图 6.12 "China. pptx"的第 6 张幻灯片

5. 将第 3、第 4、第 5 和第 6 张幻灯片隐藏(按顺序正常播放幻灯片时,这些幻灯片不显示,但可通过超链接进入),将第 2 张幻灯片的索引部分超链接至相关的幻灯片,将"退出放映"按钮超链接至"结束放映"。

(三)制作古典音乐赏析演示文稿

新建空白演示文稿,将文件保存为"Music. pptx"。

1. 制作第 1 张幻灯片:制作封面,输入"古典音乐赏析",背景填充效果为"渐变填充",预设渐变为"顶部聚光灯－个性色 4",类型为"线性",方向为"线性对角－左上到右下"。效果如图 6.13 所示。

图 6.13 "Music. pptx"的第 1 张幻灯片

2. 制作第 2 张幻灯片:将"Foreign. pptx"和"China. pptx"文件作为对象插入。效果如图 6.14 所示。

图 6.14　"Music. pptx"的第 2 张幻灯片

实验七　Word 长文档编辑(选作)

一、实验目的和要求

1. 掌握页面设置。
2. 掌握页眉页脚的设置。
3. 掌握分隔符的使用(分节符、分页符)。
4. 掌握插入目录、书签、超链接等操作。
5. 掌握页面修饰(页面边框、水印)。

二、实验内容

打开"Word 素材"文件夹中的"沸腾十五年.docx"文档,按照要求完成下列排版操作。

1. 按照表 7.1 的要求对文档进行页面设置。

表 7.1　页面设置

项目	要求
纸张	16 开(18.4×26)
页面设置	上边距 3.5 cm,下边距 2.5 cm,左边距 2.7 cm,右边距 2.7 cm,页眉 2.5 cm,页脚 1.8 cm,装订线 0.2 cm
页眉	楷体,小五,居中 奇数页页眉:"沸腾十五年——张朝阳与搜狐" 偶数页页眉:"Boil fifteen years"
页脚	阿拉伯数字的页码,Times New Roman 字体,小五,页面底端居中排列

2. 封面设计:设计一封面,书名为"沸腾十五年",要求见表 7.2,作者名用自己的姓名,英文副标题为"Boil fifteen years"。

表 7.2　封面格式

项目	字体要求
书名	华文隶书,小初
副标题	华文隶书,小三
作者	黑体,小二

要求:(1) 美观大方,书名位置正确,可以有创意;(2)首页不能出现页眉、页脚。

3. 正文设计,包括以下内容:

(1) 参照表 7.3,将文档中的对应文字设置为标题。

表 7.3　标题设置

样式	文字
标题1	因为陈章良,张朝阳回到中国
	尼葛洛庞帝来了
	靠股东贷款挽救了搜狐
	明星销售张朝阳
标题2	内心张扬的首席代表
	22万美金催生了搜狐
	张朝阳也不知做什么好

(2)参照表 7.4,对正文进行编辑。

表 7.4　正文格式

项目	要求
标题1	黑体,四号,加粗,左对齐,段前、段后间距10磅,单倍行距,绿色底纹
标题2	黑体,小四,左对齐,段前、段后间距8磅,单倍行距
段落文字	宋体(英文用 Times New Roman 字体),五号,两端对齐,首行左缩进2字符,行距18磅
图	将实验素材中的图片"pic1"~"pic3"插入文档中,图片的文字环绕方式为上下型环绕

4. 目录设计:在封面之后插入一空白页,用于制作目录,要求参照表 7.5;另外,目录页无页眉,页脚处显示页码(居中),页码使用罗马数字"Ⅰ、Ⅱ、Ⅲ、…"(提示:在目录页后正文页之间插入分节符,在页脚的编辑状态下,取消选中"链接到前一条页眉"按钮)。

表 7.5　目录格式

项目	要求
"目录"的标题	黑体,二号,加粗,居中,段前、段后间距12磅
1级标题目录	黑体,四号,段前、段后间距15磅,两端对齐,页码右对齐,页码字体为 Times New Roman
2级标题目录	楷体,小四,两端对齐,页码右对齐,左缩进2字符,段前、段后间距15磅

5. 其他要求,包括:

(1) 给封面页添加"小树"形状的页面边框。

(2) 给目录页添加水印,水印图片为"pic4"(注意:封面和正文不需要水印)。

(3) 删除文档中所有的"北京"一词。

(4) 忽略文档中所有的语法错误。

(5) 统计文档中的字数。

（6）将文档中的数字设置为红色。

（7）为文档的最后一段创建书签，书签名为"明星的诞生"，将正文第一句"走下飞机舷梯，张朝阳感到一阵寒意"中的"张朝阳"链接到该书签。

（8）为文档的最后一行添加脚注，添加内容为"张朝阳（1964.10.31—）男，陕西省西安市人，搜狐公司董事局主席兼首席执行官。"。

（9）在文档的最后插入一个表格，要求见表 7.6，效果见图 7.1。

表 7.6 表格格式

项目	要求
文字	宋体，五号，第 1 列和第 3 列加粗，垂直左对齐
外边框	波浪线，绿色，1.5 磅
内边框	虚线，红色，0.5 磅
底纹	10% 的黄色
单元格边距	左、右边距均为 0.5 厘米

中文名	张朝阳	国籍	中国
职业	商业企业家	民族	汉
毕业院校	麻省理工学院，清华大学	主要成就	创建搜狐

图 7.1 表格的效果

（10）打印设置：设置成打印奇数页。

（11）将排版好的文档另存为"实验七.docx"，文档的第 1～4 页的效果如图 7.2 所示。

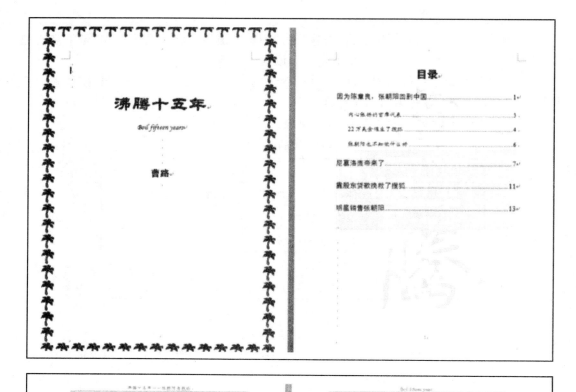

图 7.2　排版后的文档(第 1～4 页)

"mx"，如图 2.19 所示，单击"确定"按钮。

图 2.19　设置基块名称

（3）将所需内容保存到自动图文集后，如果在文档的其他位置需要插入时，只需输入基块名称"mx"，然后按下 F3 键即可插入"利昂内尔·安德雷斯·梅西"。

掌握了使用自动图文集录入的方法后，就避免了很多重复性的输入，从而提高了工作的效率。

2.2.2　文本的编辑

文本的常用编辑操作有删除、移动、复制和粘贴等，但这些操作的前提是先将文本进行选定。

1. 文本的选定

选定文本时可以使用鼠标或键盘，或是将两者结合起来使用，不同的操作方法可能达到的效果是相同的，完全视用户的操作习惯而定。下面介绍几种常用的方法。

（1）利用选定栏（将鼠标放置于文档编辑区左侧，鼠标指针变成 形状的区域称为"选定栏"），单击鼠标左键一次可以选定当前行，双击可以选定当前段，三击则可以选定全文；若按住鼠标左键并向上或向下拖动鼠标，则可以选定若干行。

（2）将鼠标移动到词组中间或左侧，双击鼠标左键可快速选中该词组，连续单击三次鼠标左键则可以选中整个段落。

（3）将光标定位到段落的任意位置，按住 Ctrl 键的同时单击鼠标左键，可选中一个句子。

（4）将光标定位到要选定的第一个字符前，按住 Shift 键不放，使用键盘上的 4 个方向键也可以选定文本。

2. 文本的插入和删除

文本的输入可以分为插入方式和改写方式，系统默认的为插入方式。在插入模式下，输入的内容插在光标的右边，原有的文字自动向右移动。双击状态栏上的"插入"按钮或按键盘上的"Insert"键，则进入改写模式，此时输入的内容会覆盖光标右边的原有文字。

在文本的插入和删除过程中经常用到的键盘按键有：

（1）Backspace 键：删除光标左边的文本。

（2）Delete 键：删除光标右边的文本。

（3）Enter 键：结束本段落，并在下一行重新创建一个新的段落。

（4）Ctrl＋Enter 组合键：结束本页，并在下一页重新创建一个新的段落。

3．文本的移动

如果移动的是一小段文本，可以选定文本后直接拖动至目标位置；如果文本较长，则可切换至大纲视图下，进行大段文档的搬移。其实移动文本最常见的方法是先选定文本，然后单击“开始”选项卡的“剪贴板”组中的“剪切”命令，再将光标定位于目标处，选择“剪贴板”组中的“粘贴”命令。

4．复制和粘贴

在编辑文本时务必要牢牢记住的 3 个快捷键是：用于复制的快捷键 Ctrl＋C，用于剪切的快捷键 Ctrl＋X，用于粘贴的快捷键 Ctrl＋V。

1）剪贴板

在复制和粘贴的过程中，实际上是将剪贴板作为信息传输的中间媒介。Windows 自带的剪贴板在每次复制时将更新原有数据，而 Office 剪贴板则可以保留最近 24 次的数据。在“开始”选项卡中单击“剪贴板”组右下角的对话框启动器，即可查看 Office 的剪贴板。当剪贴板中收集的数据已达 24 项，仍要继续进行复制时，那么第一项数据即被删除，而最新复制的内容作为最后一项显示在剪贴板中。

2）智能粘贴

通常情况下，在粘贴时会出现粘贴选项按钮 ，单击该按钮会出现一个下拉菜单，如图 2.20 所示，根据需要选择相应的粘贴格式即可。

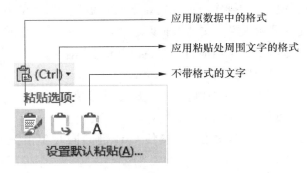

图 2.20　智能粘贴选项

2.2.3　文本的查找和替换

在编辑文档时，有时会发现文档中有些错误是类似的，如“梅森”全部写成了“每森”，文档中的文本“Excel”必须都要加粗显示等，如果人工查找，好比是大海捞针，肯定费时费力，而且一定有漏网之鱼，此时最好的方法一定是使用 Word 中的查找和替换功能。查找和替换功能最常被用于查找和替换文字，但实际上它还可用于查找和替换格式、段落标记、分页符和其他项目。下面以图 2.21 所示的文档为例,介绍查找和替换功能。

> **梅花山**
>
> 　　南京梅花山是中国四大梅区之一,自明孝陵景区实施资源整合以来,梅花山赏梅面积扩大了两倍,达到一千五百多亩。世界上现已发现和培育的三百种梅花中,这里拥有二百多种共三万余株,而且有些是梅中极品。根据花色,这里的梅花可分为白梅、绿梅、朱砂(红梅)、宫粉(粉红)、黄梅等几种。探梅、赏梅是南京的民俗,而南京植梅与赏梅的历史悠久,历六朝至今不衰。每当春季梅花盛开之时,梅花山的万株梅花竞相开放,层层叠叠,云蒸霞蔚,繁花满山,一片香海,前来探梅、赏梅者多达四、五十万人,来此赏梅的游客络绎不绝。
>
> 　　史料记载,梅花山原为三国东吴孙权墓所在地。为了纪念这一史迹,1993 年,陵园在梅花山东麓新建了一座孙权故事园。同时在孙权故事园中还引种了一百多种日本的梅品种,为梅花的研究工作提供了丰富的品种资源。梅花山占地 420 亩,拥有梅花品种 200 余种,梅花 1.3 万株,南京梅花山正以其得天独厚的自然和人文优势吸引越来越多的海内外游人,逐渐成为全国的梅文化中心。

图 2.21　Word 文档实例

1. 常规查找——在文档中查找"梅花山"并统计其出现次数

　　在"开始"选项卡的"编辑"组中单击"查找"按钮,打开搜索文档的"导航"窗格,在搜索框中输入要查找的内容"梅花山",按下回车键后,文档中的"梅花山"会以黄色显示,且"导航"窗格中显示"梅花山"出现的次数为"8",如图 2.22 所示。

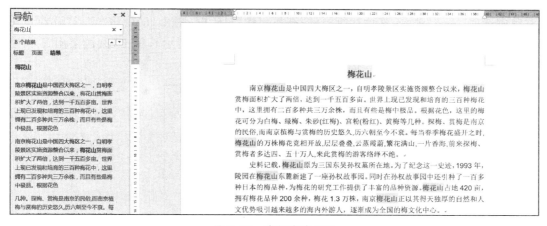

图 2.22　常规查找结果

2. 常规替换——将第二段中的"孙权"替换成"孙仲谋"

　　将文档的第二段选中,然后单击"编辑"组中的"替换"按钮,在弹出的"查找和替换"对话框中按照图 2.23 输入查找内容"孙权",替换为"孙仲谋",单击"全部替换"按钮,在弹出的对话框(图 2.24)中单击"否"按钮,即可将第二段中的"孙权"替换成"孙仲谋"。

　　值得注意的是,如果在替换前没有选中第二段文本而直接执行替换操作,那么全文中的"孙权"都会被替换成"孙仲谋"。

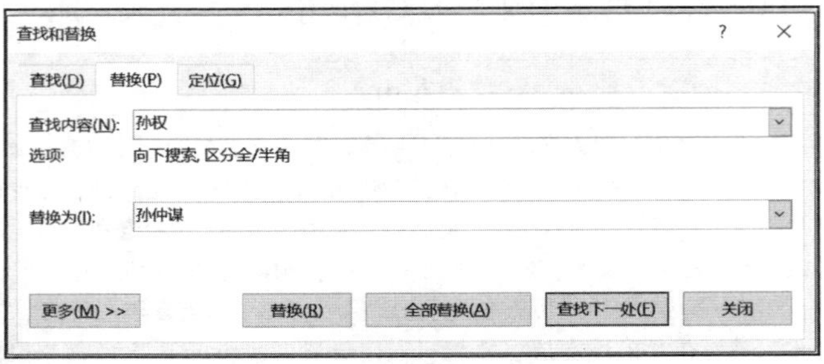

图 2.23　常规替换设置

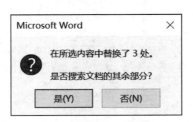

图 2.24　提示替换文档其余部分

3. 高级查找——在文档中查找加粗显示的"梅花山"

在"查找和替换"对话框中选择"查找"选项卡，单击"更多"按钮，可展开高级对话框来设置文档的高级查找。我们的任务是查找加粗显示的"梅花山"，只需单击"格式"按钮，在弹出的菜单中选择"字体"命令，然后在打开的"查找字体"对话框（图 2.25）中将"字形"设置为"加粗"。单击"确定"按钮回到"查找和替换"对话框中（图 2.26 所示），单击"阅读突出显示"按钮即可显示文档中的搜索结果。

图 2.25　设置查找字形

图 2.26　高级查找设置

4. 高级替换——将第一段和第二段的回车换行符替换成省略号

将文档的第一段和第二段选中,在"查找和替换"对话框中选择"替换"选项卡,单击"更多"按钮,可展开高级对话框来设置文档的高级替换。将鼠标定位在"查找内容"文本框中,单击"特殊格式"按钮,在弹出的菜单中选择"段落标记"命令,再将鼠标定位在"替换为"文本框中,单击"特殊格式"按钮,在弹出的菜单中选择"省略号"命令,如图 2.27 所示,单击"替换"按钮即可完成替换,效果如图 2.28 所示。

图 2.27　高级替换设置

> **梅花山**
>
> 　　南京梅花山是中国四大梅区之一，自明孝陵景区实施资源整合以来，梅花山赏梅面积扩大了两倍，达到一千五百多亩。世界上现已发现和培育的三百种梅花中，这里拥有二百多种共三万余株，而且有些是梅中极品。根据花色，这里的梅花可分为白梅、绿梅、朱砂(红梅)、宫粉(粉红)、黄梅等几种。探梅、赏梅是南京的民俗，而南京植梅与赏梅的历史悠久，历六朝至今不衰。每当春季梅花盛开之时，梅花山的万株梅花竞相开放，层层叠叠，云蒸霞蔚，繁花满山，一片香海，前来探梅、赏梅者多达四、五十万人，来此赏梅的游客络绎不绝。...史料记载，梅花山原为三国东吴孙权墓所在地。为了纪念这一史迹，1993 年，陵园在梅花山东麓新建了一座孙权故事园。同时在孙权故事园中还引种了一百多种日本的梅品种，为梅花的研究工作提供了丰富的品种资源。梅花山占地 420 亩，拥有梅花品种 200 余种，梅花 1.3 万株，南京梅花山正以其得天独厚的自然和人文优势吸引越来越多的海内外游人，逐渐成为全国的梅文化中心。

图 2.28　高级替换后的效果

2.2.4　文本的拼写和语法检查

　　Word 提供了拼写和语法检查功能，可以将文档中的拼写和语法错误检查出来，避免因为输入的失误而造成的麻烦。Word 用红色波浪下划线表示可能出现的拼写问题，用绿色波浪下划线表示可能出现的语法问题，以提醒用户注意。

　　例如，单击"审阅"→"校对"→"拼写和语法"命令，出现如图 2.29 所示的"拼写检查"窗格。在建议列表框中列出了若干个拼写相似的正确单词以供选择。此时可以进行以下操作：

图 2.29　"拼写检查"窗格

　　(1) 若认为这个单词是正确的或建议列表框中没有相应的单词，可单击"忽略"按钮。若单击"全部忽略"按钮则在选中的句子中不再检查这个单词。

　　(2) 单击"添加"按钮可将该单词添加到用户的自定义词典中，在以后的检查中该单词被认为是正确的。

（3）在建议单词列表中选择一个单词，单击"更改"按钮可将检查出的错误单词更改为选中的单词。单击"全部更改"按钮可将选中的句子中的所有这个错误单词都更正过来。

拼写错误改正后，将会更正语法错误。在"语法"窗格中各按钮的作用与"拼写检查"窗格中按钮的作用类似，不再赘述。

2.3　文档的格式化

文档的格式化是指对文档外观的一种处理。Word 允许在字符级、段落级和文档级上改变文档的格式。字符级格式化涉及文章的标题是什么样子，正文又是什么样子。段落级格式化涉及每个段落的首行是不是要空两个字符，是不是需要设置 1.5 倍行距等。与前两者相比，文档级格式化更为重要，因为它直接影响到文档的打印效果。

2.3.1　字符格式化

当你编辑完文档中的文字后，最想做的工作可能就是美化字符的样式了，字符的格式化在文档格式化中是一项比较简单的工作，但它对文档的外观影响很大。例如以不同字体、字号区分各级标题，强调的内容要加粗显示等。

在 Word 中默认使用宋体、五号字和其他默认设置开始每一个文档。在输入文字时不需要经常设置字符格式，新输入字符会自动沿用文档默认设置的格式和插入点的格式。如果对字符格式不满意的话，可以先选取要改变字符格式的文本，然后再设置所需要的格式。

1. 设置字符的格式

使用"开始"选项卡的"字体"组中的按钮或"字体"对话框可以完成字符的格式设置，但在有些情况下还需要使用格式刷。

格式刷是 Word 中非常好用的一个工具，有了它，当我们需要给 Word 文档复制大量的相同格式的时候，只要使用格式刷轻轻一刷，就可以一次解决格式设置的问题。"格式刷"按钮在"开始"选项卡的"剪贴板"组中，在使用格式刷时，单击"格式刷"和双击"格式刷"按钮的效果是不同的，用户可根据自己的实际需要进行操作。

选中文档中具有某种格式的文本或段落作为样本，单击"格式刷"按钮，此时鼠标指针旁带有格式刷图标，然后单击需要格式化的某个内容，则其格式变得与样本的完全相同。单击完成之后格式刷图标就没有了，鼠标指针恢复正常形状，再次使用还需要继续单击"格式刷"按钮。

如果一篇文档中需要复制的格式有很多，那是不是要重复按多次"格式刷"按钮呢？如果需要不断重复使用格式刷，我们可以双击"格式刷"按钮，这样鼠标指针左边就会永远地出现格式刷图标，就可以不断地使用格式刷了。若要退出格式刷编辑模式，可以再次单击"格式刷"按钮或者用键盘上的 Esc 键进行关闭。

2. 特殊的字符格式化

1）首字下沉

首字下沉是指将段落的第一个字下沉若干行，以达到醒目的目的，报纸杂志中常用到首字下沉的编排格式。在"插入"选项卡的"文本"组中单击"首字下沉"按钮，在弹出的下拉菜单中选择"首字下沉"命令，在打开的"首字下沉"对话框（如图2.30所示）中可以进行相应的设置，达到首字下沉的目的。

图2.30 "首字下沉"对话框

在"首字下沉"对话框中，除了可以设置首字下沉外，还可以设置首字悬挂。图2.31中的第一段文字设置了首字下沉，第二段文字设置了首字悬挂，通过对比可以看出两种格式的区别。

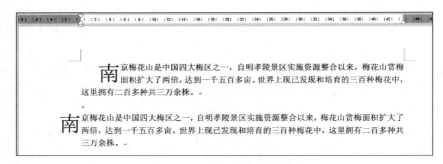

图2.31 "首字下沉"和"首字悬挂"格式的效果对比

2）更改文字方向

文字通常的排列方向是从上到下，从左到右。用户可以根据需要更改文字排列方向。在"布局"选项卡的"页面设置"组中单击"文字方向"按钮，在弹出的菜单中选择"水平"、"垂直"或其他命令，如图2.32所示，此时整个文档的文字方向即会发生相应变化。如果只是想让文档中某个段落的文字改变方向，那么在操作之前需要先选中该段落。

图 2.32　"文字方向"下拉菜单

2.3.2　段落格式化

段落是文档的基本组成单位,可由文本、图形、公式及其他内容所构成。在文档中每按下 Enter 键一次,就插入一个段落标记,表示一个段落的结束。如果删除了一个段落标记,这个段落就会与下一个段落合并,下一个段落的格式也会消失,取而代之的是当前段落的格式。

段落格式设置涉及段落对齐方式、段落缩进、分页状况、段落与段落的间距以及段落中各行的间距等。当需对某一段落进行格式设置时,首先要选中该段落,或者将插入点放在该段落中,才可开始对此段落进行格式设置。

1. 段落对齐方式

1)水平对齐

水平对齐方式分为左对齐、右对齐、居中、两端对齐和分散对齐,在"开始"选项卡的"段落"组中都可以找到相对应的按钮。系统默认的对齐方式是两端对齐,文档的正文经常采用此对齐方式,而文档的标题一般设置为居中对齐。分散对齐用得较少,有些用户对两端对齐(图 2.33)和分散对齐(图 2.34)的区别不是很了解,分散对齐能使文档左右两边均对齐,而且所选段落不满一行时,将拉开字符间距使该行中的字符均匀分布,如图 2.34 所示。

2)垂直对齐

垂直对齐方式包含顶端对齐、居中、两端对齐和底端对齐。单击"布局"选项卡中"页面设置"组的对话框启动器,在打开的"页面设置"对话框中选择"版式"选项卡,从中可以设置垂直对齐方式。

南京梅花山是中国四大梅区之一,自明孝陵景区实施资源整合以来,梅花山赏梅面积扩大了两倍,达到一千五百多亩。世界上现已发现和培育的三百种梅花中,这里拥有二百多种共三万余株。

图 2.33 两端对齐的文本

南京梅花山是中国四大梅区之一,自明孝陵景区实施资源整合以来,梅花山赏梅面积扩大了两倍,达到一千五百多亩。世界上现已发现和培育的三百种梅花中,这里拥有二百多种 共 三 万 余 株 。

图 2.34 分散对齐的文本

2. 段落缩进

在 Word 中输入文本时,不要通过空格键来控制段落首行和其他行的缩进,也不要利用回车键来控制一行右边的结束位置,因为这样做会妨碍 Word 对于段落格式的自动调整,此时应该利用段落缩进。

缩进是指段落中的文本与页面边界之间的距离。段落缩进方式有左缩进、右缩进、首行缩进和悬挂缩进。设置段落缩进方式的方法主要有三种。

(1)利用"段落"组中的命令按钮。单击"增加缩进量"按钮🖅一次,段落向右移动 1/2 英寸,若单击多次,则段落依次缩进;单击"减少缩进量"按钮🖅,则可减少或撤销缩进。在增加或减少缩进量的同时,标尺上的缩进标识符将移到被缩进的位置。

(2)按下鼠标左键并拖动标尺上的"左缩进"、"右缩进"标识符(图 2.35)到所需缩进的位置再松开,即可完成缩进设置。如果文档中没有显示标尺,那么在"视图"选项卡的"显示"组中勾选"标尺"复选框即可。

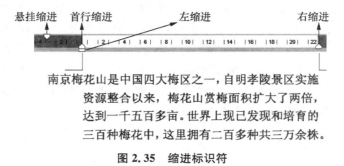

图 2.35 缩进标识符

(3)单击"段落"组的对话框启动器,在打开的"段落"对话框中的"缩进和间距"选项卡中输入左、右边界值,还可以在"特殊格式"下拉列表中选择某种缩进类型,即可准确地缩进段落。

3. 间距

间距包含段落中的行间距以及本段落与前后两段之间的距离。行间距是指从一行文本的底部到另一行文本的顶部的间距,系统默认设置是单倍行距。段落间距是指前后相邻的段落之间的空白距离。

4. 段落中的分页规则

有些文档的排版要求比较高,需要严格限制在段落中分页。在"段落"对话框的"换行与分页"选项卡中可以查看分页规则,主要有 4 种:

（1）孤行控制：防止在一页的开始处留有段落的最后一行或在一页的结束处有段落的第一行。

（2）段中不分页：强制一个段落的内容必须放在同一页上。

（3）与下段同页：确保当前段落与它后面的段落处于同一页上。

（4）段前分页：从新的一页开始输出这个段落。

5. 制表位

制表位是一个非常有用但常被忽视的一个工具，它是在水平标尺上设置的位置。在段首按下 Tab 键，可以发现光标向后移，若连续按下此键，文档编辑区中出现了连续多个制表符，如图 2.36 所示。值得注意的是，要想保证制表符清晰可见，必须使"段落"组中的"显示/隐藏标记"按钮处于选中状态。

制表位是段落的属性，每一个段落都可以设置其制表位的位置。默认情况下，每一个制表符可以占据 2 个字符的位置，当然用户也可以自己设置。什么情况下需要用到制表位呢？如果我们需要文档中某些段落中的文字之间保持相同的间隔，那就可以用制表位。如图 2.37 所示，要保证每道题的 A、B、C、D 选项保持对齐需通过插入制表位实现，可不能拼命按空格键来完成。

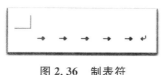

图 2.36　制表符

图 2.37　应用制表位的示例

1）插入制表位

设置制表位有两种方法。方法一：单击水平标尺最左端的制表位按钮（不断单击，可以切换制表位的对齐方式），然后在水平标尺上需要插入制表位的位置上单击鼠标左键，即可将制表位插入到当前位置。想要精确地设置制表位的位置，需要使用第二种方法：在水平标尺上需要插入制表位的位置上直接单击鼠标左键，即可插入一个制表位，双击这个制表位可打开"制表位"对话框，然后依次在"制表位位置"列表框中添加制表位的位置，如图 2.38 所示。从图中可以看出制表位的对齐方式有 5 种，用户需要根据自己的实际需要来选择。

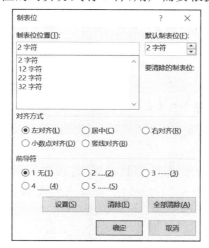

图 2.38　设置制表位

2）应用制表位

制表位设置完成后，在输入文档时，例如"A. 125"，输入完成之后，按下 Tab 键即可跳到下一个制表位，继续输入"B. 126"选项，从而保证每道题的选项实现对齐，如图 2.39 所示。

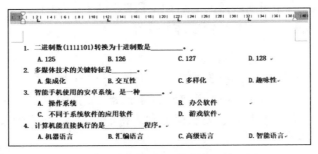

图 2.39　按照制表位完成输入的示例

3）删除制表位

如果要删除制表符，只需将制表符拖离标尺，也可以在"制表位"对话框中单击"制表位位置"清单中的某个位置，单击"清除"或"全部清除"按钮。

2.3.3　项目符号和编号

项目符号和编号有助于提高文档的可读性，使文档内容醒目并且有序，重点或需要强调的部分更加突出。如图 2.40 中左侧的文档显然缺少条理，层次不够清晰，而右侧的文档在使用项目符号和编号后，内容重点突出。

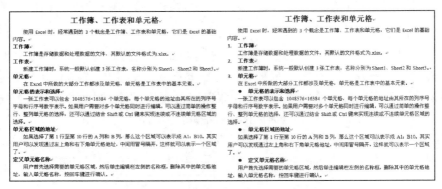

图 2.40　有无应用项目符号和编号的文档对照

1. 项目符号

1）插入项目符号

单击"开始"选项卡的"段落"组中的"项目符号"按钮，在弹出的下拉菜单中选择合适的符号插入，再输入文字（先输入文字，再插入项目符号亦可）。

2）修改项目符号

在完成了文档的录入后，若想修改项目符号，可以在该项目符号上单击鼠标右键，在出现的浮动工具栏上单击"项目符号"下拉按钮，在弹出的菜单中选择合适的符号即可。

3）定义项目符号

如果用户需要自定义一个项目符号,可在"段落"组的"项目符号"按钮的下拉菜单中选择"定义新符号"命令,弹出"定义新项目符号"对话框(如图 2.41 所示),进行相应设置即可。新项目符号的类型有多种,如符号(图 2.42)、图片等。

图 2.41　"定义新项目符号"对话框

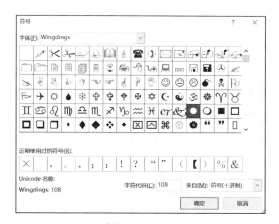

图 2.42　选择作为项目符号的符号

2. 编号

在文档中插入编号的方法和插入项目符号是一样的,就不再仔细介绍,但需要注意的是,编号是以一组连续数字来表示的,连续性很强。当在文档的某个部分使用过某种格式的编号后,在另一个位置再设置编号时,系统会按照前面的编号顺序来继续编号。

在图 2.43 所示的例子中,似乎将编号"4"修改成"1"更加合理,此时只需将光标移到该编号上单击鼠标右键,在弹出的快捷菜单中选择"重新开始于 1"命令即可。如果想让"4. 简述"的编号以其他数字为起始编号,则将光标移到该编号上单击鼠标右键,在弹出的快捷菜单中选择"设置编号值"命令,在打开的"起始编号"对话框中根据需要进行设置即可(图 2.44)。

图 2.43　连续编号的文档示例

图 2.44　设置起始编号

2.3.4　页面布局

在文档中除了文字、图片之外，可能还有页眉和页脚、水印、分栏等效果，这样文档就更加规范，更加美观。文档可根据打印的实际需求来进行页面设置。

1. 页面设置

单击"布局"选项卡的"页面设置"组的对话框启动器，弹出"页面设置"对话框，用户可以根据需要设置文档的纸张大小、纸张方向、页边距等参数，这些操作相对比较简单，就不再一一阐述。

2. 分节和分栏

文档中的分隔符除了换行符、分页符之外，还有一个特别重要的就是分节符。要在长文档中设置不同格式的页眉和页脚，那么分节符就是最好的帮手。实际上在分栏时也用到了分节符。

1）分节

分节符是插入到文档中的一种标记，它表示一节的结束，如文档的封面为一节，正文内容为一节，让用户感觉同一个文档中的内容也能"分开"，这样文档排版起来更加灵活。在"布局"选项卡的"页面设置"组中单击"分隔符"按钮，在弹出的下拉菜单中选择合适的分节符类型，然后进行插入即可。分节符可以分为 4 种：

（1）下一页：在当前插入点处插入一个分节符，新节从下一页开始。

（2）连续：在当前插入点处插入一个分节符，新节从本页下一行开始。

（3）奇数页：在当前插入点处插入一个分节符，新节从下一个奇数页开始。

（4）偶数页：在当前插入点处插入一个分节符，新节从下一个偶数页开始。

用户在文档中插入分节符时，经常无法判断是否插入成功，此时可以单击"开始"选项卡的"段落"中的"显示/隐藏编辑"按钮即可。如果不需要分节符，即可将其删除，具体方法是将光标定位到分节符上，然后按下 Delete 键即可。

2）分栏

翻开报纸和杂志，分栏版面随处可见。分栏版面中正文行较短，使读者更容易阅读，并使得格式化具有图片和表格的文档有更大的灵活性。

选中需分栏的文本,在"布局"的"页面设置"组中单击"分栏"按钮,在弹出的下拉菜单中选择分栏样式,也可选择"更多分栏"命令,在打开的"分栏"对话框中将文本分成两栏或多栏,同时可以设置栏的宽度和间距以及是否需要分隔线等,以此来美化页面,如图 2.45 所示。其实分栏操作实际上是在文本里插入了连续类型的分节符,用户可以自行查看。

想要取消分栏,在选择文本后仍然打开"分栏"对话框,单击"一栏"按钮并单击"确定"按钮即可。另外值得注意的是,分栏有时会出现各栏长度参差不齐的情况,其解决办法是:将光标置于需要平衡分栏的文档的末尾处,再插入一个分节符(连续)的,此时各分栏的段长将会平衡。

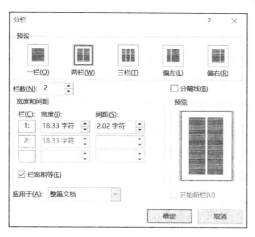

图 2.45　"分栏"对话框

3. 页眉和页脚

页眉和页脚是页面元素之一,页眉中经常会输入醒目的标题性信息,而页脚常用于放置页码。

1)插入页眉

在"插入"选项卡的"页眉和页脚"组中单击"页眉"按钮,在其下拉菜单中有 Word 提供的页眉样式,当然也可以选择"编辑页眉"命令。进入页眉编辑状态后,功能区出现了相应的"页眉和页脚工具"(图 2.46),在它的"设计"选项卡中用户可以选择插入图片、剪贴画等对象,还可以设置页眉顶端距离等参数。

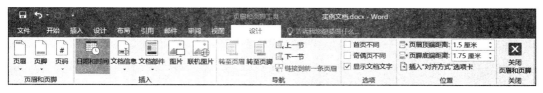

图 2.46　"页眉页脚工具"的"设计"选项卡

在插入页眉时,如果需要去除页眉中的横线(如图 2.47 所示),应该如何操作呢?这是很多用户遇到的问题,其实方法挺简单的。选中页眉中横线上方的段落标记,然后在"布局"选项卡的"页面背景"组中单击"页面边框"按钮,弹出"边框和底纹"对话框,在"边框"选项卡的"设置"选项区域中选择"无"，如图 2.48 所示。

图 2.47　页眉中的横线

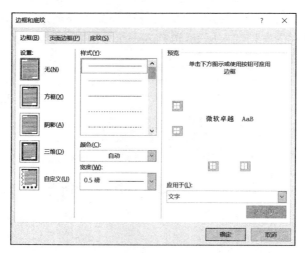

图 2.48　"边框和底纹"对话框

2）插入页脚

　　页脚的插入方式与页眉的相似，不再赘述。如果需要在页脚中插入页码，可将光标置于页脚中，在如图 2.46 所示的"页眉和页脚"组中单击"页码"按钮，在弹出的下拉菜单中选择"当前位置"，在打开的子菜单中选择页码样式即可。默认情况下，页码的编号格式为阿拉伯数字，如果需要修改页码的编号格式，可单击"页码"按钮，在弹出的下拉菜单中选择"设置页码格式"命令，打开如图 2.49 所示的"页码格式"对话框，进行相应设置即可。当文档中插入了分节符被分成了若干节，则在设置页码时要根据实际情况选择"续前节"继续编码，还是从本节开始重新编码（在如图 2.49 所示的"页码格式"对话框中进行设置）。

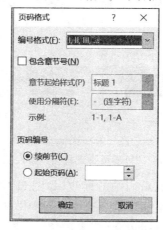

图 2.49　"页码格式"对话框

4. 页面修饰

在页面中添加边框和底纹、插入水印等,这些修饰性操作可以美化文档,增加读者对文档不同部分的兴趣和关注程度。

1) 边框和底纹

图 2.50 是一个文档示例,该文档中文字、段落、页面都被添加了边框,但是这三种边框实际是有区别的。

(1) 文字边框:在如图 2.48 所示的"边框和底纹"对话框中选择"边框"选项卡,可以为选中的文字设置边框的线型、颜色和宽度等。但是文字边框只能选择闭合的边框样式。

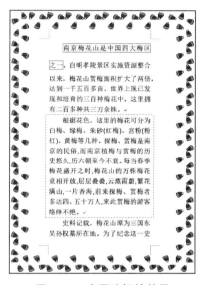

图 2.50　应用边框的效果

(2) 段落边框:在"边框和底纹"对话框的"边框"选项卡中,在右下角的"应用于"下拉列表中选择"段落",即可设置段落边框。值得注意的是,段落边框不一定是封闭的,可以给段落的 4 条边框分别设置不同的格式。单击选择边框的线型、颜色和宽度,在右侧"预览"区的图示中单击或使用周围的按钮来设置边框。

(3) 页面边框:在"边框和底纹"对话框中选择"页面边框"选项卡即可设置边框。页面边框与段落边框类似,不一定是封闭的边框;页面边框还可以选择"艺术型"边框。

除了边框外,还可以为页面添加底纹,其设置类似于边框的设置,在图 2.48 所示的对话框中进行,这里不再展开介绍。

2) 背景和水印

边框和底纹给文档增色不少,而单击"设计"选项卡的"页面背景"组中的"页面颜色"按钮,可以给文档添加背景效果,继续装饰文档。背景效果包含多种,如渐变背景效果、纹理背景效果、图片背景效果等。除草稿视图和大纲视图外,其他视图下都可以显示文档的背景。但需要注意的是,在打印时边框和底纹是可以正确打印出来的,而背景是打印不出来的。

水印是一种特殊的背景,它衬于文本下方,可以是文字或图片。单击"设计"选项卡的

"页面背景"组中的"水印"按钮,在弹出的下拉菜单中选择"自定义水印"命令,弹出如图2.51所示的对话框,用户可以轻松地设置自己喜欢的水印。

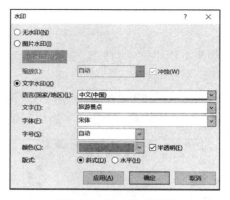

图 2.51　"水印"对话框

如果对水印的位置不满意,可以单击"插入"选项卡的"页眉和页脚"组中的"页眉"按钮,在下拉菜单中选择"编辑页眉"命令,进入页眉编辑状态。此时选中页面中插入的水印,通过拖动鼠标即可调节水印的位置,如图2.52所示。

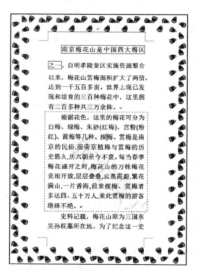

图 2.52　调节水印位置

如果对所设置的水印不满意,可以很方便地进行删除。单击"设计"选项卡的"页面背景"组中的"水印"按钮,在弹出的下拉菜单中选择"删除水印"命令即可。

5. 动手实验

通过上面的介绍,读者对页面布局的主要内容应该有所了解,但在实际的编辑过程中还会遇到一些问题。下面就在图2.52所示文档的基础上,采用任务驱动的方式,围绕常见的问题进一步讲解。

1) 任务1:在当前页面之前新增一个空白页

新增空白页问题是很多初级用户经常感到不解的问题,特别是在当前页之前进行添加。其实文档本来有一页,现在再添加一页,那肯定会增加一个分页符,所以具体做法是:将光标定位在当前页的起始处,如图 2.52 所示的"南京梅花山"前,然后单击"布局"→"页面设置"→"分隔符",在弹出的下拉菜单中选择"分页符"命令即可。新添加的空白页也会显示之前设置的页面边框和水印,如图 2.53 所示。

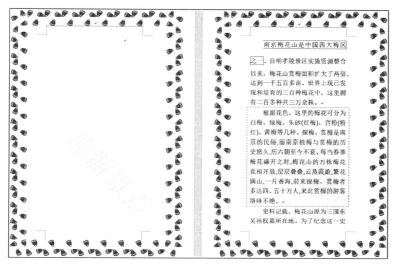

图 2.53　新增空白页后的效果

　　2) 任务 2:删除文档中的部分页面边框和水印

　　如果使用"删除水印"命令并且将页面边框设置成"无",文档中所有的页面边框和水印都会消失。如果只想删除第 1 页的水印和页面边框,而第 2 页仍然保留设置,那么就意味着同一个文档采用了不同的格式设置,需要添加分节符。具体操作步骤如下:

　　(1) 将光标定位在图 2.53 所示的空白页的起始处,单击"布局"→"页面设置"→"分隔符",在弹出的下拉菜单中选择"连续"命令,此时文档被分成两节。

　　(2) 删除第 1 页的水印:进入页眉编辑状态(方法之前已介绍),将光标定位在第 2 页上,在"页眉和页脚工具"的"设计"选项卡的"导航"组中将"链接到前一条页眉"按钮取消选中,如图 2.54 所示;选中第 1 页的水印,直接按 Delete 键将其删除,此时第 2 页的水印会仍然保留。

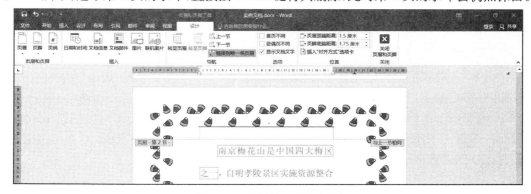

图 2.54　设置第 2 节的页眉

值得注意的是，"链接到前一条页眉"按钮在页眉页脚的编辑过程中经常使用。默认情况下，文档中所有页码中的页眉和页脚都是统一的，在添加了分节符后，文档被划分成很多节。如果需要让当前节的页眉和页脚与前一节的页眉和页脚不同，也就是单独设置，那就需要取消选中"链接到前一条页眉"按钮。

（3）删除第1页的页面边框：将光标定位在第1页的起始处，单击"设计"→"页面背景"→"页面边框"，在弹出的"边框和底纹"对话框中选择"设置"选项区域中的"无"，同时在"应用于"下拉列表中选中"本节"（图2.55），从而删除第1节的页面边框，而第2节的仍然保留。

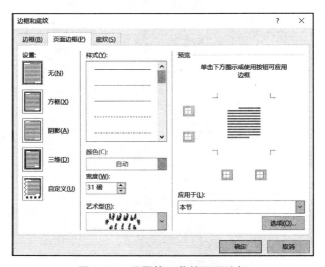

图2.55　设置第1节的页面边框

2.4　图文表混排

表格和图形是文档中不可缺少的对象，它们以直观、简洁的方式展示文档的重要内容，增强文档的可阅读性。

2.4.1　表格的使用

成绩单、课程表、简历等经常都会制作成表格的样式，下面就来介绍文档制作中和表格相关的内容。

1. 创建表格

Word 2016提供了6种创建基本表格的方法。在"插入"选项卡的"表格"组中单击"表格"按钮，在弹出的下拉菜单中显示了插入表格的方法，如图2.56所示。在图2.56上方显示的单元格面板上选择第一种方法，若按住鼠标左键向右、向下拖动最多可以创建10×8的表格，而行列数大于这个数值的表格就需要使用"插入表格"对话框手动输入了，如图2.57所示，这也是创建表格最常见的方法。

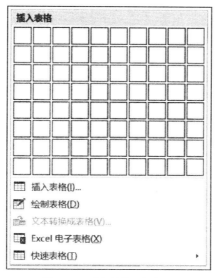

图 2.56　"表格"下拉菜单

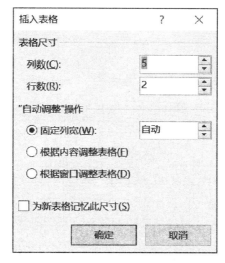

图 2.57　"插入表格"对话框

2. 修改表格

表格插入完成后,很多参数都是默认的,如行高和列宽、表格的对齐方式等,而在实际应用过程中还需对表格进行一些调整。单击表格的某一单元格,功能区中会出现"表格工具",使用它的"布局"选项卡中的命令按钮可完成表格的布局,如图 2.58 所示。

图 2.58　"表格工具"的"布局"选项卡

45

1）增加、删除行数和列数

（1）选择表格的某一列或行，在"表格工具"的"布局"选项卡的"行和列"组中单击相应按钮，如"在上方插入"、"在左侧插入"，即可增加行或列。也可以使用右键快捷菜单进行。

（2）将光标定位在表格行末，按回车键，表格会在当前行下方增加一个空白行。

（3）要删除行和列，可以选中行或列，单击"行和列"组中的"删除"按钮，或使用右键快捷菜单操作，即可删除行或列了。

2）设置列宽、行高

（1）将鼠标指针放置于行的下边界，鼠标指针变成 后按下鼠标左键并向下拖动可以改变行高。

（2）将鼠标指针放置于列的右边界，鼠标指针变成 后按下鼠标左键并向右拖动可以改变列宽。

（3）若想精确地控制表格的尺寸，单击图 2.58 中"表"组中的"属性"按钮，在弹出的"表格属性"对话框中，选择"行"和"列"选项卡分别进行行高与列宽的设置，如图 2.59 所示。在"行高值是"下拉列表中有"最小值"和"固定值"可选。当设置为"最小值"时，表格的行高会随着单元格中的内容进行自动调整；当设置为"固定值"时，行高是不允许发生变化的。

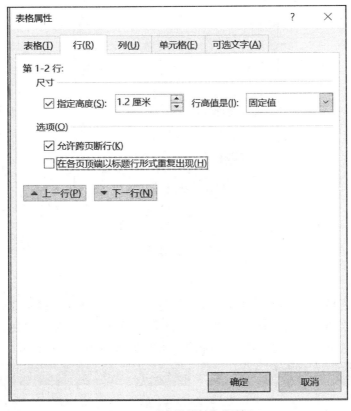

图 2.59 "表格属性"对话框

3) 合并、拆分单元格

（1）合并单元格：选择两个或多个连续的单元格后，在"表格工具"的"布局"选项卡的"合并"组中单击"合并单元格"按钮。

（2）拆分单元格：光标置于合并后的单元格中，在"表格工具"的"布局"选项卡的"合并"组中单击"拆分单元格"按钮，在弹出的"拆分单元格"对话框中设置相应的参数，如图 2.60 所示。

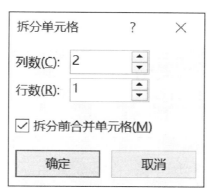

图 2.60　"拆分单元格"对话框

3. 对齐方式

在对表格的排版中，很重要的一点就是如何安排好文字的位置。在图 2.61 中，文字与单元格的大小与位置不是很合适，整张表格看起来不是很协调，如果要让它更美观一些，可以考虑改变文字对齐方式。

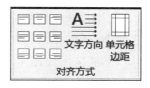

旅游景点	门票价格	开放时间
明孝陵	40	8:00～17:00
总统府	50	8:00～17:00
梅花山	80	8:00～17:00

图 2.61　表格示例

Word 中一共提供了 9 种单元格内文字的对齐方式，在"表格工具"的"布局"选项卡的"对齐方式"组中有 9 个按钮（图 2.62），分别表示相应的垂直对齐和水平对齐方式。图 2.63 显示了在单元格中分别应用这 9 种对齐方式后的效果，这样读者对单元格内的文字对齐方式就不会有什么疑问了。

图 2.62　单元格内文字的对齐方式

旅游景点↵	旅游景点↵	旅游景点↵
旅游景点↵	旅游景点↵	旅游景点↵
旅游景点↵	旅游景点↵	旅游景点↵

图 2.63　文字在单元格中的对齐方式

在图 2.63 中，表格的第一行采用的是"靠上"垂直对齐方式，而最后一行采用的是"靠下"对齐方式，因此文字和表格的边框线十分接近。如果想修改的话，就在图 2.62 所示的"对齐方式"组中单击"单元格边距"按钮，弹出"表格选项"对话框。默认情况下，单元格的上、下边距都为 0 厘米（图 2.64），如果将其下边距设置为 0.5 厘米，那么表格的效果将发生变化，如图 2.65 所示。

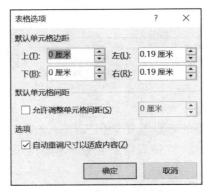

图 2.64　"表格选项"对话框

旅游景点↵	旅游景点↵	旅游景点↵
旅游景点↵	旅游景点↵	旅游景点↵
旅游景点↵	旅游景点↵	旅游景点↵

图 2.65　修改单元格下边距后的对齐效果

4. 美化表格外观

Word 中提供了丰富的表格样式可以快速地应用到选中的表格中，如果你觉得这些样式不具有个性的话，可以使用"边框和底纹"对话框来自己装饰表格。"表格工具"有"设计"和"布局"两个选项卡，单击"设计"选项卡，功能区出现相应的组，如图 2.66 所示。

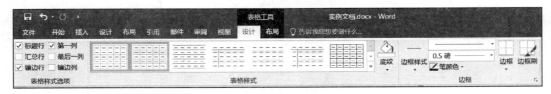

图 2.66　"表格工具"的"设计"选项卡

1）自动套用表格样式

在图 2.66 所示的"表格样式"组中，单击"其他"按钮可以显示 Word 提供的所有内置样式。将鼠标指针移动到某种样式上，表格的外观就会有所变化。

自动套用表格样式使得表格立刻漂亮了很多，但在实际操作时经常会碰到这样的问题：如果表格原先已具备一定的格式，那么应用了表格样式后，原先的格式就会被自动清除。如果想在保留表格原先格式的前提下继续套用表格样式，则需要在选中表格样式时，单击鼠标右键，在弹出的快捷菜单中选择"应用并保持格式"命令即可，如图 2.67 所示。

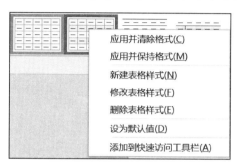

图 2.67　使用样式的右键快捷菜单

2）边框和底纹

同一个表格中不同的单元格可以设置不同的边框样式，如线型、颜色和底纹等，另外边框不一定非要是封闭的。在图 2.66 所示的"设计"选项卡的"边框"组中单击对话框启动器，即可打开"边框和底纹"对话框，所有边框和底纹的设置都可以在此对话框中进行。

图 2.68 是一张添加了边框后的表格，表中内外边框的样式都不同，下面就以此例来进行介绍。

旅游景点↵	旅游景点↵	旅游景点↵
旅游景点↵	旅游景点↵	旅游景点↵
旅游景点↵	旅游景点↵	旅游景点↵

图 2.68　使用边框后的表格示例

（1）设置表格边框：选中整张表格，在"边框和底纹"对话框中，在"边框"选项卡的"设置"选项区域选择"自定义"，选择线条样式，如双横线，然后在右边"预览"区域的图示中，分别在其上、下、左、右边框进行单击，此时预览效果是双横线的外边框。继续选择合适的线条样式，如虚线，在右边"预览"区域的图示中，单击中间的边框线，如图 2.69 所示。单击"确定"按钮后，内外边框线即可设置完成。

（2）设置单元格边框：选中第 2 行第 2 列的单元格，在如图 2.70 所示的对话框中，选择2.25 磅的线条，在"预览"区域的图示中，分别单击上侧、下侧、右侧的边框，即可进行设置。最后单击"确定"按钮，完成设置。

图 2.69　为表格设置不同样式的内外边框

图 2.70　设置单元格的边框

除了边框外,表格中还可以设置底纹,在"边框和底纹"对话框的"底纹"选项卡中可以完成设置,这里就不详细介绍了。

5. 表格的特殊操作

1)跨页断行

什么是跨页断行呢?图 2.71 就是一个跨页断行的例子,在操作表格时经常会遇到这样的情况。默认情况下,表格的设置是允许跨页断行的,这样当某一个单元格中的内容不能在一页内完全显示时,剩余的内容会在下一页内显示,也就是说同一个单元格跨越了两页,显然这样的表格不美观。

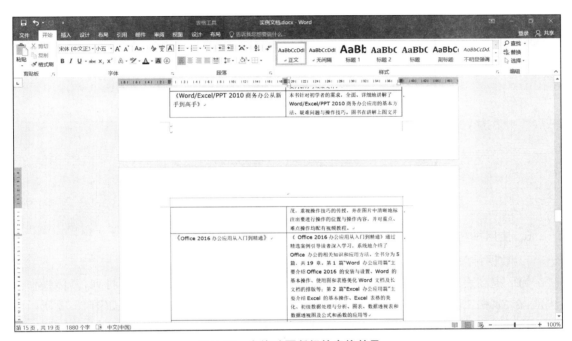

图 2.71 允许跨页断行的表格效果

如果想修改跨页断行的设置,则选中表格,单击鼠标右键,在弹出的快捷菜单中单击"表格属性"命令,在弹出的对话框中单击"行"选项卡,然后取消选中"允许跨页断行"复选框(如图 2.72 所示),此时原本跨页的单元格被整体移动到下一页。

2)重复标题行

一般来说,表格的第一行是标题行。如果表格中有很多行,内容需要显示在若干页中,可除了第一行外,其他页中的表格就不再显示标题,这给表格的阅读者带来不少麻烦。此时若想为跨页的表格设置标题行,只需选中标题行,然后在"表格工具"的"布局"选项卡中单击"重复标题行"按钮即可。

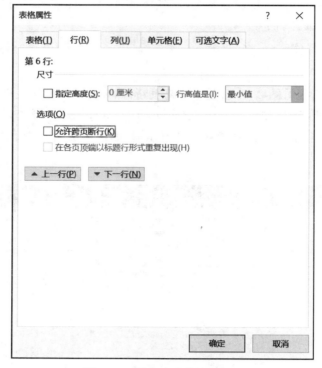

图 2.72　取消跨页断行的设置

6. 使用排序和公式

1) 数据排序

为了提高表格内容的清晰度,表格中的信息有时需要按照一定的规则排列,具体操作方法是:在"表格工具"的"布局"选项卡的"数据"组中单击"排序"按钮,出现如图 2.73 所示的"排序"对话框,设置表格按照"主要关键字"进行排序;如果"主要关键字"相同,则按照"次要关键字"排序;若"次要关键字"也相同,则按照"第三关键字"排序。

需要注意的是,如果表格是有标题行的,则要选中"排序"对话框底部的"列表"选项区域的"有标题行"单选按钮,"主要关键字"等下拉列表中才会出现正确的标题内容。

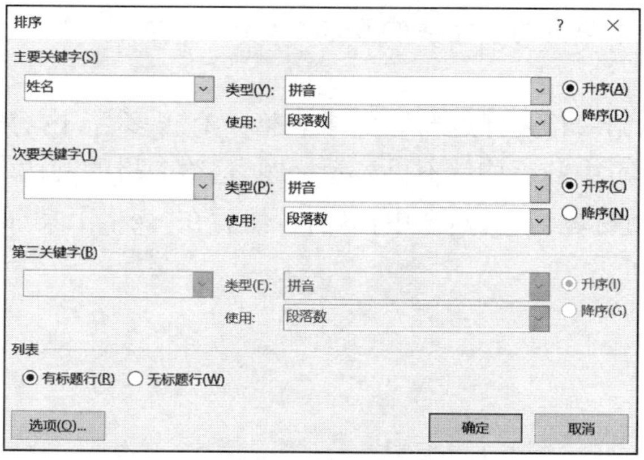

图 2.73　"排序"对话框

2）使用公式

Word 针对表格中的行和列中的数据，可以计算出总数、平均值或最大值等。

（1）简单的行、列计算：如果要完成图 2.74 所示表格中"总分"的计算，可以使用 Word 中提供的公式。将光标定位在第 2 行的最后 1 列，单击"表格工具"的"布局"选项卡的"数据"组中的"公式"按钮，在弹出的"公式"对话框中可以看出，利用默认的公式即可。将光标定位到第 3 行最后 1 列，按照刚才的方法继续计算，值得注意的是"公式"对话框中会自动出现公式"＝SUM(ABOVE)"，此时应该将公式中的参数"ABOVE"修改成"LEFT"才能进行正确计算。

编号	姓名	语文	数学	英语	总分
1	李文	83	88	89	
2	刘皓	76	80	67	
3	秦青	77	88	61	
4	卢晓	90	91	89	

图 2.74　使用公式计算表格中数据

（2）复杂函数：使用时需要注意函数和参数，包括运算符都要是英文的半角符号。Word 中有以下常用的函数。

① ABS(表达式)：求绝对值。

② AVERAGE(数字 1,数字 2,…,数字 n)：求 n 个数值的平均值。

③ COUNT(数字 1,数字 2,…,数字 n)：统计变量的个数。

④ INT(表达式)：取整数。

⑤ MAX(数字 1,数字 2,…,数字 n)：取 n 个数值的最大值。

⑥ MIN(数字 1,数字 2,…,数字 n)：取 n 个数值的最小值。

⑦ MOD(被除数,除数)：取余数。

⑧ SUM(数字 1,数字 2,…,数字 n)：计算 n 个数值的总和。

函数中的参数可以是数字，也可以是单元格的地址，其中列号用字母"A"、"B"表示，行号用数字"1"、"2"表示，如"A1"、"B2"等；也可以用如"LEFT"、"RIGHT"、"ABOVE"等表示一个区域的地址。

2.4.2　图片的处理

在文档中插入图片能够使文档的内容更加丰富。插入后的图片有时需要修改，以便和文档搭配得更加协调。

1. 插入图片

插入到文档中的图片可以来自于文件，或自选图形，或屏幕截图，用户可在"插入"选项卡的"插图"组中找到相应的命令按钮，如图 2.75 所示。

图 2.75 "插入"选项卡

1）插入来自于文件的图片

将光标定位到要插入图片的位置，在图 2.75 所示的"插图"组中单击"图片"按钮，弹出"插入图片"对话框（如图 2.76 所示），查找自己所需的图片，当找到后，双击图片即可将图片插入到文档中。

2）插入联机图片

单击图 2.75 中"插图"组中的"联机图片"按钮，在弹出窗口的搜索栏中输入要插入的图片关键字，单击"搜索"按钮，搜索到所需图片后，单击图片并单击"插入"按钮，即可将图片插入到光标所在位置。

3）插入屏幕截图

单击图 2.75 中"插图"组中的"屏幕截图"按钮，下拉菜单中的"可用的视窗"选项区域中会以缩略图的形式显示当前所有活动窗口（已经打开且没有最小化的窗口），单击窗口缩略图，Word 将自动截取窗口图片并插入至文档中。

图 2.76 "插入图片"对话框

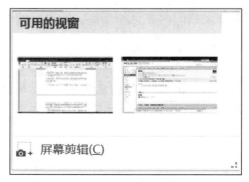

图 2.77 "可用的视窗"选项区域

除了"可用的视窗"选项区域中的窗口之外,"屏幕截图"下拉菜单中的"屏幕剪辑"命令可以截取屏幕的任意区域,然后将其插入文档中。单击"屏幕剪辑"命令,"可用的视窗"选项区域中的第一个视窗被激活而且变模糊,按住鼠标左键并拖动鼠标选择截取区域,被选中的区域高亮显示,未被选中的部分模糊显示。选择好截取区域后,只要放开鼠标左键,Word 会截取选中区域的屏幕图像插入文档中,并自动切换到"图片工具"的"格式"选项卡,便于对插入文档的图片进行简单处理。

2. 设置图片对象的文字环绕方式

插入到文档中的图片默认情况下都是嵌入式地插入到文档中的。所谓嵌入式,是指图片只能与文字在同行中水平移动,不能随意移动到文档的其他位置,如图 2.78 所示。

如果希望改变图片和文字的位置关系,则利用 Word 提供的文字环绕方式。选中图片后,功能区中会出现"图片工具"的"格式"选项卡,单击"排列"组中的"环绕文字"按钮,在弹出的下拉菜单中显示了 7 种环绕方式,它们分别是嵌入型、四周型、紧密型、穿越型、上下型、衬于文字下方和浮于文字上方。

将图 2.78 中的图片环绕方式设置为"四周型",此时用鼠标拖动图片时,文字的排版效果也会随之而变,如图 2.79 所示。用户可以根据自己的需要选择合适的环绕方式。

图 2.78　嵌入式图片与文字的排列关系

图 2.79　四周型图片环绕方式

3. 设置图片大小

如果文档中的图片大小不合适的话,可以选中该图片,单击鼠标右键,在弹出的快捷菜单中选择"大小和位置"命令,弹出如图 2.80 所示的"布局"对话框。其中可以设置图片的高度和宽度,还可以将图片按照比例进行缩放。

值得注意的是,如果对图片做了错误的设置,可以单击图 2.80 中的"重置"按钮进行恢复,这样图片将恢复到插入时的初始状态。

图 2.80　设置图片大小

4. 裁剪和压缩图片

1) 裁剪图片

也许在使用图片时,你只需要图片中的某一部分的信息,这时你需要对当前图片进行裁剪。当然可以用画图程序或者 Photoshop 等专业软件来处理,但实际上最简单的方法就是用 Word 自带的裁剪图片功能即可。

选中所需的图片,在"图片工具"的"格式"选项卡的"大小"组中单击"裁剪"按钮,此时图片四周的方框变为裁剪框,如图 2.81 所示。将光标置于想要裁剪位置的黑线上,光标形状会根据位置不同而变化,按住鼠标左键并拖动,到合适的位置后松开鼠标,则从拖动起始位置到结束位置之间的区域将被裁剪,图 2.82 为裁剪后的效果。

图 2.81　裁剪前的图片

图 2.82　裁剪后的图片

2）压缩图片

图片被裁剪后,文档的体积是不是就变小了呢? 需要注意的是,裁剪图片后只是将图片被裁掉的部分隐藏起来,并没有进行删除,所以要减小文档的体积,只能通过其他的方法来实现,那就是压缩图片。

选中图片后,在"图片工具"的"格式"选项卡中,单击"调整"组的"压缩图片"按钮,打开"压缩图片"对话框,如图 2.83 所示。在该对话框中,用户可以通过"仅应用于此图片"选项来确定是压缩选中的图片还是文档中的所有图片。另外还可以选择是否"删除图片的裁剪区域",裁剪区域一旦被删除,就再也不能恢复了。

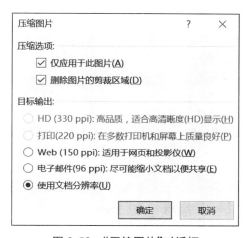

图 2.83　"压缩图片"对话框

2.4.3　其他图形对象的使用

除了图片之外,文档中还可以插入自选图形、SmartArt 图形和艺术字等,下面简单介绍如何在文档中使用它们。

1. 自选图形

单击"插入"选项卡的"插图"组中的"形状"按钮,在弹出的下拉菜单中显示了丰富的自选图形,如图 2.84 所示。用户可根据自己的需要选择合适的形状,在文档中进行绘制。将绘制的图形选中后,功能区中显示"绘图工具"的"格式"选项卡,该选项卡中的命令按钮有很多与"图片工具"的"格式"选项卡中的类似。如果需要对插入的自选图形进一步地修饰,可以选中图形后,单击鼠标右键,在弹出的快捷菜单中选择"设置形状格式"命令,在工作界面右侧弹出如图 2.85 所示的"设置形状格式"窗格。

对于自选图形来说,经常使用的操作就是设置自选图形的线条样式和填充样式,这些操作都可以在"设置形状格式"窗格中进行,这里就不再展开叙述了。

图2.84　插入自选图形　　　　图2.85　"设置形状格式"窗格

2. SmartArt 图形

（1）插入图形：自 Word 2007 后，图形中就引入了 SmartArt，使用它可以方便地创建各种图示效果，从而快速、轻松、有效地传达信息。单击"插入"选项卡的"插图"组中的"SmartArt"按钮，打开"选择 SmartArt 图形"对话框，如图 2.86 所示。用户可以根据实际需要选择一种图形插入，例如"列表"类型中的"垂直框列表"。

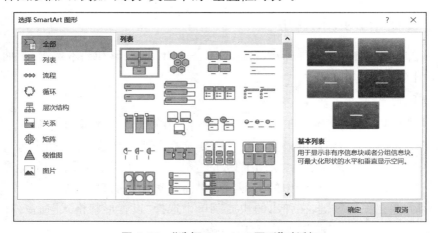

图2.86　"选择 SmartArt 图形"对话框

（2）更改整体样式：SmartArt 图形插入好了之后，可以输入合适的文字，如图 2.87 所示，由此可见 SmartArt 图形可以清晰地展现用户需要表达的内容。图形创建好了之后，如果有不满意的地方，可以进行修饰，例如在"SmartArt 工具"的"设计"选项卡的"SmartArt 样式"组中单击"更改颜色"按钮，在弹出的下拉菜单中选择颜色样式进行应用，如图 2.88 所示。

图 2.87　SmartArt 图形示例

图 2.88　更改颜色后的 SmartArt 图形

（3）更改个别形状样式：其实 SmartArt 图形可以看成由若干个自选图形组成的，所以可以给它的某个组成部分单独设置样式。如图 2.89 所示，选中第一个列表"Word 的打开"，然后单击鼠标右键，在弹出的快捷菜单中选择"设置形状格式"命令，在弹出的"设置形状格式"窗格中，可以分别对 SmartArt 图形的文本和形状设置填充和线条样式。

图 2.89　更改个别形状样式的 SmartArt 图形

图 2.90　添加形状后的 SmartArt 图形

（4）添加形状：单击"SmartArt 工具"的"设计"选项卡的"创建图形"组中的"添加形状"下拉按钮，并在弹出的下拉菜单中选择"在后面添加形状"命令即可，添加后的 SmartArt 图形如图 2.90 所示。

其实很多关于 SmartArt 图形的操作都可以在图 2.91 所示的"SmartArt 工具"的"设计"选项卡中找到相应的命令按钮，读者可以自行尝试一番。

图 2.91　"SmartArt 工具"的"设计"选项卡

3. 艺术字

在杂志、报纸等文档中经常会插入艺术字，使得文档更加美观。单击"插入"选项卡的"文本"组中的"艺术字"按钮会弹出下拉菜单，显示了 15 种艺术字样式。用户可以根据自己的喜好，选择一种艺术字样式插入，然后输入相应的文字。

艺术字和图片一样，也是位于文字层的嵌入式对象，可以改变它的文字环绕方式。如果需要改变已插入的艺术字的样式，则选中艺术字，打开"绘图工具"的"格式"选项卡，在"艺术字样式"组中选择另外一种样式进行替换即可。

2.5　长文档编辑

我们经常阅读的书本、杂志、商品的使用说明书等都属于长文档。长文档的共同特征是：包含目录，文档中的图表都是有标题的等。那么这些特征如何实现呢？本节将围绕这些内容展开叙述。

2.5.1　应用样式和级别

1. 样式

一篇文档中，有些内容是标题性质的文本，如章节名称"第 1 章　计算机与信息技术概述"。标题肯定需要和其他的普通文本区分开来，那就需要为它单独设置格式。文档中类似的标题可能有很多，如"第 2 章　计算机硬件"、"第 3 章　计算机软件"等，那么是否需要一一为它们来设置格式呢？其实不需要，使用 Word 提供的样式功能可以快速地为标题设置格式。

样式是 Word 的灵魂，很多读者可能会想自己在编辑文档时好像很少用到样式，它究竟是什么呢？样式是一套预先设置好的文本格式，包括字体、字号和缩进等。

1）应用样式

下面来看一个例子，新建一个空白文档，输入"Word 2016 的操作环境"（默认为五号、宋体），然后在"开始"选项卡的"样式"组中单击"其他"按钮，在弹出的下拉菜单中可以看到多种样式，将鼠标指针移动到"标题 1"时，文本的样式发生了变化（二号、加粗），如图 2.92 所示。

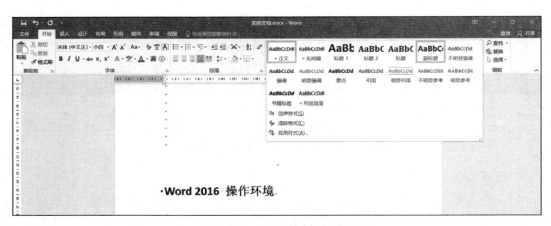

图 2.92　为文本选择样式

除了"标题 1"外，"样式"组中还提供了很多种样式，当文本输入完成后，用户可根据实际情况进行设置。在图 2.93 中，分别使用"标题 1"、"标题 2"和"标题 3"样式为相应文本设置了样式。

图 2.93　应用样式的文本示例

2）修改样式

样式中提供的"标题 1"样式，即二号、加粗、宋体，其字体设置是不是没有办法修改了呢？有办法。选中文档内容，在"开始"选项卡的"样式"组中的"标题 1"样式上单击鼠标右键，在弹出的快捷菜单中选择"修改"命令，弹出"修改样式"对话框（如图 2.94 所示）。"修改样式"对话框中显示了"标题 1"样式的所有格式设置，如果将字体设置为"华文隶书"，单击"确定"按钮后，文档的效果如图 2.95 所示。

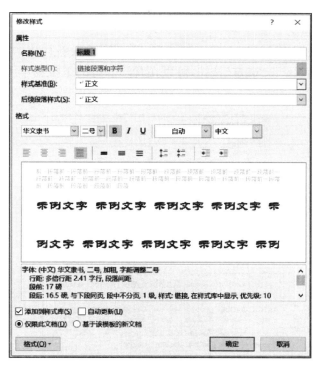

图 2.94　"修改样式"对话框

图 2.95 应用修改后的样式的文本

修改完成后，整个文档中所有设置为"标题1"样式的文本的样式都修改成了新的"华文隶书"样式，这就体现了样式的优点：修改了样式后，文档中原来使用该样式的文本会随之自动修改，而不需要用户去一一搜索进行修改。

3）定义新样式

如果对 Word 内置的样式都不满意的话，还可以自定义样式，具体操作如下：

（1）在文档中输入相应的文本，如"制表位"，并为其设置需要的格式。

（2）选中文本"制表位"，然后在"开始"选项卡的"样式"组中单击"其他"按钮，在弹出的下拉菜单中选择"创建样式"命令。

（3）在弹出的"根据格式设置创建新样式"对话框中输入新样式的名称，如"样式 new"（图 2.96）。设置完成后单击"确定"按钮，可以在"样式"组的下拉菜单中看到新添加的样式"样式 new"（图 2.97）。

图 2.96 创建新样式

图 2.97 "样式"组中显示新样式

2. 级别

文档标题设置好了之后还需要添加编号,这样可以令读者清晰地了解文档的结构。

1) 应用多级列表

要想自动地为文档中的标题文本添加编号,可以单击"开始"选项卡的"段落"组中的"多级列表"按钮,在弹出的下拉菜单中选择合适的列表样式,如图 2.98 所示,此时文档的标题添加了编号,效果如图 2.99 所示。

图 2.98　"多级列表"下拉菜单

图 2.99　应用多级列表的文本

2) 定义新的多级列表

图 2.99 所示的文档显然不是我们所需要的,它没有清晰地反映出标题的不同级别。因

此如果 Word 内置的多级列表不合适,用户可以自己定义新的列表,形成如图 2.100 所示的效果。

要想得到如图 2.100 所示的效果,可以按照下列步骤进行操作:

(1) 单击图 2.98 中的"定义新的多级列表"命令,打开"定义新多级列表"对话框。

(2) 单击对话框底部的"更多"按钮,在"单击要修改的级别"列表框中选择级别"1",在"将级别链接到样式"下拉列表中选择"标题 1",如图 2.101 所示。

图 2.100　应用新多级列表的文本

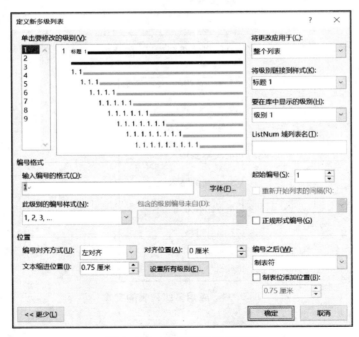

图 2.101　定义新的多级列表

(3) 按照步骤(2),分别将级别"2"链接到"标题 2",级别"3"链接到"标题 3"。

(4) 单击"确定"按钮后,在图 2.98 所示的"多级列表"下拉菜单中即出现新定义的多级列表,选择此新定义的列表,即可创建如图 2.100 所示的效果。

2.5.2　创建目录

有了样式和级别后,目录的制作就不困难了。目录中一般包含章节的标题和相应的页码,你有没有做过这样的事情:非常认真地输入文档中的标题,然后录入若干个"……",再标记其对应的页码,同时还为这些页码如何对齐而烦恼。其实 Word 中是可以自动插入目录的,掌握了这个功能后,可以减少很多麻烦的工作。

1. 插入目录

将光标定位到需要插入目录的位置,在"引用"选项卡的"目录"组中单击"目录"按钮,在弹出的下拉菜单中可以选择"手动目录"、"自动目录 1"、"自动目录 2"等选项,如图 2.102 所示。在此选择"自动目录 1",即可插入目录,如图 2.103 所示。

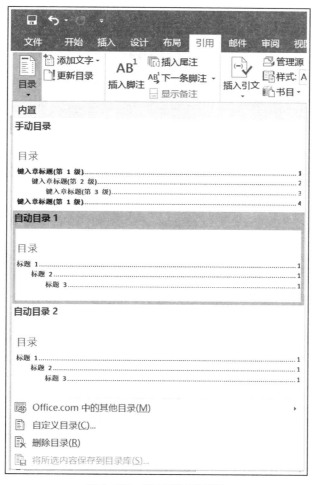

图 2.102　"目录"下拉菜单

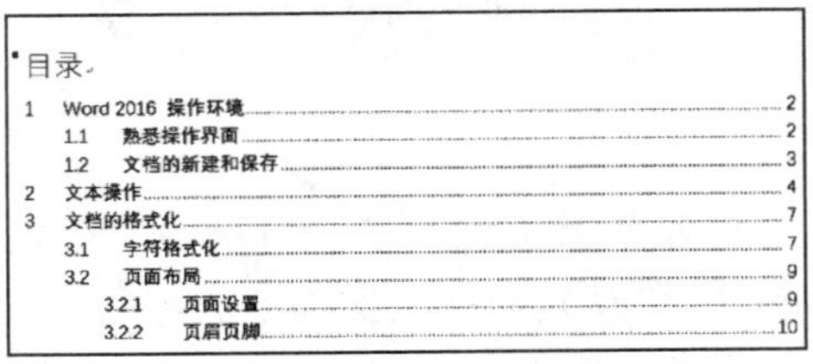

图 2.103　目录示例

2. 修改目录默认设置

如果不使用"目录"下拉菜单中已经提供的目录样式，用户可以在"目录"下拉菜单中单击"自定义目录"命令，从而在打开的"目录"对话框中创建新的目录样式。例如，在图 2.104 所示的"目录"对话框中，将"显示级别"设置为"2"，在"Web 预览"区中即可看到效果。除此之外，可以设置制表符前导符、页码对齐方式等。

图 2.104　设置目录的显示级别

如果需要设置目录中各级标题的字体，可以单击"目录"对话框中的"修改"按钮。在弹出的"样式"对话框（图 2.105）中单击"修改"按钮，然后在弹出的"修改样式"对话框中设置相应的格式（图 2.106）。设置完成后，插入的目录如图 2.107 所示。

图 2.105　"样式"对话框

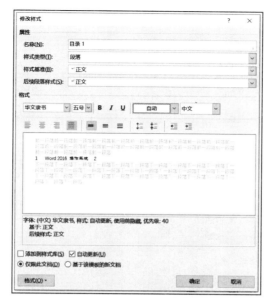

图 2.106　修改目录样式

图 2.107　修改目录样式后的目录

3. 更新目录

目录插入完成后,文档有可能还需做进一步的编辑,此时文档中的标题和相应的页码都有可能会发生变化,那需不需要重新插入目录呢? 其实只需要在"引用"选项卡的"目录"组中单击"更新目录"按钮,然后在弹出的"更新目录"对话框中,根据实际的修改情况,选择"只更新页码"或是"更新整个目录"。

2.5.3　使用书签

当文档内容很长时,用户可能无法快速找到自己需要的内容,此时可以使用书签来定位自己所需的内容。

1. 添加书签

将光标定位到要插入书签的位置,在"插入"选项卡的"链接"组中单击"书签"按钮,打开"书签"对话框,如图 2.108 所示。在"书签名"文本框中输入名称,单击"添加"按钮即可。需要注意的是,书签名必须以字母或汉字开头,可以包含数字,但不能有空格。

图 2.108　添加书签

2. 定位到特定书签

如果想快速定位到已定义的书签,可以使用以下方法:

(1) 利用"查找和替换"对话框中的"定位"选项卡进行定位:在"开始"选项卡的"编辑"组中单击"替换"按钮,弹出"查找和替换"对话框,打开"定位"选项卡,在"定位目标"列表框中选择"书签"。用户根据自己的实际需要,在"请输入书签名称"下拉列表中选择要定位的书签(图2.109),单击"定位"按钮后光标即可跳转到书签所在的位置。

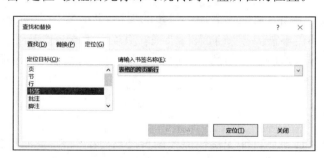

图 2.109　"查找和替换"中的"定位"选项卡

(2) 利用"书签"对话框进行定位:图2.108所示的对话框不仅可以定义书签,还可以定位书签。选择所需的书签,单击"定位"按钮可以快速地转到所需的位置。

3. 使用书签创建超链接

PowerPoint中经常使用超链接来实现幻灯片之间的跳转,Word文档中也可以插入超链接。如果文档中插入了书签或设置了标题样式,那么通过超链接即可实现同一文档内的跳转。

选中需要插入超链接的文本,单击"插入"选项卡的"链接"组中的"超链接"按钮,弹出

"插入超链接"对话框,如图 2.110 所示,单击"本文档中的位置"选项,右侧的列表框中会显示文档中定义的书签以及标题,用户根据需要选择合适的书签后单击"确定"按钮,即可将文本信息链接到书签或标题。

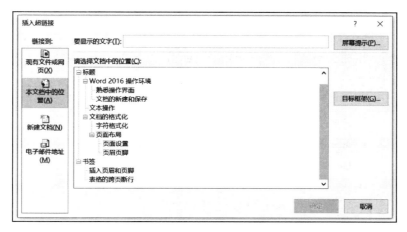

图 2.110　使用书签创建超链接

2.5.4　打印文档

打印文档是制作文档的最后一项工作,用户要根据自己的需要设置打印参数,如打印奇数页、一次打印多份文档等。

1. 打印预览

单击"文件"→"打印",打开如图 2.111 所示的"打印"窗口,其中右侧是打印预览区,可以方便地查看文档当前页的打印效果,可以通过窗口左下角的翻页按钮选择需要预览的页面。

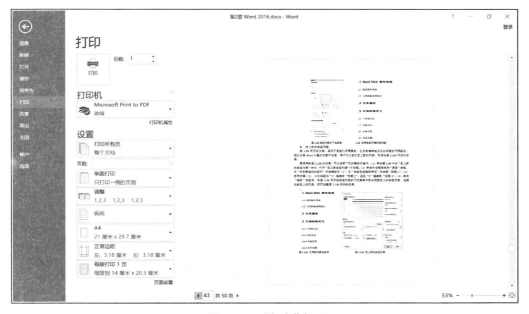

图 2.111　"打印"窗口

2. 设置打印参数

"打印"窗口的左侧是打印设置区，要想顺利完成打印，一定要正确地进行参数设置，这里列举几个参数进行阐述。

1）设置打印范围

通常情况下，我们都是打印文档的所有页，但有时也只需打印其中的一部分。在如图2.112所示的下拉列表中，可以设置文档的打印范围，如当前页、奇数页或偶数页，也可以自行输入要打印的页码。

2）单面打印

打印文档时可以选择单面打印和手动双面打印，单面打印是常用的选项，这里就介绍一下手动双面打印。设置手动双面打印时，如果用户使用的不是双面打印机，那么在打印完一面之后，Word 2016会提示用户将纸张按背面打印方向重新装回纸盒。

3）设置每版打印页数

在"每版打印页数"下拉列表中可以选择每版打印的页数，有1页、2页、4页等，如图2.113所示。

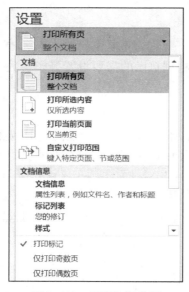

图2.112　设置打印范围

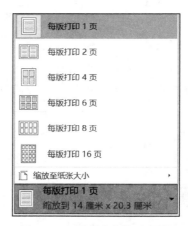

图2.113　设置每版打印页数

习题2

2.1　新建文档，输入如图2.114所示的文字和图片，将其保存到D盘的根目录下，文件名为"中山陵"，然后按照下面的要求格式化文档。

（1）查找文中"。"的出现次数。

（2）在文档中查找"中山陵"并全部替换成"中山陵"。

简介

中山陵是中国近代伟大的政治家、伟大的革命先行者孙中山的陵墓及其附属纪念建筑群。中山陵面积共 8 万余平方米，主要建筑有牌坊、墓道、陵门、石阶、碑亭、祭堂和墓室等，排列在一条中轴线上，体现了中国传统建筑的风格。

南京中山陵景区，古称金陵山，屹立在城东郊，是宁镇山脉中支的主峰。东西长 7 千米，南北最宽处 4 千米，周围绵延 10 余千米。 巍巍钟山，青松翠柏汇成浩瀚林海，其间掩映着两百多处名胜古迹。

旅游指南

开放时间：　7：00-18：00

门票价格：　中山陵免门票

最佳时间：　一年四季皆可，避免放假高峰期

图 2.114　习题 2.1 的原文

（3）插入标题"旅游景点——中山陵"，设置字体为"黑体"，字号为"二号"，底纹为 15％ 的红色。应用于"段落"，对齐方式为"居中"，段前间距与段后间距均为"15 磅"。

（4）为"简介"和"旅游指南"设置自动编号，为"开放时间"、"门票价格"和"最佳时间"添加项目符号"☺"（符号来自 Wingdings）。

（5）将图片的环绕方式设置为"四周型"，如图 2.115 所示。

图 2.115　习题 2.1 的样张

（6）为段落（"中山陵是……"）设置首字下沉，下沉行数为 2，距正文 0.3 厘米。

（7）将段落（"南京中山陵景区……"）分成两栏，栏宽相等，均为 15 字符，栏间加分割线。

（8）设置页面边框，如图 2.115 所示。

2.2　打开习题 2.1 编辑完成的文档"中山陵"，在文档末尾插入一空白页，然后按照下面的要求编辑文档。

（1）插入一张如图 2.116 所示的表格。

月份 景点	一月	二月	三月	合计
中山陵	5021	4880	4623	
梅花山	9212	8430	7239	
总统府	3245	4125	5320	
小计				

图 2.116　习题 2.2 的初始表格

（2）在表格第 1 行之前插入一行，合并单元格，输入表格标题"南京旅游景点第一季度日人流量统计表　单位（人数）"。

（3）使用公式计算"合计"列和"小计"行中的值。

（4）将表格第 1 行的对齐方式设置为"水平居中"，第 1 列的第 3～6 行的对齐方式设置为"分散对齐"。

（5）将表格第 2～5 列的对齐方式设置为"水平居中"。

（6）将表格的外边框设置为 0.5 磅的波浪线，第 1 行的下框线设为 0.5 磅的虚线。

（7）在表格上方输入文字"南京旅游景点分析报告"，并将其设置为"标题 1"样式。

（8）将文档中"标题 2"的样式修改为小四、黑体、首行缩进 2 字符。

（9）将文档第 1 页的页眉设置为"中山陵风景区"，第 2 页的页眉设置为"美丽南京"。

（10）在文档的页脚处添加页码，居中显示，页码的编号格式为大写罗马数字，样张如图 2.117 所示。

图 2.117　习题 2.2 的样张

第 3 章　Excel 2016 的使用

Excel 是 Microsoft Office 办公软件中的电子表格程序。使用 Excel 可以创建工作簿，也可以使用跟踪数据、生成数据分析模型、编写公式以对数据进行计算、以多种方式透视数据、以各种具有专业外观的图表展示数据等。Excel 的应用领域包括会计以及预算、销售记录、账单、报表和计划的制作等。

Excel 2016 是微软公司于 2016 年最新推出的电子表格处理组件，相比之前发行的 Excel 2003 和 Excel 2007 版本有了很大的改变。

（1）新增了 6 种图表类型：树状图、旭日图、瀑布图、直方图、排列图、箱形图。

（2）为图表增加了一键式预测功能，不仅能够进行线性预测，还能基于指数平滑进行预测。

（3）新增了 3D 地图功能，可以基于数据表中的数据，按照数据提供的地点在 3D 地球模型上生成相应图示。

（4）新增了快速形状格式设置。

（5）改进了帮助系统，增加了操作说明搜索框，使得帮助内容的搜索更为便捷。

（6）新增了墨迹公式、更多主题颜色，并支持引用外部数据查询，增加了数据逆透视等功能。

当然，为了能够应用 Excel 2016 新提供的丰富功能，我们还是需要从最基本的内容开始了解。

3.1　Excel 的基本概念

Excel 是当今最流行的电子表格软件，主要用于处理和展现数值型数据。

3.1.1　工作簿

工作簿，就是 Excel 程序创建的文件，其扩展名为 xlsx，是可以用来存储并处理工作数据的文件。在 Excel 中，一个工作簿就类似一本书，其中包含许多工作表，工作表中可以存储不同类型的数据。通常所说的 Excel 文件指的就是 Excel 工作簿文件，如图 3.1 所示。

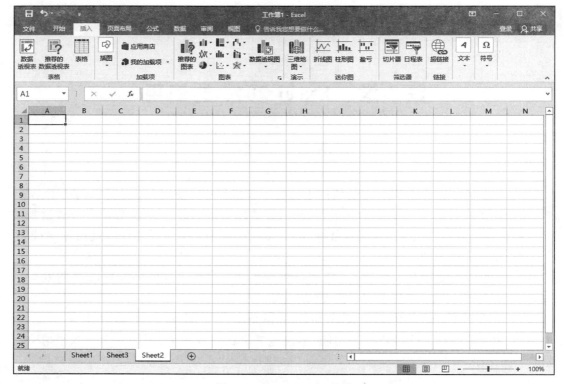

图 3.1　Excel 2016 工作簿

3.1.2　工作表

工作表是工作簿里的一个表,它是工作簿的重要组成部分,是 Excel 用来存储和处理数据的最主要文档。

默认情况下,新创建的工作簿包含 3 张工作表,即 Sheet1、Sheet2 和 Sheet3,用户可以根据需要添加工作表,每一个工作簿最多可以包含 255 张工作表。

对工作簿中的工作表可以进行重命名、删除、移动和复制等操作,只需用鼠标右键单击工作表名,在弹出的快捷菜单中选择相应命令即可。

在工作簿中单击工作表标签,则该工作表就会成为当前工作表,可以对此表中的数据进行编辑。若工作表较多,可利用工作簿窗口左下角的向左和向右按钮滚动显示各个工作表。

3.1.3　单元格

工作表中,行列交叉处称为单元格,用于存放文本、数字、公式和音频等信息。在 Excel中,单元格是存储数据的基本单位。

Excel 中有很多公式和函数,这些公式和函数可以帮助人们对数据进行快速的运算和统计分析,如算术运算、逻辑运算、财务运算、统计运算、字符串运算等。公式和函数的使用都必须通过单元格地址的引用来实现。

默认情况下，Excel 用列序号字母和行序号数字来表示一个单元格的位置，如 A1、B4 等，这称为单元格地址。在工作表中，每个单元格都有其固定的地址，一个地址也只表示一个单元格。用户可以向单元格中输入数值、文本、符号、公式等多种数据，并且可以对表中的数据进行格式化、计算、统计、汇总等，还可以将数据以各种图表的方式直观地表示出来，以便对数据变化趋势进行分析。

如果要表示一个连续的单元格区域，用"该区域左上角单元格地址:该区域右下角单元格地址"的形式来表示，例如 A5:C9 表示从单元格 A5 到单元格 C9 的整个区域，如图 3.2 所示。

活动单元格指当前正在使用的单元格，以带黑色粗线的方框表示。活动单元格的地址会在名称框中显示。此时输入的数据会被保存在该单元格中，每次只能有一个单元格是活动的。例如，图 3.3 中活动单元格为 A2。

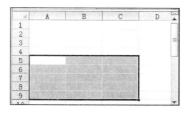

图 3.2　单元格区域

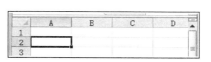

图 3.3　活动单元格

3.2　Excel 2016 的工作界面

启动 Excel 的方法有多种，常用的方法是打开"开始"菜单，在程序列表中单击"Excel 2016"即可。也可以通过双击一个以"xlsx"为扩展名的文件来打开。另外还可以在桌面上创建一个 Microsoft Office Excel 2016 的快捷方式来快速打开 Excel 2016。

启动 Excel 2016 后就可以看到如图 3.4 所示的 Excel 工作界面。该界面主要由标题栏、工作区、"文件"选项卡、功能区、编辑栏、快速访问工具栏、操作说明搜索框和状态栏等组成。

1. 标题栏

标题栏主要用于显示正在使用的工作簿的名称，通常新创建的工作簿的默认名为"工作簿 1"，在保存工作簿时用户可以为它重命名。

默认状态下，标题栏左侧显示快速访问工具栏，标题栏中间显示当前编辑工作表的名称。

2. 工作区

工作区是在 Excel 2016 工作界面中用于输入数据的区域，由单元格组成，用于输入和编辑不同类型的数据。

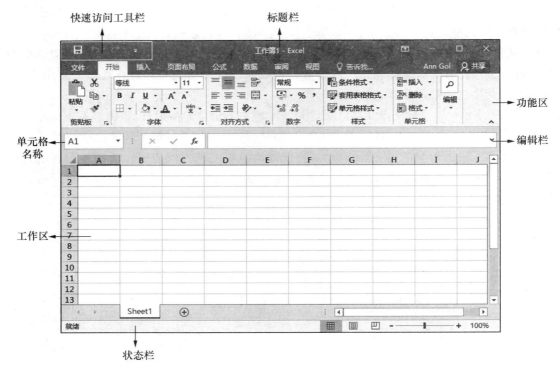

图 3.4　Excel 2016 的工作界面

3."文件"选项卡

Excel 2016 中的一项新设计是"文件"选项卡取代了 Excel 2007 中的"Office"按钮或 Excel 2003 中的"文件"菜单。单击"文件"选项卡后,会显示一些基本命令,包括"新建"、"打开"、"保存"、"打印"、"选项"等。

4.功能区

Excel 2016 的功能区和 Excel 2007 中的一样,它由各种选项卡和包含在选项卡中的各种命令按钮组成,利用它可以轻松地查找以前隐藏在复杂菜单和工具栏中的命令和功能。每个选项卡包含多个组,例如"开始"选项卡中包括"剪贴板"、"字体"、"对齐方式"等组,每个组中又包含若干个相关的命令按钮。有些组的右下角有个对话框启动器按钮,单击后可以打开相关的对话框,例如单击"字体"组右下角按钮会弹出"设置单元格格式"对话框。有些选项卡只在需要使用时才显示出来,例如"图表工具"的"设计"和"格式"选项卡。

5.编辑栏

编辑栏位于功能区的下方,工作区的上方,用于显示和编辑当前活动单元格的名称、数据或公式。

6.快速访问工具栏

快速访问工具栏位于标题栏的左侧,它包含一组独立于当前显示的功能区中选项卡的命令按钮。默认情况下快速访问工具栏中包含"保存"、"撤销"、"恢复"等命令按钮。

7. 状态栏

状态栏用于显示当前数据的编辑状态、选定数据统计区、选择页面显示方式以及调整页面显示比例等。

3.3　Excel 工作簿的操作

3.3.1　新建工作簿

1. 创建空白工作簿"工作簿 1.xlsx"

启动 Excel 2016,创建空白工作簿"工作簿 1.xlsx"。当前文件的默认名称为"工作簿 1",默认打开一张工作表,名称为"Sheet1",当前活动单元格在 Sheet1 中。

也可以使用其他方法创建新工作簿。

（1）使用"文件"选项卡:单击"文件"选项卡,在弹出菜单中选择"新建"选项,再单击"空白工作簿"按钮即可。

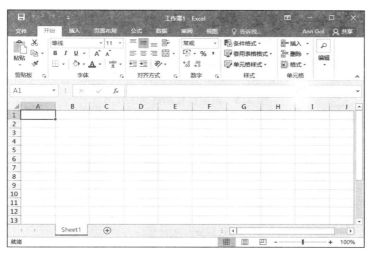

图 3.5　创建 Excel 新工作簿

（2）使用快速访问工具栏:单击快速访问工具栏上的"新建"按钮即可新建一个工作簿。

（3）使用快捷键:按下 Ctrl＋N 组合键即可创建一个新工作簿。

2. 基于模板创建工作簿

Excel 2016 提供了很多默认的工作簿模板,所以除了创建空白工作簿,还可以使用模板快速高效地创建同类别的工作簿。

选择"文件"选项卡,在弹出菜单中选择"新建"选项,则在窗口中列示已在本地的模板,如图 3.6 所示,用户可以根据需要选择,也可以在搜索框中输入关键词搜索联机模板使用。

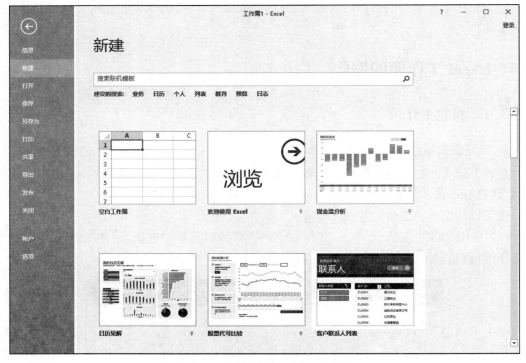

图 3.6　根据模板创建新工作簿

3.3.2　保存工作簿

在使用工作簿的过程中，为避免计算机电源故障和系统崩溃等突发事件造成用户数据丢失，需要对工作簿及时保存。

保存工作簿有多种方法，可以单击快速访问工具栏中的"保存"按钮或选择"文件"选项卡中的"保存"选项，也可以按 Ctrl＋S 组合键。

如果是第一次保存文件，则会打开如图 3.7 所示的"另存为"窗口，单击"浏览"按钮，在随后弹出的"另存为"对话框中指定文件的保存位置并在"文件名"文本框中输入保存名称。

之后每次重复保存同一文件时不会再打开该窗口，保存完成返回 Excel 编辑窗口，在标题栏中将会显示保存后的工作簿名称。

如果需要将当前工作簿改变名称保存、改变路径保存或保存不同副本，可选择"文件"选项卡中的"另存为"选项，重新指定即可。

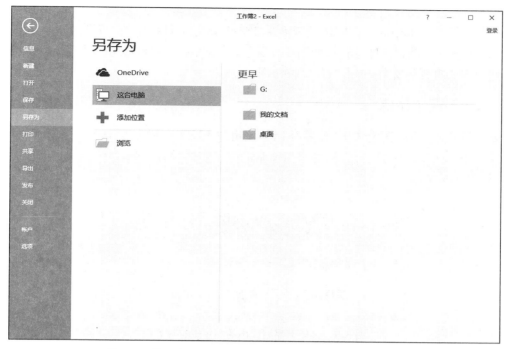

图 3.7　第一次保存文件或另存文件时打开"另存为"窗口

3.3.3　打开工作簿

在实际工作中,常常会打开已有工作簿,然后对其进行修改、添加等操作。

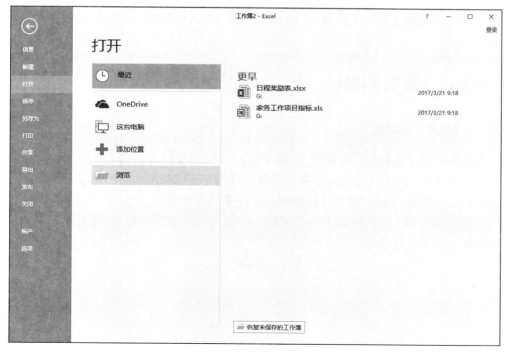

图 3.8　"打开"窗口

打开已有工作簿文件有多种方法：可以找到所需工作簿文件，双击工作簿文件图标；可以选择"文件"选项卡中的"打开"选项或者单击快速访问工具栏中的"打开"按钮，也可以按Ctrl＋O组合键，显示"打开"窗口，如图3.8所示，单击"浏览"按钮，则弹出"打开"对话框，找到并选中需要打开的文件，单击"打开"按钮即可。

3.3.4　关闭工作簿

要关闭工作簿可以直接单击工作界面上的"关闭"按钮，或者在"文件"选项卡中选择"关闭"。

在关闭Excel 2016文档之前，如果所编辑的电子表格没有保存，系统会弹出保存提示对话框，如图3.9所示。

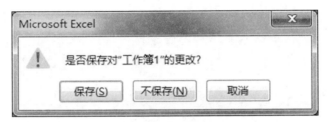

图3.9　关闭文档时弹出的提示保存对话框

单击"保存"按钮，将保存对表格所作的修改；单击"不保存"按钮，则所作修改不被保存；单击"取消"按钮，则放弃关闭文档，并返回继续编辑。

3.3.5　移动和复制工作簿

工作簿的移动和复制即工作簿文件的移动和复制，其操作同一般文件的复制和操作，不再赘述。

3.4　Excel工作表的操作

3.4.1　新建工作表

如果编辑Excel表格时需要使用更多的工作表，则需要插入新的工作表。

要插入新工作表，可以用鼠标右键单击任一工作表标签，弹出如图3.10所示的快捷菜单，选择"插入"，则在当前工作表的前面插入了一张新工作表。

也可以单击"开始"→"单元格"→"插入"→"插入工作表"，如图3.11所示，则在当前工作表前增加一张新工作表。

图 3.10　工作表标签的右键快捷菜单

图 3.11　"插入"下拉菜单

3.4.2　选择单个或多个工作表

Office 软件的操作风格是"先选中后操作",所以在操作 Excel 表格之前必须先选择它。

用鼠标选定 Excel 工作表是最常用、最快捷的方法,用鼠标单击工作表标签即可选中工作表。

如果需要同时选定多个工作表,可执行以下操作:

(1) 按住 Shift 键的同时用鼠标单击最后一个工作表的标签,则可选定连续的一组 Excel 工作表,如图 3.12 所示。

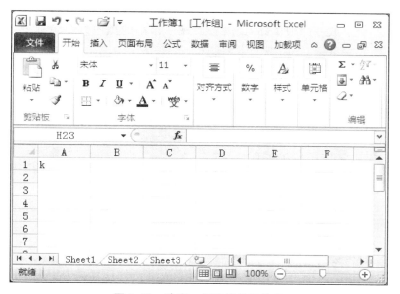

图 3.12　选定一组连续的工作表

(2) 按住 Ctrl 键的同时用鼠标单击需要选择的相应工作表的标签,则可选定一组不连续的 Excel 工作表,如图 3.13 所示。

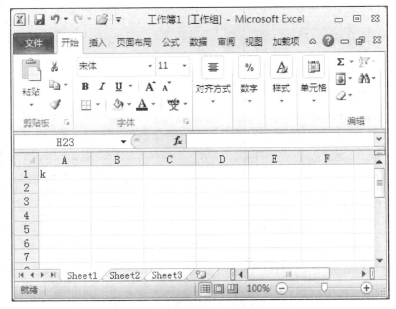

图 3.13　选定一组不连续的工作表

3.4.3　复制和移动工作表

1. 移动工作表

如果在同一工作簿中移动工作表，可以使用直接拖拽的方法。选择要移动的工作表的标签，按住鼠标左键不放并拖拽鼠标，此时会出现一个小的黑色倒三角标记，让此标记到达工作表的新位置，松开鼠标左键，则工作表移动到新位置。

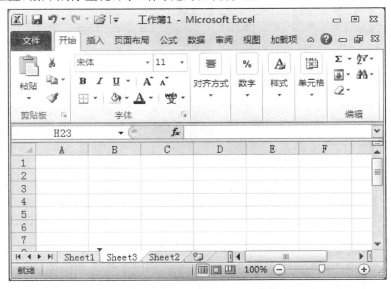

图 3.14　工作表标签左上角出现黑色倒三角标记

除了使用鼠标拖动的方法,移动工作表也可以通过快捷菜单完成。在要移动的工作表标签上单击鼠标右键,在弹出的快捷菜单中选择"移动和复制"命令,如图 3.15 所示,再在随后弹出的"移动或复制工作表"对话框中选择要插入的位置,单击"确定"按钮,即可将当前工作表移动到指定的位置,如图 3.16 所示。

使用第二种方法也可以实现跨工作簿移动工作表,只需在如图 3.16 所示的对话框中,在"将选定工作表移至工作簿"下拉列表中设定所需移至的工作簿即可。

图 3.15　工作表标签的右键快捷菜单　　　图 3.16　"移动或复制工作表"对话框

2. 复制工作表

与移动工作表相同,用户可以在一个或多个 Excel 工作簿中复制工作表。

在同一工作簿中复制工作表时,可以直接使用鼠标拖拽配合 Ctrl 键来实现。选择要复制的工作表,按住 Ctrl 键的同时用鼠标拖动该工作表标签到需要复制到的位置,黑色倒三角标记会随鼠标指针移动,释放鼠标则工作表被复制到新位置。

同样的,复制工作表也可以通过工作表标签的右键快捷菜单来完成。选择要复制的工作表,在工作表标签上单击鼠标右键,在弹出的快捷菜单中选择"移动或复制"命令,弹出如图 3.16 所示的对话框,选择要复制的目标工作簿和插入的位置,然后选中"建立副本"复选框,这决定了该操作将复制而非仅仅移动工作表,单击"确定"按钮,即可完成复制工作表的操作。

3.4.4　删除工作表

在管理工作簿的过程中,用户也许要删除冗余的工作表以节省存储空间。但请注意,删除工作表后,工作表即被永久删除,该操作无法撤销,所以在删除有大量数据的工作表前请慎重。

删除工作表常用的方法有两种:

(1) 使用工作表标签的右键快捷菜单。在要删除的工作表标签上单击鼠标右键,在弹出的快捷菜单中选择"删除"命令,则选中的工作表立刻被删除。

(2) 使用功能区的命令按钮删除工作表。单击"开始"选项卡中的"单元格"组的"删除"按钮右侧的下拉按钮,在弹出的下拉菜单中选择"删除工作表"命令即可,如图 3.17 所示。

图 3.17　使用功能区中的命令按钮删除工作表

3.4.5　修改工作表名称

Excel 工作簿中可以有 200 多张工作表，每张工作表的默认名称为 Sheet1，Sheet2，Sheet3……用户也可以根据自己保存的数据内容重新命名工作表，以利于查看和管理工作表。常用的修改工作表名称的方法有两种：

（1）双击工作表标签直接重命名。双击要重命名的工作表标签，此时标签名称以高亮显示，如图 3.18 所示，表示现在可以编辑其内容，输入新的名称即可。

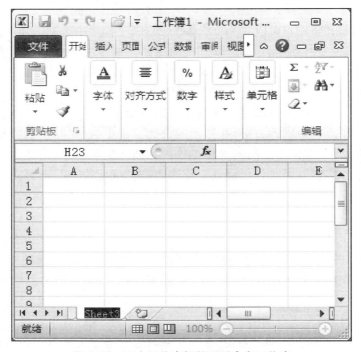

图 3.18　双击工作表标签以重命名工作表

（2）使用工作表标签的右键快捷菜单重命名。在需要修改名称的工作表标签上单击鼠标右键，在弹出的快捷菜单中选择"重命名"命令，如图 3.19 所示，此时标签名称转为高亮显示，直接输入新的名称即可完成工作表的重命名。

图 3.19　使用快捷菜单重命名工作表

Excel 2016 还提供了工作表标签颜色设定功能,通过为工作表标签设置不同颜色,方便用户管理同类工作表。有两种方法可修改工作表标签颜色:

(1)使用功能区命令按钮修改。选中要设置颜色的工作表标签,单击"开始"→"单元格"→"格式"→"工作表标签颜色",在弹出的子菜单中选择需要的颜色即可,如图 3.20 所示。

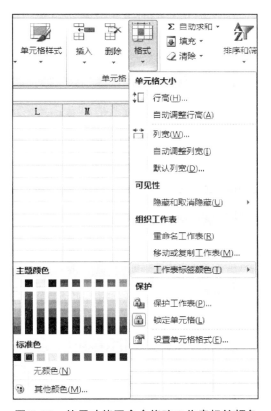

图 3.20　使用功能区命令修改工作表标签颜色

（2）使用工作表标签的右键快捷菜单修改。对需要修改标签颜色的工作表标签单击鼠标右键，在弹出的快捷菜单中选择"工作表标签颜色"命令，在右侧展开的颜色列表中选择所需颜色即可，如图3.21所示。

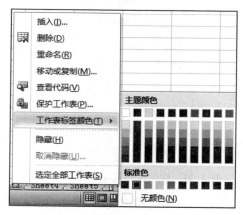

图 3.21　使用快捷菜单修改工作表标签颜色

3.4.6　显示和隐藏工作表

在实际使用 Excel 的过程中，用户还可以将暂时不需要编辑或者因存储有原始数据不想修改的工作表隐藏起来，在需要使用它们时再将其显示出来。在需要隐藏的工作表标签上单击鼠标右键，弹出如图3.22所示的快捷菜单（请注意观察此快捷菜单，在"隐藏"命令下有灰色显示的"取消隐藏"命令，表示此时该命令不可用），选择"隐藏"命令，则当前所选工作表立刻被隐藏，在工作表标签区域无法再看到它。

图 3.22　隐藏工作表

图 3.23　取消隐藏工作表

在当前工作簿中任意一个工作表标签上单击鼠标右键，在弹出的快捷菜单中选择"取消隐藏"命令，如图3.23所示，弹出"取消隐藏"对话框，选择要恢复的已隐藏工作表的名称，单击"确定"按钮，则隐藏的工作表被重新显示出来，如图3.24所示。

图 3.24　"取消隐藏"对话框

3.5　Excel 数据的输入

3.5.1　Excel 的数据类型

在 Excel 中,系统支持三种类型的数据:文本数据、数值数据、公式。

(1) 文本数据:表格中的文本,可以修改,不可以计算,默认左对齐。

(2) 数值数据:阿拉伯数字,可以计算,默认右对齐。

(3) 公式数据(函数):以等号"="开头,由单元格、运算符和数字组成的字符串,默认左对齐。函数是一种特殊的公式,是系统预先定义好的公式。

公式和函数的使用将在后文专门讲解,这里先学习文本和数值数据的输入。

3.5.2　输入文本数据

在 Excel 中,文本数据包括中文字符、西文字符、数字和符号等,每个单元格最多可包含 32 767 个字符,文本数据默认左对齐。如果将单元格格式设为"文本"格式,那么即使输入的是数值内容,也会作为文本显示。如图 3.25 所示,电话号码虽然是数值内容,但其单元格格式为"文本",因此按照文本数据的显示方式显示,为左对齐。对这种数据只可查看,不可计算。

	A	B	C
1			
2	单人价	200	
3	人数	15	
4	电话	88886666	
5			

图 3.25　输入文本数据

当输入的文本内容超过单元格宽度时,会出现如图 3.26 所示的情况。此时有两种方法让文本完全在该单元格内显示。

1. 强制换行

在文本需要换行的位置定位鼠标的插入点,而后按下 Alt+Enter 组合键,之后再次按下 Enter 键确认完成输入,此时单元格中的内容在鼠标定位点处被强制分成两行显示,如

图 3.27 所示。

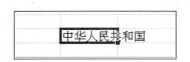

图 3.26　文本内容超出单元格宽度　　　**图 3.27　在单元格内强制换行后的显示效果**

请注意，在 Excel 中，按下 Enter 键只会确认输入内容，而不会像在其他软件中那样进行换行。

2. 修改单元格对齐方式

当有大量文本内容超过单元格宽度（如图 3.28 所示），又希望表格样式整齐划一，可以批量修改单元格对齐方式。

选中需要使文本换行的所有单元格，单击"开始"→"编辑"→"单元格"→"格式"，如图 3.29 所示，在弹出菜单中选择"设置单元格格式"命令，打开"设置单元格格式"对话框，选中"对齐"选项卡，将"自动换行"复选框选中，如图 3.30 所示。

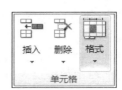

图 3.28　大量文本超过单元格宽度　　　**图 3.29　用"开始"选项卡设置单元格格式**

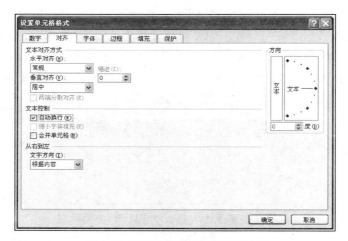

图 3.30　"设置单元格格式"对话框

最后单击"确定"按钮，即可将所选的一组单元格文本调整为自动换行，如图 3.31 所示。

图 3.31　单元格文本自动换行

3.5.3　输入数值数据

数值数据是 Excel 中使用得最多的数据。输入数值数据时,数值将显示在活动单元格和编辑栏中,按下 Enter 键或单击编辑栏左侧的"输入"按钮☑可以完成输入;如果取消输入,则可以按 Esc 键或鼠标单击编辑栏左侧的"取消"按钮☒。确认输入的数值数据默认右对齐。

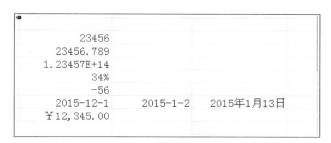

图 3.32　输入数值数据

输入的数值数据可以是整数、小数、科学计数法显示的大额数值,甚至连时间和日期在 Excel 中也属于数值数据。在数值中可以出现负号、百分号、指数符号(E)、货币符号(￥或 $)等。在使用过程中,用户需要根据自身的使用需要为自己的数值数据设置恰当的数值格式。需要设定数值数据的格式时,可以像前面那样通过"开始"选项卡打开"设置单元格格式"对话框,也可以选择需设置格式的一组或单个单元格后,在其上单击鼠标右键,在弹出的快捷菜单中选择"设置单元格格式"命令以打开"设置单元格格式"对话框,然后选择"数字"选项卡,如图 3.33 所示。

在"数字"选项卡的"分类"列表框列示的"数值"、"货币"、"日期"等单元格格式均有多种具体格式可供用户选择,用户根据需要进行相应选择即可。

如果尝试输入分数"1/4",你很可能会得到一个日期,如图 3.34 所示。事实上,在 Excel 中输入分数时,为了与日期型数据区分,需要在分数之前加一个 0 和一个空格。例如,现在尝试输入"0 1/4",则会显示"1/4",其值为"0.25",显示在编辑栏中,如图 3.35 所示。

图3.33 "设置单元格格式"对话框的"数字"选项卡

图3.34 输入分数的错误显示

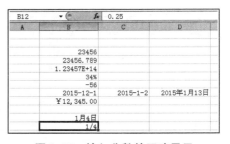

图3.35 输入分数的正确显示

请思考下：对于图3.34中的科学计数法表示的大额数值，如果需要完整显示大额数值要怎么办呢？是的，同样可以在输入完成后修改"设置单元格格式"对话框的"数字"选项卡中设置就可以了。

3.5.4 高效率输入工具

1. 自动填充

填充柄能够快速批量输入大量有规律的数据，当鼠标指针位于单元格右下角时，其形状会由空心十字形变为实心十字形，此时按住鼠标左键并拖动即可实现数据在单元格内的自动填充。例如，输入一个班的学号时，并不需要一个一个手工输入，只需要输入起始的一个学号，然后将鼠标指针悬停在单元格右下角，待出现填充柄后，向需要的方向按住鼠标左键并拖动，即可填充所需学号，如图3.36所示。继续输入，完善表头，输入专业为"中文"并使用填充柄自动填充至其余单元格，如图3.37所示。

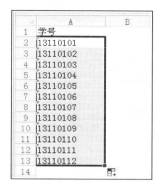

图 3.36　使用填充柄输入学号

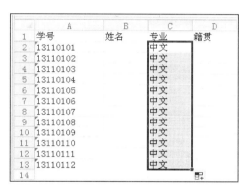

图 3.37　自动填充专业

填充内容不仅可以是有规律的数值,也可以是相同或有规律的文本。

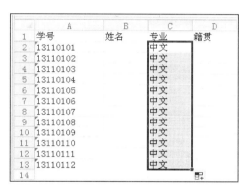

图 3.38　填充有规律的文本

那么哪些有规律的文本是可以这样填充的呢? 实际上,这个文本叫做"自定义序列",用户可以根据自己的使用需要个性化设计自己的"自定义序列"。例如,为幼儿园制定一张各年级活动安排表,新建一个空白文档,单击"文件"→"选项"命令,打开"Excel 选项"对话框,如图 3.39 所示,选择"高级"选项卡,拖动滚动条到"常规"选项组,单击"编辑自定义列表"按钮,打开"自定义序列"对话框,如图 3.40 所示。

在该对话框中的"输入序列"框中输入需要自定义的序列"小班,中班,大班",而后单击"添加"按钮,则自定义的数据序列被添加到对话框左侧的"自定义序列"列表框中,如图 3.41所示,最后对两个对话框都单击"确定"按钮进行关闭。

这样,下一次就可以通过填充柄直接填充该序列了。

除了文本、数值,日期和时间也一样可以自动填充,请大家自己练习。

图 3.39 "Excel 选项"对话框

图 3.40 "自定义序列"对话框

图 3.41 已添加的自定义序列

2. 导入外部数据

使用填充柄快速输入的数据仍然是局部的，如果用户已经有了大量原始数据在其他位置，例如 Access 数据库文件、网页上或者文本文件中，Excel 也支持从以上类型的文件中直接导入大量完整数据。这里以导入 TXT 文本文件中的数据为例进行介绍。首先建立一个TXT 文件，在其中输入如图 3.42 所示的内容，注意同一行中文本的分隔使用 Tab 键，换行时使用 Enter 键。完成后，保存文件并关闭。

图 3.42 需要导入 Excel 的文本文件

图 3.43 获取外部数据组

在 Excel 2016 中，选择"数据"选项卡，单击"获取外部数据"组中的"自文本"按钮（如图 3.43 所示），打开如图 3.44 所示的"导入文本文件"对话框，选择刚才创建的文本文件"导入excel 的数据.txt"，单击"导入"按钮，弹出"文本导入向导-第 1 步，共 3 步"对话框，如图 3.45 所示。

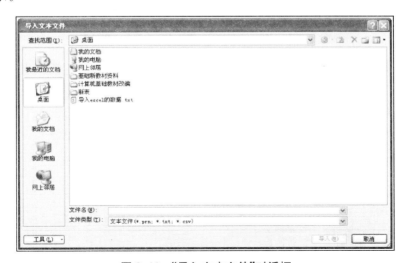

图 3.44 "导入文本文件"对话框

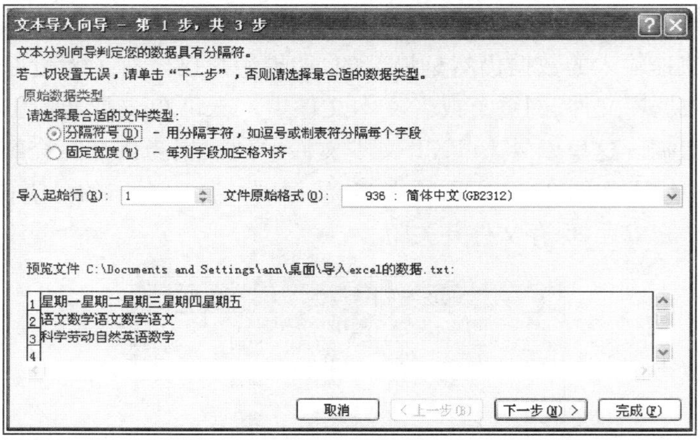

图 3.45　"文本导入向导-第1步，共3步"对话框

检查一切无误后，单击"下一步"按钮，打开如图 3.46 所示的对话框。

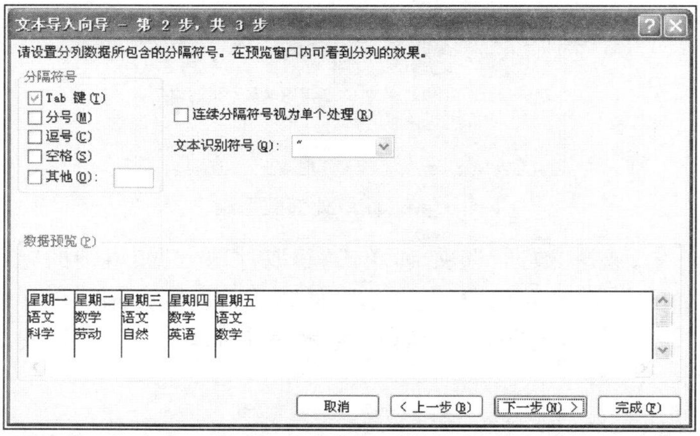

图 3.46　"文本导入向导-第2步，共3步"对话框

单击"下一步"按钮，打开"文本导入向导-第3步，共3步"对话框，如图 3.47 所示。

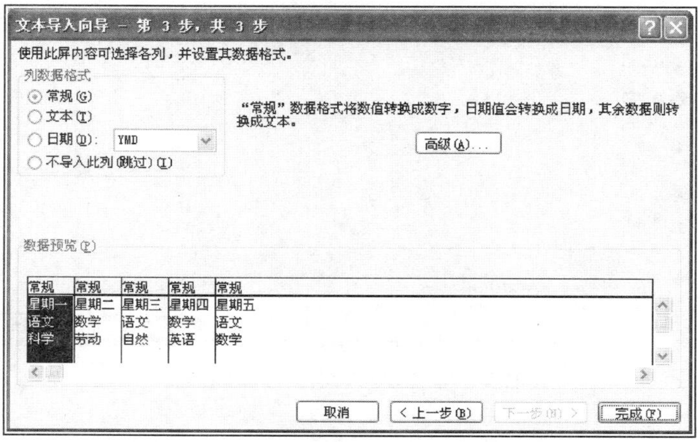

图 3.47　"文本导入向导-第3步，共3步"对话框

单击"完成"按钮,弹出"导入数据"对话框,如图 3.48 所示,若需修改导入数据放置位置的起始单元格,则单击"现有工作表"下方文本框右侧的扩展按钮暂时折叠该对话框,并在目标工作表上单击导入数据需要的起始单元格位置,这里选定为"＄D＄1",设置完毕后,单击"确认"按钮,则返回到 Excel 的工作区并已导入数据,如图 3.49 所示,导入的数据从 D1 单元格开始,按照分隔符的限定,显示在工作区中。

图 3.48　"导入数据"对话框

	D	E	F	G	H	I
1	星期一	星期二	星期三	星期四	星期五	
2	语文	数学	语文	数学	语文	
3	科学	劳动	自然	英语	数学	
4						
5	体育	英语	科学	劳动	主题班会	
6						
7						

图 3.49　完成导入数据的 Excel 工作区

在 Excel 2016 中导入 Access、SQL Server、XML 等程序里的数据文件的方法和上面介绍的类似,大家可以自己尝试练习一下。

3.6　Excel 工作表的优化

Excel 提供了许多美化工作表的格式和样式,这些格式和样式可以使数据显示更清晰、更形象,使用户可以一目了然,提高信息的展示与传达效果。

3.6.1　使用格式美化工作表

1. 设置单元格行高和列宽

设置符合单元格中数据内容的行高和列宽是优化数据表显示的基本内容。单击"开始"→"单元格"→"格式",打开如图 3.50 所示的下拉菜单,可以选择"行高"或"列宽"命令,打开"行高"或"列宽"对话框,如图 3.51 所示,直接在"行高"或"列宽"文本框中输入数值进行设置。也可以在"格式"下拉菜单中选择"自动调整行高"或"自动调整列宽"命令,则 Excel 会根据单元格中数据内容的高度或宽度自动调整行高或列宽。

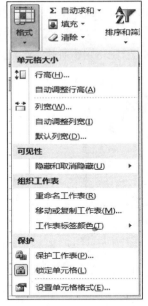

图 3.50　"格式"下拉菜单

图 3.51　"行高"和"列宽"对话框

2. 设置单元格对齐方式

对齐方式是指单元格中的数据显示在单元格中的上、下、左、右的相对位置。Excel 2016允许为单元格数据设置的对齐方式有左对齐、右对齐和合并居中对齐等。

新建一张工作表，命名为"员工工资表"，在 A2:F9 单元格区域中输入如图 3.52 所示的内容。在 A1 单元格中输入"员工工资表"，选中 A1:G1 单元格区域，单击"开始"→"对齐方式"→"合并后居中"（如图 3.53 所示），则得到如图 3.54 所示的标题跨列居中的效果。

仔细观察一下图 3.53 中的其他按钮，第一行中从左至右依次为"顶端对齐"按钮、"垂直居中"按钮、"底端对齐"按钮，它们设置的都是数据在单元格中垂直方向的对齐方式。第 4 个按钮 为"方向"按钮，单击该按钮会弹出下拉菜单，可根据各个菜单项左侧显示的样式进行选择，如图 3.55 所示。

	A	B	C	D	E	F	G
1							
2	工号	姓名	基本工资	奖金	交通补贴	通信补贴	应发总额
3	10001	昭仪	2000	1200	200	100	
4	10002	李秉宪	2200	2200	200	100	
5	10003	里奇	2000	3200	200	100	
6	10004	马丁	2400	1000	200	100	
7	10005	李刚	2000	1000	200	100	
8	10006	霍松林	2700	1000	200	100	
9	10007	张涵予	2000	1000	200	100	
10							

图 3.52　员工工资表

图 3.53　"合并后居中"按钮

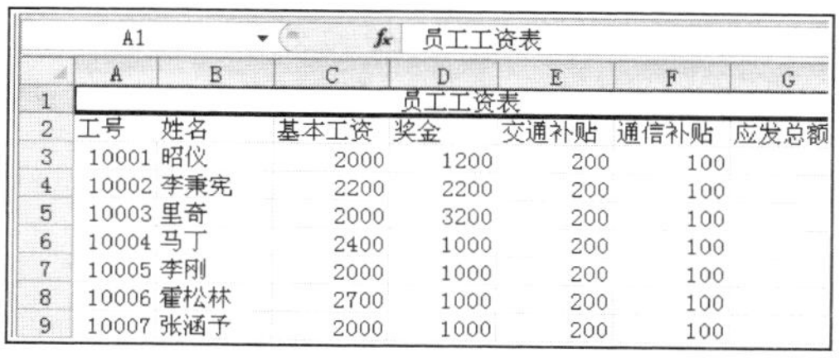

图 3.54　标题跨列居中

图 3.55　"方向"下拉菜单

　　继续观察图 3.53 中第二行的按钮，从左到右依次是"左对齐"按钮、"居中"按钮、"右对齐"按钮，它们设置的都是数据在单元格中水平方向的对齐方式。第 4 个和第 5 个按钮分别是"减少缩进量"按钮和"增加缩进量"按钮，单击按钮时，分别可以减少或增加单元格边框与单元格内容间的距离。

　　3. 设置字体和字号

　　默认情况下，Excel 2016 工作表中的文字格式是黑色、宋体、11 号。但在使用过程中，用户常常会需要差别化地显示表格中各种不同元素，可以通过修改字体和字号来实现。例如：

　　（1）选中"员工工资表"的标题单元格，在"开始"选项卡的"字体"组中打开"字体"下拉列表，如图 3.56 所示。

图 3.56　"字体"下拉列表

（2）选择"黑体"，而后在"字号"下拉列表中选择字号为"18"，设置好标题单元格的字体和字号，如图 3.57 所示。

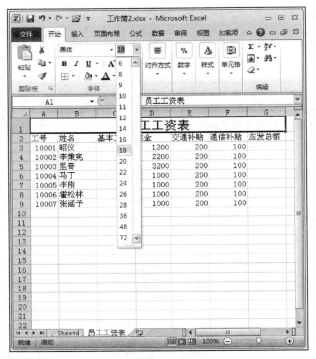

图 3.57　"字号"下拉列表

（3）选中列标题的所有单元格，设置字体为"黑体"，加粗显示。

在 Excel 2016 中，文字的默认字号为 11 号，相当于 Word 文档中的五号字。用数字表示字号时，数值越大，表示的字号就越大。

4. 设置文字颜色

默认情况下，Excel 中的文字颜色是黑色，用户也可以按照自己的意愿修改文字颜色。

选择要设定文字颜色的单元格，单击"字体颜色"按钮，打开如图 3.58 所示的菜单，可以在其中的颜色面板上直接选择所需要的文字颜色。如果这里没有需要的颜色，可以单击"其他颜色"命令，打开"颜色"对话框，在"标准"选项卡（所图 3.59 所示）中选择需要的颜色，或在"自定义"选项卡（如图 3.60 所示）中调整需要的颜色，如果知道所需颜色的 RGB 值，也可以直接输入颜色的 RGB 值得到颜色。确认颜色后，单击"确定"按钮，即可将选择的颜色应用于所选单元格的文字上。

图 3.58　文字颜色的颜色面板

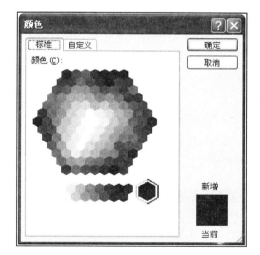

图 3.59　"颜色"对话框的"标准"选项卡

图 3.60　"颜色"对话框的"自定义"选项卡

5. 设置背景颜色和图案

默认情况下,Excel 中的单元格的背景为白色,要使单元格的外观更漂亮,数据更易于区分和阅读,也可以为单元格设置不同的背景颜色和背景图案。可以为单元格设置的背景颜色包括春色、彩色网格、渐变颜色等。

选择需要设置背景色的单元格,单击"开始"选项卡的"字体"组中"填充颜色"按钮右侧的下拉按钮,在弹出的颜色面板(如图 3.61 所示)中选择需要的颜色即可,颜色的选择与设定与文字颜色的选择与设定方法相同。

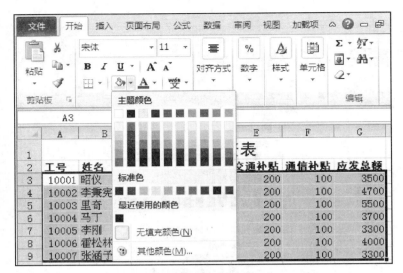

图 3.61　填充颜色的颜色面板

　　需要设置彩色网格的话，单击"开始"→"单元格"→"格式"，如图 3.62 所示，在弹出的下拉菜单中选择"设置单元格格式"命令，弹出"设置单元格格式"对话框，如图 3.63 所示，选择"填充"选项卡，在"图案样式"下拉列表中选择需要的网格图案，在"图案颜色"下拉列表中选择图案颜色，单击"确定"按钮，即可将设置应用于所选单元格，效果如图 3.64 所示。

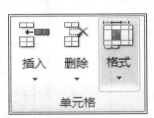

图 3.62　设置单元格格式

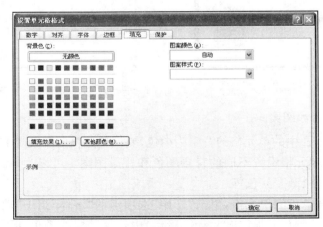

图 3.63　"设置单元格格式"对话框

除了应用网格图案,也可以为单元格设置渐变色填充效果。选中需要设置填充效果的单元格,像前面一样操作,打开"设置单元格格式"对话框,选择"填充"选项卡,单击"填充效果"按钮,弹出"填充效果"对话框,如图 3.65 所示,在其中选择所需的填充效果,单击"确定"按钮,得到如图 3.66 所示的效果。

	A	B	C	D	E	F	G
1				员工工资表			
2	工号	姓名	基本工资	奖金	交通补贴	通信补贴	应发总额
3	10001	昭仪	2000	1200	200	100	3500
4	10002	李秉宪	2200	2200	200	100	4700
5	10003	里奇	2000	3200	200	100	5500
6	10004	马丁	2400	1000	200	100	3700
7	10005	李刚	2000	1000	200	100	3300
8	10006	霍松林	2700	1000	200	100	4000
9	10007	张涵予	2000	1000	200	100	3300

图 3.64　工作表应用图案背景后的效果

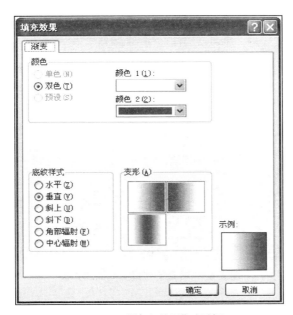

图 3.65　"填充效果"对话框

	A	B	C	D	E	F	G
1				员工工资表			
2	工号	姓名	基本工资	奖金	交通补贴	通信补贴	应发总额
3	10001	昭仪	2000	1200	200	100	3500
4	10002	李秉宪	2200	2200	200	100	4700
5	10003	里奇	2000	3200	200	100	5500
6	10004	马丁	2400	1000	200	100	3700
7	10005	李刚	2000	1000	200	100	3300
8	10006	霍松林	2700	1000	200	100	4000
9	10007	张涵予	2000	1000	200	100	3300

图 3.66　应用填充效果后的单元格

除了设置单元格的背景颜色、图案和填充效果，对整张工作表也可以设置背景图案。

Excel 2016 支持将多种格式的图片作为背景图案，比较常用的有 JPG、GIF、BMP、PNG 等格式。一般建议工作表的背景图案使用颜色比较淡的图片，以免遮挡或影响工作表中的文字。具体的操作方法如下：首先准备好需要的背景图片，选择"页面布局"→"页面设置"→"背景"，在弹出的"工作表背景"对话框（如图 3.67 所示）中选择准备好的图片，单击"插入"按钮，即可得到设置了背景图案的工作表，如图 3.68 所示。

图 3.67 "工作表背景"对话框

员工工资表						
工号	姓名	基本工资	奖金	交通补贴	通信补贴	应发总额
10001	昭仪	2000		200	100	3500
10002	李兼宪	2200		200	100	4700
10003	里奇	2000		200	100	5500
10004	马丁	2400		200	100	3700
10005	李刚	2000		200	100	3300
10006	霍松林	2700		200	100	4000
10007	张涵予	2000	1000	200	100	3300

图 3.68 设置了背景图案的工作表

6. 设置边框格式

打开 Excel 之后，可以看到灰色的表格已布满工作区，这个叫做网格线，虽然起到分隔数据的功能，但在打印时是打印不出来的。如果需要将设计好的工作表以表格的形式打印出来，就必须设置表格或单元格的边框格式。

设置单元格的边框格式有两个途径：使用功能区完成或右键快捷菜单完成。

1）使用功能区设置边框的方法

选定需要设置边框的单元格，单击"开始"选项卡的"字体"组中边框按钮右侧的下拉按钮，在弹出的"边框"下拉菜单（如图 3.69 所示）中根据需要选择相应的命令，即可为所选单元格设置相应的边框。设置边框后的工作表如图 3.70 所示。

图 3.69 "边框"下拉菜单

	A	B	C	D	E	F	G
1				员工工资表			
2	工号	姓名	基本工资	奖金	交通补贴	通信补贴	应发总额
3	10001	昭仪	2000	1200	200	100	3500
4	10002	李秉宪	2200	2200	200	100	4700
5	10003	里奇	2000	3200	200	100	5500
6	10004	马丁	2400	1000	200	100	3700
7	10005	李刚	2000	1000	200	100	3300
8	10006	霍松林	2700	1000	200	100	4000
9	10007	张涵予	2000	1000	200	100	3300

图 3.70 设置边框后的工作表

　　如果需要为标题或特殊单元格设置特殊的线条形状和颜色,可以在"边框"下拉菜单中选择"绘制边框"→"线型",在展开的下一级子菜单中选择一种线型,如图 3.71 所示。然后会自动返回工作区,鼠标指针变成铅笔形状,可以直接按下鼠标左键并拖动,从而在需要改变边框线型的位置绘制出所需边框,也可以重新打开"边框"下拉菜单直接选择需要的边框线位置,例如"下框线",此时所选择的标题单元格的下边框线型被修改成了刚才选择的双线条线型，如图 3.72 所示。

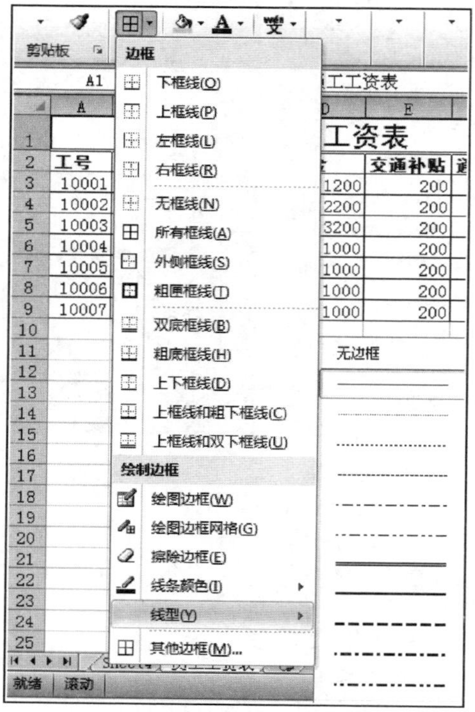

图 3.71 选择线型

图 3.72 标题单元格下边框应用双线条线型

运用此种方法，可以调整单元格任意位置的边框线型。

2）使用右键快捷菜单设置边框

也可以在选定单元格或单元格区域后，用鼠标右键单击，在弹出的右键快捷菜单（如图 3.73 所示）中选择"设置单元格格式"，打开"设置单元格格式"对话框，选择"边框"选项卡，如图 3.74 所示。

在"边框"选项卡中选择需要的线条样式、线条颜色、线条所要应用的位置，完成所有设置后单击"确定"按钮即可。例如，为"员工工资表"的数据区域设置内边框为虚线，在"设置单元格格式"对话框中可以一次性完成所有需要的设置，单击"确定"按钮后返回工作区，效果如图 3.75 所示。

图 3.73 单元格的右键快捷菜单

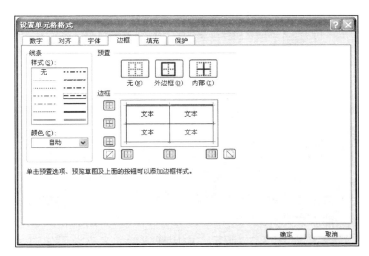

图 3.74 "设置单元格格式"对话框的"边框"选项卡

员工工资表					
工号	姓名	基本工资	奖金	交通补贴	通信补贴	应发总额
10001	昭仪	2000	1200	200	100	3500
10002	李秉宪	2200	2200	200	100	4700
10003	里奇	2000	3200	200	100	5500
10004	马丁	2400	1000	200	100	3700
10005	李刚	2000	1000	200	100	3300
10006	霍松林	2700	1000	200	100	4000
10007	张涵予	2000	1000	200	100	3300

图 3.75 内边框为虚线的工作表

3.6.2　使用样式美化工作表

用户可以选择自己一步步进行工作表的外观设置，使之美观、大方、易读，也可以选择使用 Excel 2016 的内置表格样式快速美化工作表。Excel 2016 内置了 60 多种常用表格样式，如图 3.76 所示。

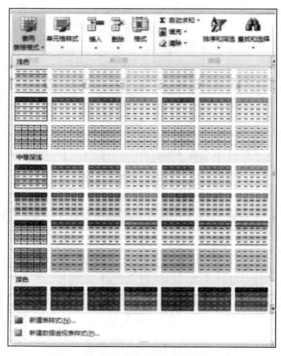

图 3.76　"套用表格格式"下拉列表

选好需要套用表格格式的单元格区域，单击"开始"→"样式"→"套用表格格式"，在打开的下拉列表中选择一种需要的样式，如图 3.76 所示，弹出"套用表格式"对话框，确认表数据的来源后单击"确定"按钮，如图 3.77 所示。应用样式后的表格效果如图 3.78 所示。

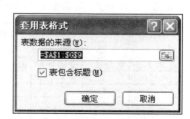

图 3.77　"套用表格式"对话框

员工工资表	列1	列2	列3	列4	列5	列6
工号	姓名	基本工资	奖金	交通补贴	通信补贴	应发总额
10001	昭仪	2000	1200	200	100	3500
10002	李秉宪	2200	2200	200	100	4700
10003	里奇	2000	3200	200	100	5500
10004	马丁	2400	1000	200	100	3700
10005	李刚	2000	1000	200	100	3300
10006	霍松林	2700	1000	200	100	4000
10007	张涵子	2000	1000	200	100	3300

图 3.78　套用了表格格式后的表格

可以对整张工作表内容套用表格格式,也可以对工作表中的一部分单元格套用单元格样式。单击"开始"→"样式"→"单元格样式",弹出如图 3.79 所示的菜单,在其中可以选择套用单元格文本样式、单元格背景样式、单元格标题样式、单元格数字样式等。

图 3.79　"单元格样式"弹出菜单

3.6.3　条件格式

对于数据区域的数据格式,是不是只能由用户一一设定呢? 能不能根据用户指定的条件,由 Excel 自动为相应的数据应用用户预先设置好的格式呢? 答案是"可以"。

Excel 提供了一种叫做"条件格式"的功能,可以由用户为某一选定区域设定条件以及对应条件的相应格式,而后由系统根据数据是否符合条件自动按指定的格式显示出来。

例如,对于如图 3.80 所示的"员工工资表",要将"奖金"金额大于 1 000 的单元格数据突出显示,可以单击"开始"→"样式"→"条件格式",打开如图 3.81 所示的下拉菜单。

员工工资表						
工号	姓名	基本工资	奖金	交通补贴	通信补贴	应发总额
10001	昭仪	2000	1200	200	100	3500
10002	李秉宪	2200	2200	200	100	4700
10003	里奇	2000	3200	200	100	5500
10004	马丁	2400	1000	200	100	3700
10005	李刚	2000	1000	200	100	3300
10006	霍松林	2700	1000	200	100	4000
10007	张涵予	2000	1000	200	100	3300

图 3.80　员工工资表

图 3.81　"条件格式"下拉菜单

选择"突出显示单元格规则"→"大于"，弹出如图 3.82 所示的对话框，将"为大于以下值的单元格设置格式"设置为"1000"，在"设置为"下拉列表中选择"绿填充深绿色文本"，返回工作区得到如图 3.83 所示的单元格数据显示效果。

图 3.82　设置突出显示单元格规则的对话框

员工工资表						
工号	姓名	基本工资	奖金	交通补贴	通信补贴	应发总额
10001	昭仪	2000	1200	200	100	3500
10002	李秉宪	2200	2200	200	100	4700
10003	里奇	2000	3200	200	100	5500
10004	马丁	2400	1000	200	100	3700
10005	李刚	2000	1000	200	100	3300
10006	霍松林	2700	1000	200	100	4000
10007	张涵予	2000	1000	200	100	3300

图 3.83　设置条件格式后的"奖金"数据显示

3.7　Excel 公式的使用

Excel 2016 提供了很多预定义的公式,也就是函数,这些函数可以帮助人们对数据进行快速的运算和统计分析,如算术运算、逻辑运算、财务运算、统计运算、字符串运算等。

3.7.1　Excel 中的公式

在 Excel 2016 中,应用公式可以帮助计算工作表中的数据,例如对数值进行加、减、乘、除等运算。公式本质上就是一个等式,是由一组数据和运算符组成的序列。使用公式时必须以等号"＝"开头,后面紧接数据和运算符。数据可以是常数、单元格引用、单元格名称和工作表函数等。

函数是 Excel 程序内置的公式,可完成预定的计算功能。公式是用户根据自身数据计算、统计、分析的具体需求,将函数、引用、常量等通过运算符号连接起来,完成某种计算的一种表达式。

1. 运算符

在 Excel 中,运算符分为 4 种类型,分别是算数运算符、比较运算符、文本运算符和引用运算符。算数运算符主要用于数学计算,包括"＋""－""＊""/""％""^";比较运算符主要用于数值比较,包括"＝"">""<"">＝""<＝""<>";引用运算符主要用于合并单元格区域,包括":"","""(空格)";文本运算符只有一个,"&",用于将两个或多个字符串连接起来。

2. 运算符优先级

如果一个公式中包含多种类型的运算符,Excel 则按表 3.1 中的优先级顺序进行运算。如果想要改变运算符的优先级,可以使用括号"()"实现。

表 3.1　Excel 运算符的优先级顺序

运算符(优先级从高到低)	说明
:(比号)	域运算符
,(逗号)	联合运算符
(空格)	交叉运算符
－(负号)	
％(百分号)	百分比运算符
^(脱字符)	乘幂运算符
＊和/	乘法和除法运算符
＋和－	加法和减法运算符
&	文本运算符
＝,>,<,>＝,<＝,<>	比较运算符

3.7.2　公式的一般使用方法

在如图 3.84 所示的工作簿 1 的 Sheet1 工作表的 D2 单元格中输入公式"=B2＊C2",按回车键确认后在 D2 单元格内自动显示计算结果"212000"。

图 3.84　编辑栏中显示公式的具体内容

请大家观察编辑栏,可以发现输入的公式以"="开头,而后由运算符连接各单元格。

输入公式时,可以在公式单元格中用行号列标的形式直接通过键盘输入需要引用的单元格,也可在公式单元格中在输入必需的运算符后通过鼠标直接选择相应单元格完成引用。

使用公式时,公式单元格与被引用单元格的位置关系可以有多种:可以在一张工作表内紧邻,也可以在同一工作表内不紧邻,还可以不在同一张工作表内,甚至不在同一工作簿内。

当跨工作簿引用单元格时,需按照特定格式进行引用:[工作簿名称]工作表名称! 单元格地址。例如,新建工作簿 2,选中 Sheet1 工作表中的 A1 单元格,输入"=",然后用鼠标选中工作簿 1 的 Sheet1 工作表中的 E2 单元格,则在编辑栏会显示出"=[工作簿 1]Sheet1! ＄E＄2",如图 3.85 所示,这就是跨工作簿引用单元格。

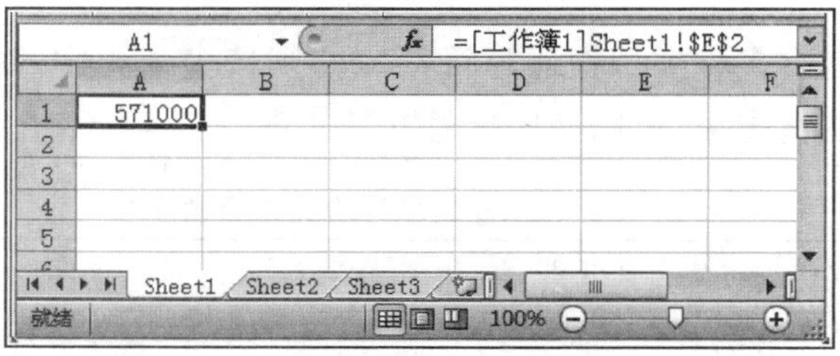

图 3.85　公式跨工作簿引用单元格

大家已经知道可以用填充柄进行单元格内容的填充,对于公式内容也可以使用填充柄进行填充。利用填充柄将 D2 单元格中的内容向下填充至 D3 和 D4 单元格,则在 D3 单元格内出现"215000",选中 D3 单元格时编辑栏中显示 D3 单元格内的公式为"=B3＊C3",如图 3.86 所示;D4 单元格内出现"144000",选中 D4 单元格时编辑栏中显示 D4 单元格内的公式为"=B4＊C4",这说明随着公式单元格位置的变化,被引用单元格的位置也发生了相应的变化。

图 3.86　D3 单元格的公式

3.7.3　相对引用与绝对引用

1. 相对引用

相对引用是指单元格的引用会随公式所在单元格的位置变化而改变。复制公式时,系统不是把原来的单元格地址原样照搬,而是根据公式原来的位置和复制的目标位置来推算出公式中单元格地址相对原来位置的变化。默认情况下,公式使用的是相对引用,例如"B2""C2",所以在上文所举的示例中,被引用单元格的位置随着公式单元格的位置变化而自动发生了相应的变化。

2. 绝对引用

绝对引用是指在复制公式时,无论如何改变公式的位置,其引用单元格的地址都不会改变。绝对引用的表示形式是在普通地址的前面加"＄",如 B2 单元格的绝对引用形式是"＄B＄2"。若将前述示例中 D2 单元格中的公式改为"＝＄B＄2＊＄C＄2",则将 D2 单元格中的公式复制到 D3 和 D4 单元格时,两个单元格中都会显示"212000"且编辑栏中都显示为"＝＄B＄2＊＄C＄2",如图 3.87 所示。这是因为此时为绝对引用,复制公式时被引用单元格的地址不会随着公式单元格的位置变化而自动发生相应变化。

图 3.87　绝对引用方式

3. 混合引用

除了相对引用、绝对引用,还有混合引用,也就是相对引用和绝对引用的共同引用。当需要固定行引用而改变列引用,或者固定列引用而改变行引用时,就要用到混合引用,这时相对引用部分发生变化,而绝对引用部分保持绝对不变。

3.8　Excel 函数的使用

在 Excel 中预先存储了一些解决各种问题的公式,这就是函数。学会灵活使用 Excel 提供的各种常用函数,将使得我们在进行数据统计与分析时事半功倍。

Excel 2016 提供了财务函数、逻辑函数、文本函数、日期和时间函数、查找与引用函数、数学和三角函数、统计函数、工程函数、多维数据集函数、信息函数、兼容性函数等,常用函数如表 3.2 所示。

表 3.2　Excel 2016 的常用函数

函数类别	函数名称	函数格式	函数功能
数学和三角函数	SUM	SUM(number1,number2,…)	计算单元格区域中所有数值的和
	SUMIF	SUMIF(range,criteria,sum_range)	对区域中满足条件的单元格求和
	SUMIFS	SUMIFS(sum_range,criteria_range1,criteria1,criteria_range2,criteria2,…)	对区域中满足多重条件的单元格求和
	ROUND	ROUND(number,num_digits)	返回某数字按指定位数取整后的数字
	INT	INT(number)	将数值向下取整为最接近的整数
	MOD	MOD(number,divisor)	求两数相除的余数
统计函数	AVERAGE	AVERAGE(number1,number2,…)	计算所有数值单元格的算术平均值
	AVERAGEIF	AVERAGEIF(range,criteria,average_range)	对区域中满足条件的单元格求平均值
	COUNT	COUNT(number1,number2,…)	统计区域中包含数字的单元格的个数
	COUNTIF	COUNTIF(range,criteria)	统计区域中满足给定条件的单元格的个数
	MAX	MAX(number1,number2,…)	计算一组数值中的最大值
	MIN	MIN(number1,number2,…)	计算一组数值中的最小值
	RANK	RANK(number,ref,order)	计算某数字在一列数值中相对于其他数值的大小排名
	FREQUENCY	FREQUENCY(data_array,bins_array)	以一列垂直数组返回某区域中数据的频率分布
查找与引用函数	VLOOKUP	VLOOKUP(lookup_value,table_array,col_index_num,range_lookup)	在数据表的首列查找指定的值，并由此返回数据表当前行中其他列的值
逻辑函数	IF	IF(logical_test,value_if_true,value_if_false)	判断是否满足某条件，如满足返回一个值，不满足则返回另一个值

3.8.1　函数的一般使用方法

使用函数时，首先确认公式单元格的位置，而后在"公式"选项卡的"函数库"组中，如图 3.88 所示，如果单击"插入函数"按钮，则打开"插入函数"对话框，在此用户可以选择 Excel 提供的所有类别的函数；如果单击"自动求和"下拉按钮，则会列出最常用的求和、平均值、最大值、最小值等函数；如果单击"最近使用的函数"下拉按钮，则列出用户最近使用过的函数，重复使用函数时无需复杂的重新选择。

图 3.88　"公式"选项卡的"函数库"组

继续以前面的销售记录为例,选择 D4 单元格,单击"公式"→"函数库"→"自动求和"→"求和",则如图 3.89 所示,系统自动选择 D2:D4 单元格区域进行求和,按回车键确认后即可得到所需结果。

图 3.89　在 D4 单元格自动求和

删除 E2 单元格中的公式,在其中以同样的方法使用自动求和函数,观察一下会发现,工作表中会出现如图 3.90 所示的结果,此时 Excel 自动选择的求和区域是 B2:D2,这显然不是需要的销售金额汇总,这时有两种处理方法:

（1）用鼠标直接选择 D2:D4 单元格区域,而后按回车键确认。

（2）在编辑栏或单元格内直接修改引用的单元格区域为"D2:D4"。

图 3.90　在 E2 单元格中 Excel 自动选择的求和区域错误

3.8.2　常用函数

1. MAX 函数、MIN 函数、AVERAGE 函数

新建工作表"成绩",在 A1 至 D1 单元格中分别录入列标题"学号""平时""期末""总评",在 A2:D15 单元格区域中输入相应数据。在 C16、C17 和 C18 单元格中分别使用 MAX、MIN 和 AVERAGE 函数求出班级期末的最高分、最低分和平均分,而后将 C16、C17 和 C18 单元格中的函数用填充柄相应地向右复制到 D16、D17 和 D18 单元格,得出班级总评分数的最高分、最低分和平均分,如图 3.91 所示。

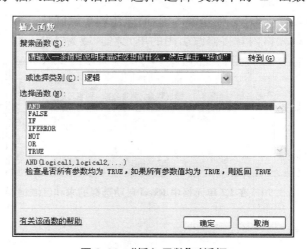

图 3.91　使用 MAX、MIN 和 AVERAGE 函数

2. IF 函数

如果设定两个成绩等级：60 分及以上为"及格"，60 分以下为"不及格"，怎样能够让 Excel 自动根据总评成绩显示出成绩等级呢？

在 E1 单元格中输入"成绩等级"，选中 E2 单元格，单击"公式"→"函数库"→"插入函数"，打开如图 3.92 所示的"插入函数"对话框。选择"逻辑"类别中的"IF"函数，单击"确定"按钮。

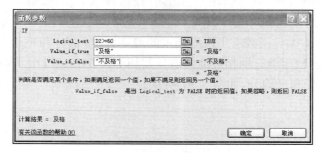

图 3.92　"插入函数"对话框

在弹出的如图 3.93 所示的"函数参数"对话框中，输入 IF 函数的相应参数如下：

图 3.93　"函数参数"对话框

（1）Logical_test（逻辑表达式）：D2>=60。

（2）Value_if_true（逻辑表达式结果为真）：及格。

（3）Value_if_false（逻辑表达式结果为假）：不及格。

完成两个参数的输入后，系统会自动为输入内容添加引号。参数输入完毕后单击"确定"按钮，则在 E2 单元格中自动出现了"及格"两个汉字，此时 D2 中的总评分数大于 60。用填充柄将 E2 单元格中的函数复制到 E3 到 E15 单元格，则全班的成绩等级自动以汉字方式显示，如图 3.94 所示。

	E3			*fx*	=IF(D3>=60,"及格
	A	B	C	D	E
1	学号	平时	期末	总评	成绩等级
2	1301001	80	85	84	及格
3	1301002	70	83	80	及格
4	1301003	80	75	76	及格
5	1301004	90	90	90	及格
6	1301005	86	85	85	及格
7	1301006	88	83	84	及格
8	1301007	74	40	47	不及格
9	1301008	87	73	76	及格
10	1301009	85	85	85	及格
11	1301010	65	83	79	及格
12	1301011	60	75	72	及格
13	1301012	90	73	76	及格
14	1301013	95	85	87	及格
15	1301014	70	83	80	及格
16	最高分		90	90	
17	最低分		40	47	
18	平均分		77	77	
19					

图 3.94　复制公式自动得到的显示结果

这就是 IF 函数最基本的应用。

IF 函数的基本语法为：

IF(logical_test，value_if_true，value_if_false)

IF 函数具有下列参数：

（1）logical_test：计算结果可能为 TRUE 或 FALSE 的任意值或表达式。例如，"D2>=60"就是一个逻辑表达式，如果 D2 单元格中的值大于等于 60，表达式的计算结果为 TRUE；否则，为 FALSE。

（2）value_if_true：logical_test 参数的计算结果为 TRUE 时所要返回的值。例如，如果此参数的值为文本字符串"及格"，并且 logical_test 参数的计算结果为 TRUE，则 IF 函数返回文本"及格"。

（3）value_if_false：logical_test 参数的计算结果为 FALSE 时所要返回的值。例如，如果此参数的值为文本字符串"不及格"，并且 logical_test 参数的计算结果为 FALSE，则 IF 函数返回文本"不及格"。

在 Excel 2016 中最多可以使用 64 个 IF 函数作为 value_if_true 和 value_if_false 参数进行嵌套。

仍旧继续上例，如果增加一个成绩等级为"优秀"，规定 80 分及以上为"优秀"，如何实现自动显示呢？

在E2单元格中输入"＝IF(D2＞＝60,IF(AND(D2＞＝80),"优秀","及格"),"不及格")"，或者在E2单元格中打开IF函数的"函数参数"对话框，在"value_if_true"文本框中输入"IF(AND(D2＞＝80),"优秀","及格")"，确认后即可看到E2单元格中显示成绩等级为"优秀"。同样的，将函数复制到E3到E15单元格，即可得到全班的成绩等级显示，如图3.95所示。

	A	B	C	D	E	F	G	H	I
					fx	=IF(D2)=60,IF(AND(D2)=80),"优秀","及格"),"不及格")			
1	学号	平时	期末	总评	成绩等级				
2	1301001	80	85	84	优秀				
3	1301002	70	83	80	优秀				
4	1301003	80	75	76	及格				
5	1301004	90	90	90	优秀				
6	1301005	86	85	85	优秀				
7	1301006	88	83	84	优秀				
8	1301007	74	40	47	不及格				
9	1301008	87	73	76	及格				
10	1301009	85	85	85	优秀				
11	1301010	65	83	79	及格				
12	1301011	60	75	72	及格				
13	1301012	90	73	76	及格				
14	1301013	95	85	87	优秀				
15	1301014	70	83	80	优秀				
16	最高分		90	90					
17	最低分		40	47					
18	平均分		77	77					

图3.95 全班成绩的三个等级显示

注意：在输入公式或函数时，所有的符号必须是西文半角状态。

3. RANK 函数

在成绩统计中常常需要进行排名，RANK函数提供了该功能。它返回一个数字在数字列表中的排位，数字的排位是其在一列数字中相对于其他数值的大小排名（如果列表已排过序，则数字的排位就是它当前的位置），其语法为：

RANK(number,ref,order)

其各个参数的含义为：

（1）number：需要找到排位的数字。

（2）ref：数字列表数组或对数字列表的引用。

（3）order：可选的一个数字，指明数字排位的方式。如果order为零或省略，对数字的排位是基于ref的按照降序排列的列表；如果order不为零，对数字的排位是基于ref的按照升序排列的列表。

打开"成绩"工作表，在F1单元格中输入"排名"，在F2单元格中插入函数"＝RANK(D2,＄D＄2：＄D＄15)"，确认后则在F2单元格中显示"5"，将函数复制到F3至F15单元格后得到全班排名。

如果将全班成绩按照总评成绩降序排序，则排序结果与该序列相同。

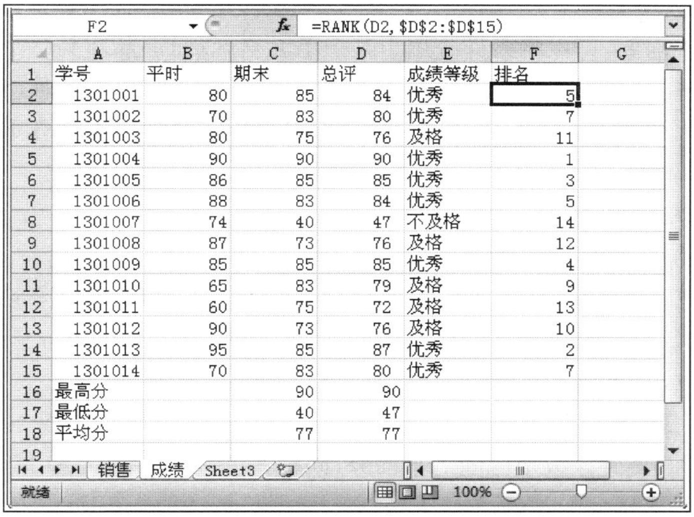

图 3.96　使用 RANK 函数得到全班排名

4. COUNTIF 和 SUMIF

COUNTIF，顾名思义，对区域中满足单个指定条件的单元格进行计数。例如，它可以对以某一字母开头的所有单元格进行计数，也可以对大于或小于某一指定数字的所有单元格进行计数。例如，假设有一个工作表在 A 列中包含一列任务，在 B 列中包含分配了每项任务的人员的名字。可以使用 COUNTIF 函数计算某人员的名字在 B 列中的显示次数，这样便可确定分配给该人员的任务数。例如：＝COUNTIF(B2:B25,"Nancy")。

COUNTIF 函数的语法为：

COUNTIF(range，criteria)

其中，range 参数给定计数的数据区域，criteria 参数给出计数的条件。

继续以"成绩"表为例，在 I1 单元格中输入"成绩统计分析"，将 I1 到 K1 单元格合并后居中，在 I2 至 I5 以及 J2 和 K2 单元格中输入如图 3.97 所示的行标题和列标题，在 J3 单元格中输入函数"＝COUNTIF(＄E＄2：＄E＄15,I3)"。确认后即可得到本班级成绩等级为"优秀"的人数，复制函数到 J4 和 J5 单元格后可得到其他等级的人数。

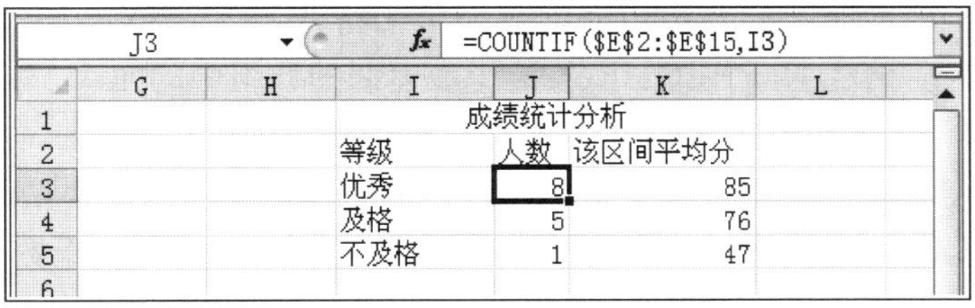

图 3.97　在 J3 单元格中输入函数

SUMIF 函数可以对区域(区域指工作表上的两个或多个单元格，区域中的单元格可以相邻或不相邻)中符合指定条件的值求和。例如，假设在含有数字的某一列中，需要让大于

5 的数值相加,可以使用以下公式:＝SUMIF(B2:B25,">5")。在本例中,应用条件的值即要求和的值。如果需要,可以将条件应用于某个单元格区域,但却对另一个单元格区域中的对应值求和。例如,使用公式"＝SUMIF(B2:B5,"John",C2:C5)"时,SUMIF 函数仅对 C2:C5 单元格区域中所有与 B2:B5 单元格区域中等于"John"的单元格对应的单元格中的值求和。

SUMIF 函数的语法为:

SUMIF(range, criteria, sum_range)

其中,range 参数指定用于条件计算的单元格区域;criteria 参数用于确定对哪些单元格求和,其形式可以为数字、表达式、单元格引用、文本或函数,例如条件可以表示为 32、">32"、B5、"32"、"苹果"或TODAY()。

继续以"成绩"表为例,在 K3 单元格中输入函数"＝SUMIF($E$2:$E$15,I3,$D$2:$D$15)/J3",得到该成绩区间的平均分,同样,复制函数到 K4 和 K5 单元格后可得到其他成绩区间的平均分。

K3	▼	fx	=SUMIF($E$2:$E$15, I3, $D$2:$D$15)/J3			
	H	I	J	K	L	M	N
1			成绩统计分析				
2		等级	人数	该区间平均分			
3		优秀	8	85			
4		及格	5	76			
5		不及格	1	47			

图 3.98　在 K3 单元格输入函数

注意:给定的数据区域必须是绝对引用,才能使用函数复制而不影响函数的意义。

5. FREQUENCY

FREQUENCY(频次)函数用于计算数值在某个区域内的出现频率,然后返回一个垂直数组。例如,使用函数 FREQUENCY 可以在分数区域内计算测验分数的个数。由于函数 FREQUENCY 返回一个数组,所以它必须以数组公式的形式输入。其语法为:

FREQUENCY(data_array, bins_array)

其中,data_array 是要计算频率的一个数值数组或对一组数值的引用;bins_array 是一个区间数组或对区间的引用,该区间用于对 data_array 中的数值进行分组。

在选择了用于显示返回的分布结果的相邻单元格区域后,函数 FREQUENCY 应以数组公式的形式输入。请注意,FREQUENCY 函数返回的数组中的元素个数比 bins_array 中的元素个数多 1 个,多出来的元素表示最高区间之上的数值个数。例如,如果要为 3 个单元格中输入的 3 个数值区间计数,请务必在 4 个单元格中输入 FREQUENCY 函数以获得计算结果,多出来的单元格将返回 data_array 中第三个区间值以上的数值个数。

打开"成绩"表,在 L1 至 N1 单元格中输入标题"成绩段""分段点""各成绩段人数",需要分别统计各成绩区间有多少人数,在 M2 :M7 单元格区域输入统计成绩的分段点,选中 N2:N8 单元格区域,单击"公式"→"函数库"→"插入函数",打开"插入函数"对话框,选择"统计"类别中的"FREQUENCY"函数,在弹出的"函数参数"对话框中分别输入"D2:D15"

和“M2:M7”，之后按下 Ctrl+Shift+Enter 组合键确认数组函数输入完毕，则出现如图 3.99 所示的结果。

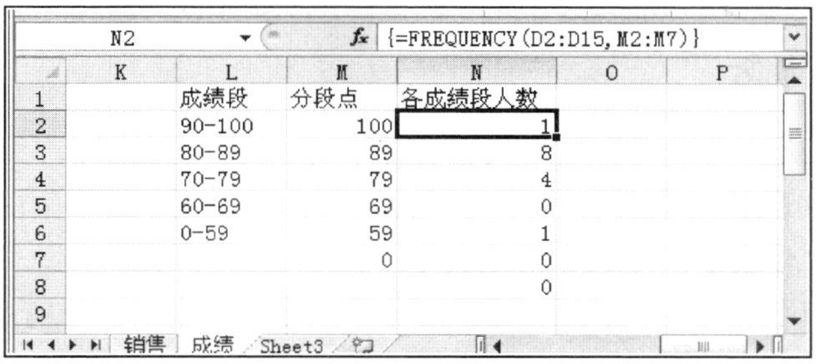

N2　{=FREQUENCY(D2:D15,M2:M7)}

	K	L	M	N	O	P
1		成绩段	分段点	各成绩段人数		
2		90-100	100	1		
3		80-89	89	8		
4		70-79	79	4		
5		60-69	69	0		
6		0-59	59	1		
7			0	0		
8				0		
9						

图 3.99　使用 FREQUENCY 函数

6. VLOOKUP 函数

VLOOKUP 函数是个查找与引用函数，它可以搜索某个单元格区域（可以相邻或不相邻）的第一列，然后返回该区域相同行上任何单元格中的值。例如，假设 A2:C11 单元格区域中包含雇员列表，雇员的 ID 号存储在该单元格区域的第一列，如图 3.100 所示。

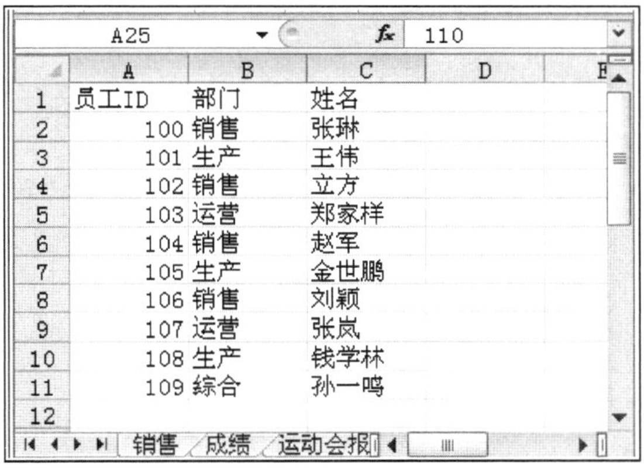

A25　110

	A	B	C	D
1	员工ID	部门	姓名	
2	100	销售	张琳	
3	101	生产	王伟	
4	102	销售	立方	
5	103	运营	郑家祥	
6	104	销售	赵军	
7	105	生产	金世鹏	
8	106	销售	刘颖	
9	107	运营	张岚	
10	108	生产	钱学林	
11	109	综合	孙一鸣	
12				

图 3.100　“员工信息”工作表

如果知道雇员的 ID 号，则可以使用 VLOOKUP 函数返回该雇员所在的部门或其姓名。例如，若要获取 104 号雇员的姓名，可以在 C6 单元格中输入函数“=VLOOKUP(104,A2:C11,3,FALSE)”。此函数将搜索 A2:C11 区域的第一列中的值“104”，然后返回该区域同一行中第三列包含的值作为查询结果，确认后则在 C6 单元格中显示出函数的运算结果“赵军”。该函数中的第一个参数“104”也可以使用单元格地址，例如“A6”，使用单元格地址的优点是当 A6 单元格中的数据发生变化后，函数会自动查找 A6 单元格变化后的当前数据并返回相应列的数据。

VLOOKUP 中的“V”表示垂直方向，如果要搜索某个单元格区域的第一行，然后返回该区域相同列上任何单元格中的值，可以使用 HLOOKUP 函数，其中“H”表示水平方向查找。

3.9 Excel 图表的使用

3.9.1 图表的概念

实验表明，人类认识世界的信息绝大部分来自于视觉。人们也许无法记住一串数字以及它们之间的关系和趋势，但是人们可以轻松地记住一幅图或者一条曲线。因此使用图表会使 Excel 编制的工作表更易于理解和交流。

在 Excel 中使用图表，是指将工作表中的数据用图形形象化地表示出来，例如将各种型号产品销售量用柱形图显示出来，将某调查人群的年龄构成用饼图表达出来等。图表可以使数据更加有趣、吸引人，给观者留下更深刻的印象，并且它也易于阅读和评价，可以帮助人们更有效地分析和比较数据。

3.9.2 创建图表

当基于工作表选定区域创建图表时，Excel 使用工作表中的数值，将其当作数据点在图表上显示出来。数据点用条形、线条、柱形、切片、点及其他形状表示，这些形状称为数据标志。

不同类型的图表可能具有不同的构成要素，如折线图一般要有坐标轴，而饼图则没有。一般来说，图表基本构成要素有标题、刻度、图例和主体等。

打开前面已创建的"销售"工作表，选中"A1：A4"和"C1：C4"数据区域，单击"插入"→"图表"→"柱形图或条形图"，在下拉菜单中选择"二维柱形图"中的第二种，则得到我们的第一张图表初稿，如图 3.101 所示。

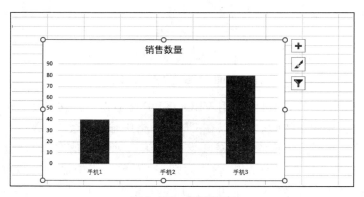

图 3.101 创建图表

在图 3.101 中可以看到它已经具备了图表标题、图表区的主要刻度、图例、数据系列等。

这是 Excel 程序提供的便利，但同时也请注意，这些默认的图表都拥有相同的版式，颜色十分单调，往往并不能完全恰当地表达用户的真实意图，或者强调用户渴求的重点，所以在插入图表之后还要根据需求进行恰当的改进，使用"图表工具"的"设计"选项卡和"格式"选项卡可以使图表制作得更加专业和个性化。

3.9.3　图表的编辑和格式化

1. "图表工具"的"设计"选项卡

通过图 3.102 所示的"设计"选项卡可以完成以下操作：

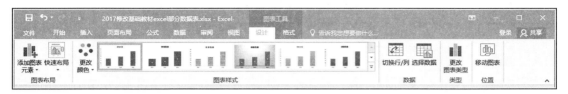

图 3.102　"图表工具"的"设计"选项卡

（1）更改图表类型：重新选择合适的图表。

（2）切换行/列：将图表的 X 轴数据和 Y 轴数据对调。

（3）选择数据：在"选择数据源"对话框中可以编辑、修改系列与分类轴标签。

（4）设置图表布局：快速套用内置的布局样式。

（5）更改图表样式：为图表应用内置样式。

（6）移动图表：在本工作簿中移动图表或将图表移动到其他工作簿。

（7）添加图表元素：可以为图表添加坐标轴、轴标题、图表标题、数据标签、误差线、网格线等元素，如图 3.103 所示。

图 3.103　"添加图表元素"下拉菜单

通过"添加图表元素"下拉菜单可以完成以下操作：

① 编辑图表标签元素：添加或修改图表标题、坐标轴标题、图例、数据标签等。

② 设置坐标轴与网格线：显示或隐藏主要横坐标轴与主要纵坐标轴，显示或隐藏网格线。

③ 分析图表：添加趋势线、误差线等元素来分析图表。

2. "图表工具"的"格式"选项卡

通过图 3.104 所示的"格式"选项卡可以完成以下操作：

图 3.104 "图表工具"的"格式"选项卡

（1）设置所选内容格式：通过"当前所选内容"组中的命令按钮快速定位图表元素并设置所选内容格式。

（2）编辑形状样式：套用快速样式，设置形状填充、形状轮廓以及形状效果。

（3）插入艺术字：快速套用艺术字样式，设置艺术字颜色、外边框和艺术效果。

（4）排列图表：设置图表元素对齐方式等。

（5）设置图表大小：设置图表的高度与宽度、裁剪图表。

下面以之前"销售"工作表中创建的"销售数量"图表为例详细介绍如何编辑和格式化图表。

首先，修改图表标题，使它更清晰地表达主题。选中图表时会出现"图表工具"，单击"设计"→"添加图表元素"→"图表标题"，在子菜单中选择图表标题的位置和外观，修改标题内容为"手机销售统计"。

然后，为图表增添纵坐标轴标题和横坐标轴标题。单击"图表工具"→"设计"→"添加图表元素"→"轴标题"，分别设置主要纵坐标轴标题和主要横坐标轴标题的位置和内容如图 3.105 所示。需要注意的是有些图表（如雷达图）虽然有坐标轴，但不能显示坐标轴标题。

接着，为数据系列添加数据标签。数据标签是为数据标志提供附加信息的标签，数据标签代表源于数据表单元格的单个数据点或值。单击"图表工具"→"设计"→"添加图表元素"→"数据标签"，在子菜单中选择数据标签位置"居中"，则数据系列的数据值如图 3.105 所示。

此时，图表已经可以清晰表现出数据区域中的信息。

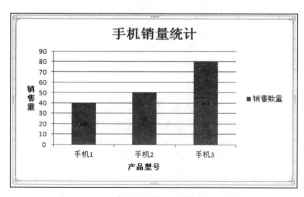

图 3.105 为数据系列添加数据标签

下面,添加新的数据区域。单击"图表工具"→"设计"→"数据"→"选择数据",打开"选择数据源"对话框,如图 3.106 所示,单击"图表数据区域"文本框右侧的折叠按钮，在数据表中选择"＄A＄1：＄A＄4,＄C＄1：＄D＄4"数据区域,或直接在"图表数据区域"文本框中输入"＝销售！＄A＄1：＄A＄4,销售！＄C＄1：＄D＄4"。

请注意,按住 Ctrl 键的同时点击鼠标,可以选中不连续的数据区域。

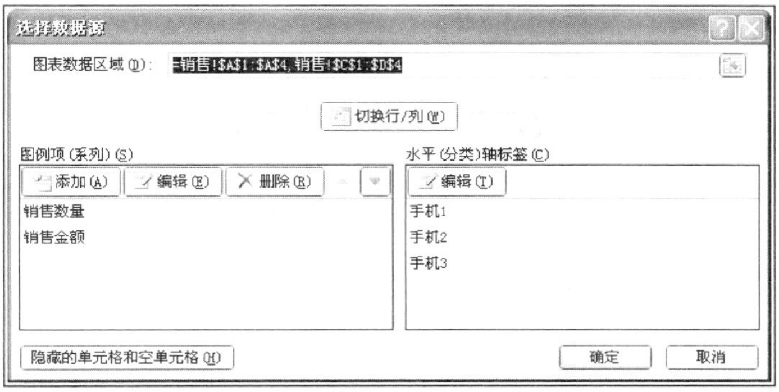

图 3.106 "选择数据源"对话框

确认后,会发现图例项列表框中有两组数据,可是在图表区却只看到一组数据系列。原因在哪里？ 观察数据后会发现,两组数据分别是"40,50,80"与"212000,215000,114000",其数据绝对值相差巨大,在同一坐标体系中,数值小的数据的图形化显示因为太过于微小而几乎看不到了。可是,如果我们需要将两组这样的数据放在一起,怎么办呢？

放大图表,选中那组因为微小而难以看清的数据系列,单击"图表工具"→"设计"→"类型"→"更改图表类型",打开"更改图表类型"对话框,如图 3.107 所示,选择"折线图"选项中的第一种,单击"确定"按钮。

于是得到一张新的图表,如图 3.108 所示,图表中同时包含柱形图与折线图,并且纵坐标轴左右两侧分别标记了两组数据所需要的刻度,这样两组数据的数据系列图形也都清晰起来。在 Excel 2016 之前的版本中将这类图形命名为"双轴线柱图"。

此时图表使用系统默认的数据系列颜色,如果想要数据系列的显示效果更突出,两组数据系列的对比更分明,可以修改数据系列的具体格式。选中图表中的折线图数据系列,单击"图表工具"→"格式"→"当前所选内容"→"设置所选内容格式",打开"设置数据系列格式"窗格,如图 3.109 所示,可以进行相关设置,例如设置线条为"实线",颜色为"红色",确认后的效果如图 3.110。

至此,图表修改基本完毕,读者可以自己尝试多种不同的图表样式或细节格式的修改。

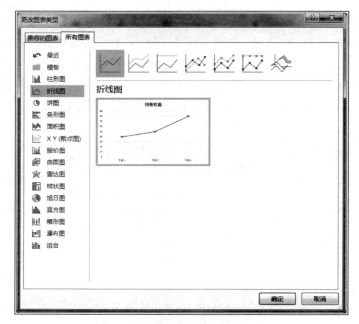

图 3.107 "更改图表类型"对话框

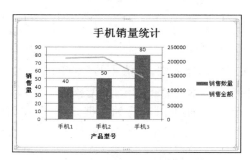

图 3.108 同时包含两种图表类型的图表

图 3.109 "设置数据系列格式"对话框

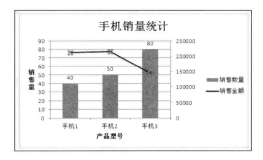

图 3.110　修改了数据系列格式的图表

3.10　Excel 数据分析

Excel 除了提供数据的收集、存储、计算、展示功能,它还有一项重要的功能就是进行数据分析,常见的数据分析方法和工具包括排序、筛选、分类汇总以及数据透视表和数据透视图。

3.10.1　数据排序

对数据进行排序有助于快速直观地显示数据并更好地理解数据,有助于组织并查找所需数据。例如,排序可以将名称列表按笔划排序,可以按从高到低的顺序编制成绩排名表,还可以按颜色或图标进行排序。

要调用 Excel 2016 的排序功能可以通过两种方法:一种为使用"数据"选项卡的"排序和筛选"组中的"排序"按钮,如图 3.111 所示;另一种为使用快捷菜单中的"排序"命令。

图 3.111　"数据"选项卡中的"排序"按钮

在"数据"选项卡的"排序和筛选"组中单击"排序"按钮,或在选定数据上单击鼠标右键,在弹出的快捷菜单中单击"排序"→"自定义排序"命令,弹出"排序"对话框,如图 3.112 所示。

图 3.112　"排序"对话框

当用户需要对数据清单中的数据设置超过 2 个以上的排序条件,或需要应用单元格颜色、字体颜色、单元格图标和字母或笔划排序时,就需要用到“排序”对话框。

1. 按笔划排序

默认情况下,Excel 对中文是按照字母顺序进行排序的。以中文姓名为例,字母顺序即指按姓的拼音首字母在 26 个英文字母中出现的顺序进行排列,如果姓相同,则依次计算姓名的第二个字、第三个字。

打开之前保存的“员工信息”工作表,按照图 3.113 修改工作表内容。将光标定位于数据区域任一单元格或选中 A1:E15 数据区域,单击“数据”→“排序和筛选”→“排序”,按照默认顺序对姓名进行排序。

	A	B	C	D	E	F
1	员工ID	部门	姓名	性别	文化程度	
2	E100	销售	张琳	女	本科	
3	E101	生产	王伟	男	本科	
4	E102	销售	立方	男	专科	
5	E103	运营	郑家祥	男	硕士	
6	E104	销售	赵军	男	硕士	
7	E105	生产	金世鹏	男	本科	
8	E106	销售	刘颖	女	硕士	
9	E107	运营	张岚	女	专科	
10	E108	生产	钱学林	男	专科	
11	E109	综合	孙一鸣	女	本科	
12	E110	生产	李丽	女	本科	
13	E111	销售	王芳	女	硕士	
14	E112	综合	柳林	女	专科	
15	E113	销售	孙林	男	专科	

图 3.113 排序前的表格

确认排序后,得到按照姓名的首字母顺序排序的结果,当姓名的第一个字相同时,按照第二个字的首字母排序,如图 3.114 所示。

	A	B	C	D	E	F
1	员工ID	部门	姓名	性别	文化程度	
2	E105	生产	金世鹏	男	本科	
3	E110	生产	李丽	女	本科	
4	E102	销售	立方	男	专科	
5	E106	销售	刘颖	女	硕士	
6	E112	综合	柳林	女	专科	
7	E108	生产	钱学林	男	专科	
8	E113	销售	孙林	男	专科	
9	E109	综合	孙一鸣	女	本科	
10	E111	销售	王芳	女	硕士	
11	E101	生产	王伟	男	本科	
12	E107	运营	张岚	女	专科	
13	E100	销售	张琳	女	本科	
14	E104	销售	赵军	男	硕士	
15	E103	运营	郑家祥	男	硕士	
16						

图 3.114 按照默认顺序排序后的表格

重新打开“排序”对话框,保持各选项与设定不变,单击“选项”按钮,打开“排序选项”对话框,如图 3.115 所示,选中“笔划排序”单选按钮,单击“确定”按钮。

图 3.115 "排序选项"对话框

得到的排序结果如图 3.116 所示。仔细观察发现,此时"姓名"列的数据按照姓名的笔划多少排列。对于相同笔划数的汉字,Excel 按照其内码顺序进行排列。

图 3.116 按笔画排序的表格

继续打开"排序"对话框,尝试改变主要关键字为"部门"、"性别"或"文化程度",看看排序结果如何。

2. 多关键字排序

有时用户想要定义的排序条件可能不止一个,这时需要在 Excel 排序中定义多关键字。继续上例,要求对数据区域先按照性别排序,再按照部门升序排序。单击"数据"→"排序和筛选"→"排序",打开"排序"对话框,选择主要关键字为"性别","次序"为"降序",单击"添加条件"按钮,选择"次要关键字"为"部门","次序"为"升序",如图 3.117 所示,单击"确定"按钮得到排序结果如图 3.118 所示。

图 3.117 设置多关键字排序

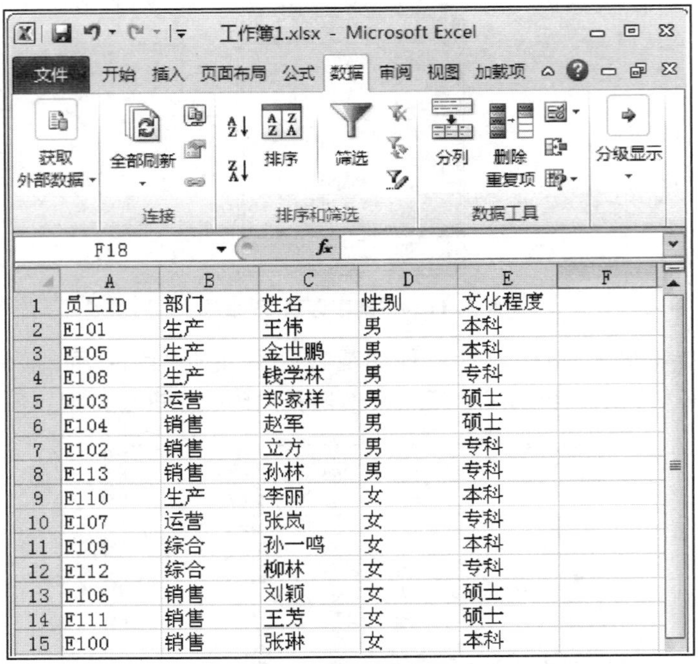

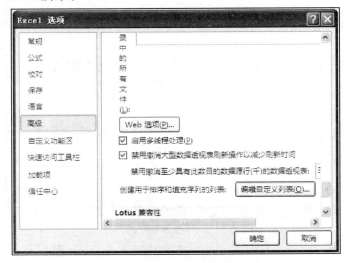

图 3.118　多关键字排序结果

3. 按指定顺序排序

从上面的例子可以发现，当把工作表中的数据按数字或字母顺序进行排序时，Excel 的排序功能能够很好地实现，但是如果用户希望把某些数据按照自己的想法来排序，在默认情况下 Excel 是难以完成任务的。例如，上例中如果需要按照文化程度由高到低来排序整张表格，则无论用哪种排序方式都难以达到希望的效果。这时，需要人工创建一个有关文化程度高低的序列，而后在排序中应用此自定义序列。单击"文件"→"选项"，打开"Excel 选项"对话框，如图 3.119 所示，选择"高级"选项卡，单击"编辑自定义列表"按钮，打开"自定义序列"对话框，如图 3.120 所示。

图 3.119　"Excel 选项"对话框

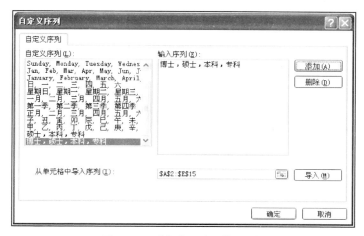

图 3.120　"自定义序列"对话框

在"输入序列"框中输入需要的序列"博士,硕士,本科,专科",单击"添加"按钮,再单击"确定"按钮。

返回数据区域,单击"数据"→"排序和筛选"→"排序",打开"排序"对话框,指定"主要关键字"为"文化程度","排序依据"为"数值","次序"为"自定义序列",单击"确定"按钮后会弹出"自定义序列"对话框,在"自定义序列"列表框内选择刚才添加的文化程度高低的自定义序列,单击"确定"按钮,即可将排序次序选定为文化程度高低,单击"确定"按钮退出"排序"对话框,得到排序结果,如图 3.121 所示。

	员工ID	部门	姓名	性别	文化程度
1	员工ID	部门	姓名	性别	文化程度
2	E103	运营	郑家祥	男	硕士
3	E104	销售	赵军	男	硕士
4	E106	销售	刘颖	女	硕士
5	E111	销售	王芳	女	硕士
6	E100	销售	张琳	女	本科
7	E101	生产	王伟	男	本科
8	E105	生产	金世鹏	男	本科
9	E109	综合	孙一鸣	女	本科
10	E110	生产	李丽	女	本科
11	E102	销售	立方	男	专科
12	E107	运营	张岚	女	专科
13	E108	生产	钱学林	男	专科
14	E112	综合	柳林	女	专科
15	E113	销售	孙林	男	专科

图 3.121　按自定义序列排序的结果

3.10.2　数据筛选

Excel 的筛选功能可以帮助用户快速显示出所需的记录。

1. 简单筛选

打开"员工信息"工作表,选中数据区域的任意单元格,单击"数据"→"排序和筛选"→"筛选",则在工作表中第一行的所有字段名称右侧出现了一个倒三角按钮,此时即启动了简

计算机应用技能(第2版)

单筛选功能。单击该三角按钮,在展开的下拉菜单中可以选择筛选的项目,如图 3.122 所示。例如,要筛选出所有男性员工的员工信息,可单击"性别"字段右侧的倒三角按钮,在展开的下拉菜单中只勾选"男"复选框,单击"确定"按钮即可。进行筛选后,被筛选的字段右侧的倒三角按钮变为筛选按钮形状,如图 3.123 所示。

图 3.122 "性别"字段的下拉菜单

员工ID	部门	姓名	性别	文化程度
E101	生产	王伟	男	本科
E105	生产	金世鹏	男	本科
E108	生产	钱学林	男	专科
E103	运营	郑家样	男	硕士
E104	销售	赵军	男	硕士
E102	销售	立方	男	专科
E113	销售	孙林	男	专科

图 3.123 按性别为"男"筛选后的结果

2. 自定义条件自动筛选

为"员工信息"工作表添加"年龄"字段,打开"年龄"字段的下拉菜单,如图 3.124 所示,单击"数字筛选"→"介于",打开"自定义自动筛选方式"对话框,如图 3.125 所示。

在"自定义自动筛选方式"对话框内设定筛选条件为"大于或等于 30""与""小于或等于""40",单击"确定"按钮即可得到自定义条件的自动筛选结果,如图 3.126 所示。筛选结果为年龄在 30 到 40 岁之间的所有员工的记录。

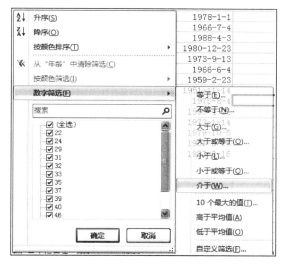

图 3.124　"年龄"字段的下拉菜单

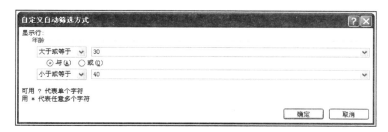

图 3.125　"自定义自动筛选方式"对话框

员工ID	部门	姓名	性别	文化程度	年龄
E101	生产	王伟	男	本科	35
E103	运营	郑家样	男	硕士	32
E104	销售	赵军	男	硕士	39
E107	运营	张岚	女	专科	37
E112	综合	柳林	女	专科	40
E106	销售	刘颖	女	硕士	33
E111	销售	王芳	女	硕士	31

图 3.126　自定义筛选条件为年龄介于 30 至 40 岁之间的筛选结果

3. 高级筛选

1）筛选同时满足多个条件的数据

自动筛选功能一般用于条件简单的筛选操作,符合条件的记录显示在原来的数据表格中,操作简单。若要筛选的多个条件之间是"与"或"或"的关系,或需要将筛选的结果在新的位置显示出来,那就需要使用 Excel 的高级筛选功能。

单击"数据"→"排序和筛选"→"高级",弹出"高级筛选"对话框,如图 3.127 所示。

图 3.127 "高级筛选"对话框

其中,"列表区域"选项用于输入或引用待筛选的原数据区域,"条件区域"选项用于输入或引用设置的多项条件的区域。如果选择了"将筛选结果复制到其他位置"单选按钮,则下方的"复制到"选项变为可用,用来指定复制到的单元格,通常情况下,只引用复制到的对比区域中最左上角的单元格。

打开"员工信息"工作表,如图 3.128 所示,要求筛选出年龄在 40 岁以上的男性员工的记录。

员工ID	部门	姓名	性别	文化程度	年龄
E101	生产	王伟	男	本科	35
E105	生产	金世鹏	男	本科	46
E108	生产	钱学林	男	专科	24
E103	运营	郑家样	男	硕士	32
E104	销售	赵军	男	硕士	39
E102	销售	立方	男	专科	46
E113	销售	孙林	男	专科	53
E110	生产	李丽	女	本科	61
E107	运营	张岚	女	专科	37
E109	综合	孙一鸣	女	本科	22
E112	综合	柳林	女	专科	40
E106	销售	刘颖	女	硕士	33
E111	销售	王芳	女	硕士	31
E100	销售	张琳	女	本科	29

图 3.128 "员工信息"工作表

在 J1:K2 单元格区域中输入如图 3.129 所示的筛选条件。单击"数据"→"排序和筛选"→"高级",打开"高级筛选"对话框,在对话框中选中"将筛选结果复制到其他位置"单选按钮,"列表区域"文本框中输入或选择"员工信息! ＄A＄1:＄F＄15","条件区域"文本框中输入或选择"J1:K2","复制到"文本框中输入或选择"A17",单击"确定"按钮,则得到筛选结果,如图 3.130 所示。

性别	年龄
男	>40

图 3.129 设置两个同时满足的筛选条件

员工ID	部门	姓名	性别	文化程度	年龄
E105	生产	金世鹏	男	本科	46
E102	销售	立方	男	专科	46
E113	销售	孙林	男	专科	53

图 3.130 筛选出的年龄在 40 岁以上的男性员工的记录

2）筛选并列满足多个条件的数据

高级筛选功能还可以筛选出并列满足多个条件的数据，即只要满足其中一个条件的数据都将被筛选出来。在上述筛选中，将筛选条件区域修改为"J1:K3"，筛选条件如图 3.131 所示。

图 3.131 设置两个或者关系的筛选条件

那么将筛选出所有满足性别为男或年龄大于 40 岁的员工的记录，筛选结果如图 3.132 所示。

员工ID	部门	姓名	性别	文化程度	年龄
E101	生产	王伟	男	本科	35
E105	生产	金世鹏	男	本科	46
E108	生产	钱学林	男	专科	24
E103	运营	郑家祥	男	硕士	32
E104	销售	赵军	男	硕士	39
E102	销售	立方	男	专科	46
E113	销售	孙林	男	专科	53
E110	生产	李丽	女	本科	61

图 3.132 筛选出的年龄大于 40 岁或者性别为男的员工的记录

3.10.3 数据分类汇总

分类汇总可以对数据区域的各个字段分类逐级显示，如进行计数、求和、求最大值、求最小值等汇总计算，并且可以将计算结果分级显示出来。

需要注意的是，在进行分类汇总之前，必须对数据进行排序，使属于同一类的记录集中在一起，否则虽然可以照样进行分类汇总操作，但得出的"分类"对于实际并无意义。排序之后，就可以按指定字段对数据区域进行分类汇总。

在 Excel 中，分类汇总包括简单分类汇总和嵌套分类汇总。简单分类汇总指插入一个分类汇总级别；嵌套分类汇总指在插入一层分类汇总的级别上，再插入一层或多层分类汇总级别。

1. 插入一个分类汇总级别

新建工作表，如图 3.133 所示，命名为"教师论文数量统计"，用来对某校教师发表论文篇数进行记录和统计。要求按照系别统计每个系的教师发表论文的总篇数。

姓名	性别	系别	职称	篇数
程静	女	数学	讲师	8
刘健	男	物理	讲师	5
苏江	男	化学	副教授	15
廖嘉	女	计算机	讲师	9
刘佳	男	数学	教授	29
陈永	男	物理	副教授	13
周繁	女	数学	讲师	15
周波	男	物理	教授	22
熊亮	男	计算机	讲师	15
吴娜	女	计算机	讲师	11
丁琴	女	化学	副教授	18
宋沛	男	数学	讲师	5
柳鑫	男	物理	讲师	8
张郡	男	化学	副教授	9
白雪	女	物理	讲师	8
孙民	男	化学	讲师	15
阮贸	男	数学	教授	17
罗重	男	物理	讲师	11
王梓	男	化学	讲师	15
王鸣	男	数学	讲师	13

图 3.133 "教师论文数量统计"工作表

首先,对分类字段"系别"进行排序,而后进行分类汇总。排序后,选中数据区域中的任意单元格,然后单击"数据"→"分级显示"→"分类汇总",弹出"分类汇总"对话框,如图 3.134 所示,选择"分类字段"为"系别","汇总方式"为"求和","选定汇总项"为"篇数",默认汇总结果显示在数据下方,单击"确定"按钮,则汇总结果显示在工作表中,如图 3.135 所示。

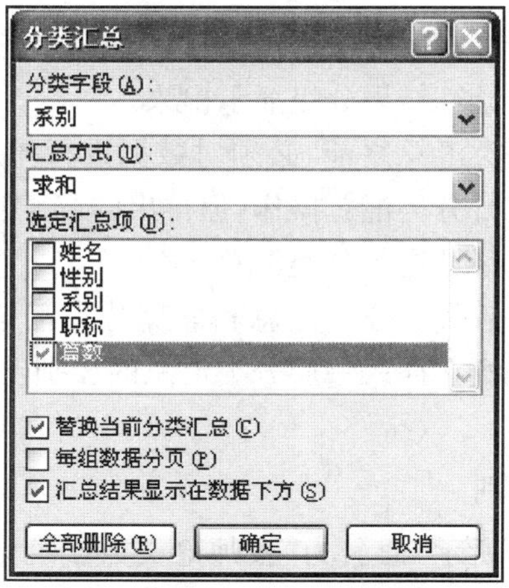

图 3.134 "分类汇总"对话框

1 2 3		A	B	C	D	E
	1	姓名	性别	系别	职称	篇数
	2	苏江	男	化学	副教授	15
	3	丁琴	女	化学	副教授	18
	4	张郡	男	化学	副教授	9
	5	孙民	男	化学	讲师	15
	6	王梓	男	化学	讲师	15
	7			化学 汇总		72
	8	廖嘉	女	计算机	讲师	9
	9	熊亮	男	计算机	讲师	15
	10	吴娜	女	计算机	讲师	11
	11			计算机 汇总		35
	12	程静	女	数学	讲师	8
	13	刘佳	男	数学	教授	29
	14	周繁	女	数学	讲师	15
	15	宋沛	男	数学	讲师	5
	16	阮贸	男	数学	教授	17
	17	王鸣	男	数学	讲师	13
	18			数学 汇总		87
	19	刘健	男	物理	讲师	5
	20	陈永	男	物理	副教授	13
	21	周波	男	物理	教授	22
	22	柳鑫	男	物理	讲师	8
	23	白雪	女	物理	讲师	8
	24	罗重	男	物理	讲师	11
	25			物理 汇总		67
	26			总计		261

图 3.135　分类汇总结果

2. 插入嵌套分类汇总级别

除了可以插入一个分类汇总级别外,Excel 还支持在相应的外部组中为内部嵌套组再插入分类汇总。插入嵌套分类汇总之前,确保已按所有需要新型分类汇总的列对数据区域进行了排序,这样需要进行分类汇总的行才会组织到一起。

继续上例,在按系别分类汇总教师的论文发表篇数的前提下,要求再按教师职称汇总论文发表情况,则排序情况会有所改变:主要关键字仍为"系别",但必须添加一个次要关键字"职称",如图 3.136 所示。

图 3.136　添加次要关键字

1	姓名	性别	系别	职称	篇数
2	苏江	男	化学	副教授	15
3	丁琴	女	化学	副教授	18
4	张郡	男	化学	副教授	9
5	孙民	男	化学	讲师	15
6	王梓	男	化学	讲师	15
7	廖嘉	女	计算机	讲师	9
8	熊亮	男	计算机	讲师	15
9	吴娜	女	计算机	讲师	11
10	程静	女	数学	讲师	8
11	周繁	女	数学	讲师	15
12	宋沛	男	数学	讲师	5
13	王鸣	男	数学	讲师	13
14	刘佳	男	数学	教授	29
15	阮贸	男	数学	教授	17
16	陈永	男	物理	副教授	13
17	刘健	男	物理	讲师	5
18	柳鑫	男	物理	讲师	8
19	白雪	女	物理	讲师	8
20	罗重	男	物理	讲师	11
21	周波	男	物理	教授	22

图 3.137　按照系别和职称排序后的工作表

　　这样可以确保在系别已分类的情况下，在同一系别中数据会再按照职称不同进行分类。数据区域准备工作完成后就可以创建嵌套分类汇总了。

　　单击"数据"→"分级显示"→"分类汇总"按钮，打开"分类汇总"对话框，如图 3.138 所示，首先对分类字段"系别"分类汇总"篇数"，结果如图 3.139 所示。然后再次打开"分类汇总"对话框，这次选择嵌套的"分类字段"为"职称"，"汇总方式"仍然选择"求和"，"选定汇总项"也仍然选择"篇数"，取消勾选"替换当前分类汇总"复选框，如图 3.140 所示，单击"确定"按钮后就可以得到嵌套分类汇总的结果，如图 3.141。

图 3.138　选择"分类字段"为"系别"

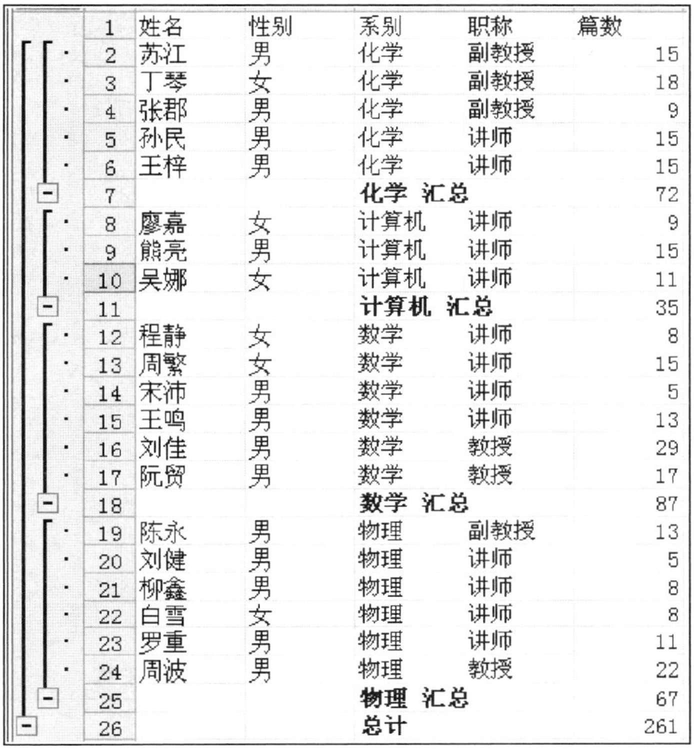

	姓名	性别	系别	职称	篇数
1	姓名	性别	系别	职称	篇数
2	苏江	男	化学	副教授	15
3	丁琴	女	化学	副教授	18
4	张郡	男	化学	副教授	9
5	孙民	男	化学	讲师	15
6	王梓	男	化学	讲师	15
7			化学 汇总		72
8	廖嘉	女	计算机	讲师	9
9	熊亮	男	计算机	讲师	15
10	吴娜	女	计算机	讲师	11
11			计算机 汇总		35
12	程静	女	数学	讲师	8
13	周繁	女	数学	讲师	15
14	宋沛	男	数学	讲师	5
15	王鸣	男	数学	讲师	13
16	刘佳	男	数学	教授	29
17	阮贸	男	数学	教授	17
18			数学 汇总		87
19	陈永	男	物理	副教授	13
20	刘健	男	物理	讲师	5
21	柳鑫	男	物理	讲师	8
22	白雪	女	物理	讲师	8
23	罗重	男	物理	讲师	11
24	周波	男	物理	教授	22
25			物理 汇总		67
26			总计		261

图 3.139　按系别分类汇总发表论文篇数的结果

请注意：在嵌套分类汇总时，必须取消勾选"替换当前分类汇总"复选框。

图 3.140　选择嵌套的分类字段为"职称"

	1	姓名	性别	系别	职称	篇数
	2	苏江	男	化学	副教授	15
	3	丁琴	女	化学	副教授	18
	4	张郡	男	化学	副教授	9
	5				**副教授 汇总**	42
	6	孙民	男	化学	讲师	15
	7	王梓	男	化学	讲师	15
	8				**讲师 汇总**	30
	9				**化学 汇总**	72
	10	廖嘉	女	计算机	讲师	9
	11	熊亮	男	计算机	讲师	15
	12	吴娜	女	计算机	讲师	11
	13				**讲师 汇总**	35
	14				**计算机 汇总**	35
	15	程静	女	数学	讲师	8
	16	周繁	女	数学	讲师	15
	17	宋沛	男	数学	讲师	5
	18	王鸣	男	数学	讲师	13
	19				**讲师 汇总**	41
	20	刘佳	男	数学	教授	29
	21	阮贸	男	数学	教授	17
	22				**教授 汇总**	46
	23				**数学 汇总**	87
	24	陈永	男	物理	副教授	13
	25				**副教授 汇总**	13

图 3.141　嵌套分类汇总结果

习题 3

给定如表 3.3 所示的原始数据表，请按照下述要求完成操作。

表 3.3　销售情况表

订单号	订单金额	销售人员	订单号	订单金额	销售人员
20010401	5 000	张明	20020307	95 000	韩凯
20010402	4 500	韩凯	20020308	1 000	张明
20010403	25 000	李彤	20020309	50 000	安妮
20010404	4 200	张明	20020310	2 580	李彤
20010405	4 500	安妮	20020311	3 200	张明
20010406	2 500	安妮	20020312	5 000	安妮
20010407	15 000	张明	20020313	4 500	安妮
20010408	95 000	李彤	20020314	25 000	张明
20010409	1 000	韩凯	20020315	4 200	李彤
20010410	50 000	韩凯	20120401	4 500	韩凯

订单号	订单金额	销售人员	订单号	订单金额	销售人员
20010411	2 580	张明	20120402	2 500	韩凯
20010412	3 200	安妮	20120403	15 000	张明
20010413	5 000	李彤	20120404	95 000	安妮
20020301	4 500	张明	20120405	1 000	张明
20020302	25 000	安妮	20120406	50 000	李彤
20020303	4 200	安妮	20120407	2 580	韩凯
20020304	4 500	张明	20120408	3 200	韩凯
20020305	2 500	李彤	20120409	3 820	韩凯
20020306	15 000	韩凯	20120410	4 440	韩凯

（1）为该数据表设置最合适的行高和列宽。

（2）将"订单金额"单元格设置为货币格式。

（3）数据区的外边框设置为双线条，内边框设置为单线条。

（4）原始数据表的标题字体设为"黑体"，字号设为"12"，对齐方式设为"居中"。

（5）创建一张新工作表，将其命名为"统计结果"，在该工作表中按照如图 3.142 所示的格式，使用函数对各员工的订单数、订单总额进行计算和统计，阴影部分的金额需用函数计算得到。（提示：使用 COUNTIF 和 SUMIF 函数。）

销售人员	订单数	订单总额	销售奖金
安妮	3	10 200	1 020
张明	3	21 780	2 178
韩凯	3	55 500	5 550
李彤	2	120 000	12 000
合计	11	207 480	20 748

图 3.142　"统计结果"工作表

（6）假定订单总额在 50 000 以下的销售人员按照 10% 得到奖金，订单总额在 50 000 以上的销售人员按照 10% 得到奖金，请使用函数计算出各个销售人员应得的奖金数额。（提示：可使用 IF 函数。）

（7）使用函数计算所有销售人员共同的订单总数、订单总额和销售奖金总额。（提示：可使用 SUM 函数。）

（8）为统计表的数值数据单元格设置填充效果为：蓝色、白色双色填充，水平方向。

（9）为数据表插入饼图，显示各个销售人员的订单总额在总销售结果中所占的比例，图表的标题、图例如图 3.143 所示。

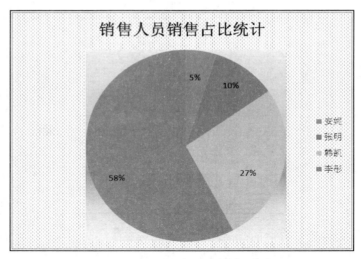

图 3.143 销售人员销售占比统计图表

(10) 为图表背景使用图案填充效果:浅蓝色,竖虚线图案。

(11) 数据系列的数据标志显示格式设为百分比格式,如上图所示。

(12) 绘图区背景使用渐变填充效果,预设颜色为"心如止水",类型为"线性",方向为"线性向上",角度为"270度"。

第 4 章　PowerPoint 2016 的使用

4.1　PowerPoint 2016 的工作界面介绍

　　PowerPoint 2016 工作界面的设计与 Word 2016、Excel 2016 类似,顶部是标题栏和菜单栏,显示演示文稿名称和各菜单;底部是状态栏,包含演示文稿各类状态信息和视图切换按钮;中间的文档编辑区主要包含如下几部分:面积最大的幻灯片窗格是编辑幻灯片的主要场所;下方的备注窗格用于书写备注,方便演讲者查看或日后打印备注内容作为演讲提示;在左侧的幻灯片缩略图窗格中,可以看到幻灯片中的"节",同时为预览、调整幻灯片顺序提供方便(如图 4.1 所示)。

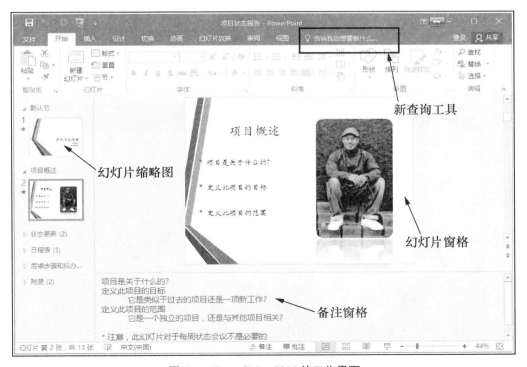

图 4.1　PowerPoint 2016 的工作界面

值得一说的是，Office 2016 在菜单栏新增了一个查询工具"Tell Me"，中文翻译为"告诉我您想要做什么"，它可以实现操作或功能查找，例如输入"插入"，在弹出的结果中找到所需的检索项即可，如图 4.2 所示。它最实用的地方就是能做到本地功能搜索，再也不用发愁找不到要使用的功能在哪个选项卡上了。它的另一个功能是可以使用微软的 Bing 搜索器检索信息。例如，输入"更改幻灯片背景"，即会在工作界面右侧出现"见解"窗格，显示"必应图像搜索"图片区和"Web 搜索"资料区两部分，如图 4.3 所示。

图 4.2 使用"告诉我您想要做什么"功能搜索

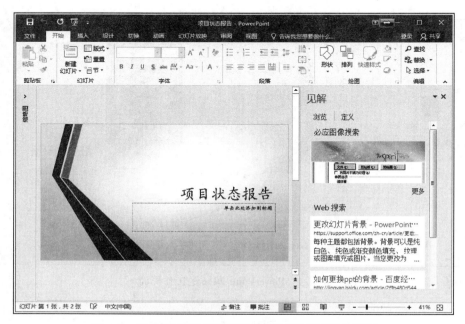

图 4.3 使用"告诉我您想要做什么"功能搜索操作说明

4.2　演示文稿的创建

4.2.1　新建演示文稿

要新建一个演示文稿，启动 PowerPoint 2016 程序，在启动界面上单击"空白演示文稿"按钮即可新建一个空白的演示文稿（如图 4.4 所示）。

图 4.4　空白演示文稿

如果已打开一个现有的演示文稿而需要新建一个空白的演示文稿，可以单击"文件"→"新建"→"空白演示文稿"（如图 4.5 所示）。

图 4.5　新建空白演示文稿

还可以选取现有的模板如"木头类型"来新建演示文稿,如图4.6所示。可以单击图4.6中对话框底部的"更多图像"两侧的箭头,查看演示文稿的各类版式。如果单击对话框右侧的某种配色方案,演示文稿示意图也会随之变化。

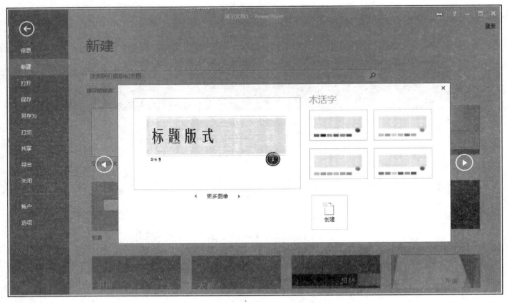

图4.6 使用模板新建演示文稿

若在"新建"窗口顶部的搜索框中输入关键字,或单击搜索框下面的"建议的搜索"选项区给出的选项,能够下载各类免费的模板。如单击"教育"选项,在搜索结果中点击合适的模板,在弹出的对话框中单击"创建"按钮即可(如图4.7所示)。Office官网会不定期推出一些新的模板,在本地计算机上找不到合适的模板时,不妨到官网上看看。

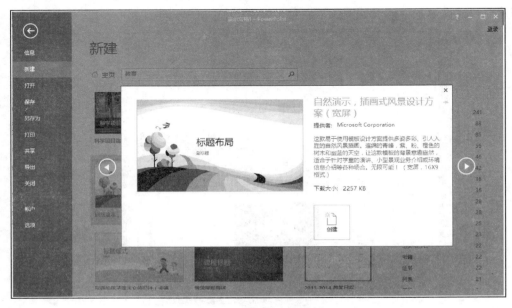

图4.7 选择教育类模板

4.2.2　保存演示文稿

保存工作必须时时刻刻记在心头，否则一旦计算机死机或断电，工作就白费了。单击"文件"→"保存"（或"另存为"），在"另存为"窗口中进行保存，甚至可以选择保存到云端（如图 4.8 所示），前提是要先注册 OneDrive 账号并登录。利用 OneDrive 可以在线创建、编辑和共享演示文稿，和本地的演示文稿编辑进行任意的切换，实现本地编辑在线保存或在线编辑本地保存。在线编辑的文件是实时保存的，可以避免本地编辑时因宕机造成的文件内容丢失，提高了文件的安全性。

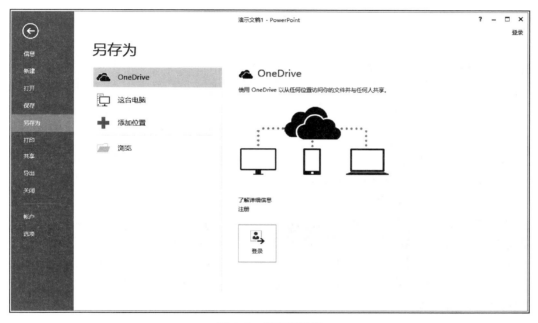

图 4.8　保存到云端

如果单击"这台电脑"选项，选择保存路径，会弹出"另存为"对话框，从中可以选择文件的保存位置，设置文件名，值得注意的是文件的保存类型。

在 PowerPoint 2016 中，默认的保存类型是".pptx"，如果使用较老版本的 PowerPoint 是无法打开此类文件进行编辑的，因此可以在"保存类型"下拉列表中选择"PowerPoint 97—2003 演示文稿"（*.ppt）。如果想双击文件就播放该演示文稿，可以选择保存为"PowerPoint 放映"（*.ppsx）格式的文件。PowerPoint 2016 不需要额外安装插件，就能将演示文稿保存为"PDF"（*.pdf）格式的文件，既免于演示文稿被修改又便于传播，但需要注意的是保存为".pdf"格式的文件之后演示文稿中的动画都没有了。还可以选择"JPEG 文件交换格式"，PowerPoint 将会以演示文稿的名称生成一个同名的文件夹，将当前幻灯片或所有幻灯片保存为图片格式的文件（如图 4.9 所示）。

图 4.9   将演示文稿保存为图片格式的文件

如果自己设计了一个演示文稿模板,想要保存下来便于今后使用,可以选择保存为"PowerPoint 模板"(＊.potx)格式的文件。需要注意的是,选择了该种保存类型后,PowerPoint 会自动将保存路径切换至"我的文档"→"自定义 Office 模板"文件夹下(如图 4.10 所示),建议不要修改保存路径。保存了自定义模板后,再次单击"新建"选项,窗口明显与图 4.5 不同,在搜索栏下方出现了"特色"和"个人"两个选项,单击"个人"选项,即可显现保存的自定义模板(如图 4.11 所示)。同样,联网从官网(参见图 4.7)下载的模板呈现为演示文稿形式(如图 4.12 所示),也需要保存为"PowerPoint 模板"(＊.potx)格式的文件,便于日后使用时可在"个人"选项中寻找。

图 4.10   保存模板的"自定义 Office 模板"文件夹

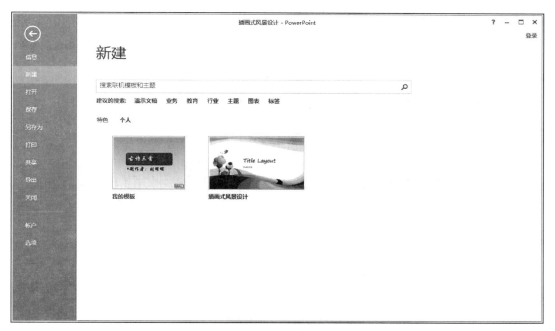

图 4.11　"个人"选项中的模板

图 4.12　从官网下载的模板

4.2.3 幻灯片设计

1. 设置版式

新建一个空白的演示文稿后,演示文稿中只有一张幻灯片,幻灯片的版式为"标题幻灯片"(参见图4.4),这一张幻灯片往往用来作为演示文稿的封面。

单击"开始"→"幻灯片"→"版式"旁边的倒三角形按钮,可以看到默认的Office主题的各个版式(如图4.13所示),选择其中某个版式可以切换当前幻灯片的版式。

图4.13 Office主题的版式

2. 添加、删除和移动幻灯片

如果需要增加一张幻灯片,单击"开始"→"幻灯片"→"新建幻灯片",默认情况下会添加一张"标题和内容"版式的幻灯片(参见图4.13)。也可以在左侧的幻灯片缩略图窗格中选择某张幻灯片后单击鼠标右键,在弹出的快捷菜单中单击"新建幻灯片"选项(如图4.14所示),一张空白的幻灯片便添加在该张幻灯片之后了。还可以在幻灯片缩略图窗格中,在两张幻灯片中间的空白处单击鼠标右键,在弹出的快捷菜单中单击"新建幻灯片"选项(如图4.15所示),这样就在两张幻灯片中插入了一张空白幻灯片。

很显然,如果想要删除一张幻灯片,可以选中该幻灯片后单击鼠标右键,弹出如图4.14所示的快捷菜单,单击"删除幻灯片"选项。也可以选中该幻灯片后按Delete键。

如果要调整幻灯片播放的前后位置,可以在幻灯片缩略图窗格或者幻灯片浏览视图中拖动幻灯片进行调整。

图 4.14　幻灯片缩略图窗格中幻灯片的右键快捷菜单

图 4.15　幻灯片缩略图窗格中空白处的右键快捷菜单

3. 使用节

节主要是用来对幻灯片页进行管理的，其功能类似于文件夹。使用节后，不仅有助于规划演示文稿的结构，而且编辑和维护起来也能大大节省时间，还能呈现出演讲者清晰的思想脉络。

例如，在普通视图中的幻灯片缩略图窗格（如图 4.16 所示），可以看到演示文稿有 13 张幻灯片，它们被分成了多个小节。每个小节都有各自的标题，点击某个小节后它将以高亮度、可伸缩的方式显示。小节标题括号中的数字表示本节具体包含几张幻灯片。双击标题或单击标题左侧的三角形按钮，都可以展开或收拢归于该节的幻灯片缩略图。

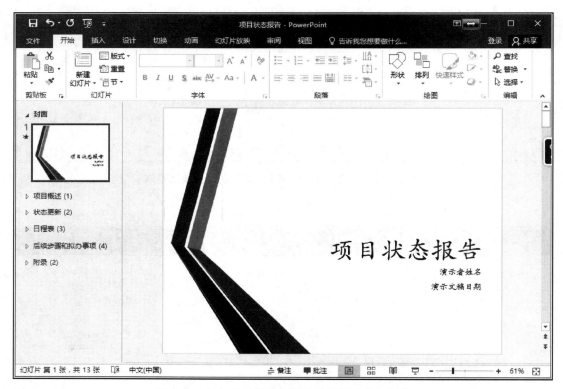

图 4.16　幻灯片缩略图窗格中分节显示的幻灯片

如果将鼠标定位到节中的空白处，再单击"开始"→"幻灯片"→"节"，会弹出如图 4.17 所示的快捷菜单，此时"新增节"选项是可用的。如果选中某节，再单击鼠标右键，在弹出的快捷菜单里可以看到有"重命名节"、"删除节"、"向上移动节"、"向下移动节"等选项（如图 4.18 所示）。

图 4.17　"开始"选项卡中的"节"弹出菜单

图 4.18　幻灯片缩略图窗格中节的右键快捷菜单

4.3 运用主题

4.3.1 选取主题

美化演示文稿最便捷的方法就是选取一个合适的主题,可以在"设计"选项卡的"主题"组中选择一个主题应用到演示文稿(如图4.19所示)。如果不合适,可以随时在"主题"组中尝试其他的主题(如图4.20所示)。可以发现,当切换主题后,不仅原先的演示文稿背景变了,演示文稿中的内容格式也变了,包括文本字体和SmartArt图形的颜色,标题栏和文本内容的排版格式等。

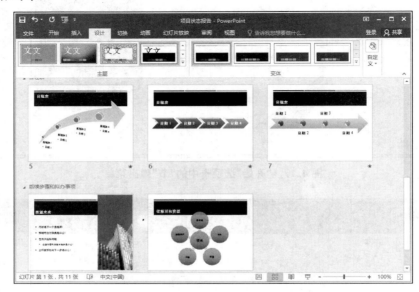

图4.19 应用主题

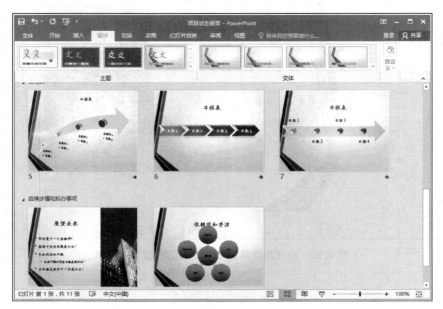

图4.20 切换主题

4.3.2　使用变体主题

如果不喜欢当前的主题配色,可以在"设计"选项卡的"变体"组中选择某种配色方案应用即可,如图 4.21 所示。

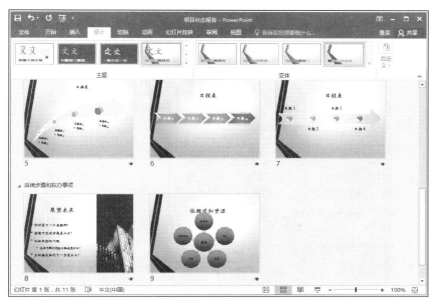

图 4.21　应用变体主题

"变体"组中默认有 4 种变体的配色方案,单击"变体"组中的"其他"按钮,在弹出的菜单中选择"颜色"子菜单,可以看到多种配色方案,如图 4.22 所示。单击"颜色"子菜单底部的"自定义颜色"选项,在打开的"新建主题颜色"对话框中可以自定义一个配色方案,可以修改文字、背景甚至超链接的颜色,如图 4.23 所示。选择"字体"子菜单,可以选择自己喜欢的中英文字体方案。选择"效果"子菜单,可以设置幻灯片中 SmartArt 图形的显示效果,如图 4.24 所示。

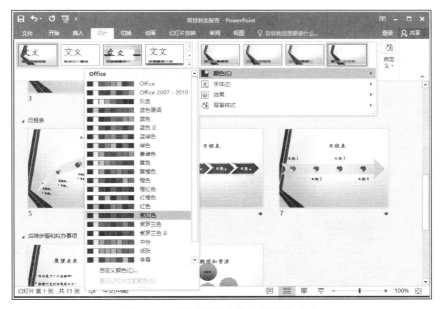

图 4.22　"颜色"子菜单中的配色方案

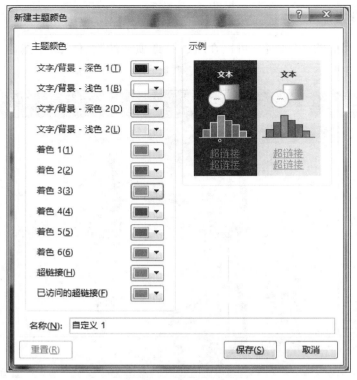

图 4.23　自定义配色方案

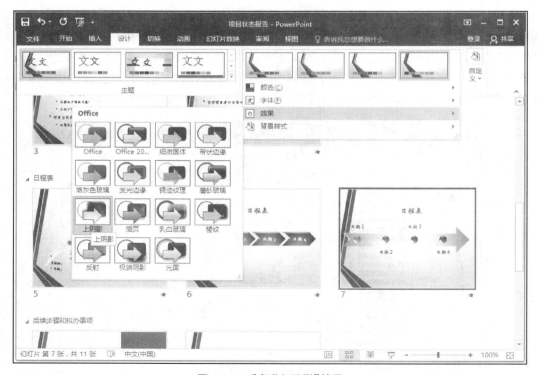

图 4.24　选择"上阴影"效果

如果对背景还略有些不满意，可以尝试更改背景的样式。在"变体"组中单击"其他"按钮，在弹出的菜单中选择"背景样式"子菜单，将鼠标放置于某种样式选项上，即可预览幻灯片的效果。图 4.16 显示的是初始背景样式，图 4.25 显示的是应用"样式 7"背景样式后的效果。如果还有更高要求，可以点击"背景样式"子菜单底部的"设置背景格式"选项，在打开的"设置背景格式"窗格（如图 4.26 所示）中进一步设置。

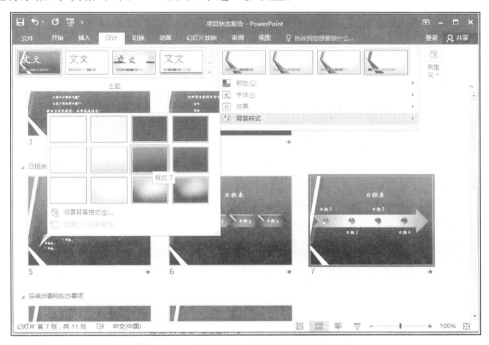

图 4.25　应用"样式 7"背景样式的幻灯片

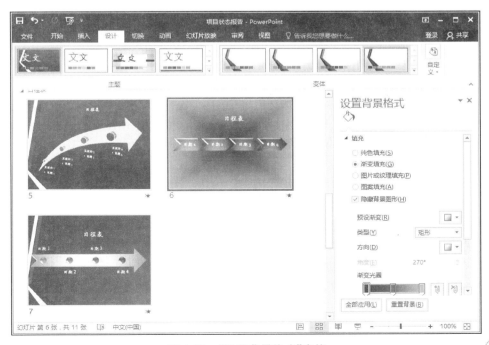

图 4.26　"设置背景格式"窗格

4.4　视图的选取

PowerPoint 2016 提供了多种视图，在不同情况下选取合适的视图，可以提高编辑效率。

4.4.1　演示文稿视图

在"视图"选项卡的"演示文稿视图"组中有"普通"、"大纲视图"、"幻灯片浏览"、"备注页"和"阅读视图"5 种视图模式可供选择。

（1）普通视图：是使用得最多的视图，对幻灯片的编辑大都集中在这个视图模式下进行。左侧幻灯片缩略图窗格中展示的是演示文稿中各张幻灯片的预览情况，用户可以小范围地调整幻灯片的前后播放次序。通过拖动幻灯片缩略图窗格和幻灯片窗格之间的分隔线，可以调整左侧幻灯片缩略图的大小。

（2）大纲视图：展示的是幻灯片中占位符（即形如"单击此处添加文本"这样的文本框）的内容，不会出现图片，也不会出现用户插入的文本框内容（如图 4.27 所示）。PowerPoint 2016 的"大纲视图"和 Word 的"大纲视图"有何联系？读者可以尝试将 Word 的"大纲视图"下的内容复制并粘贴到 PowerPoint 的"大纲视图"中，看看会出现什么情况。

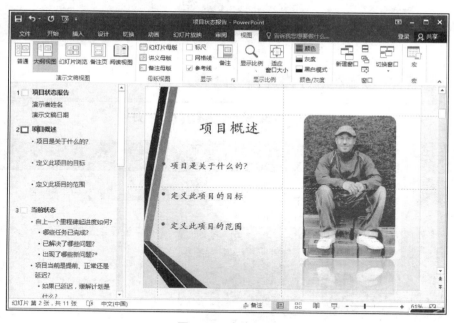

图 4.27　大纲视图

（3）幻灯片浏览视图：在此视图模式下可以查看缩略图形式的幻灯片，如图 4.28 所示。通过此视图，在创建和准备打印演示文稿时，可以轻松地对演示文稿的顺序进行排列和组织，可以在幻灯片浏览视图中添加节并按不同的类别或节对幻灯片进行排序，甚至还可以查看播放时隐藏的幻灯片，以及通过"排练计时"记录每张幻灯片的播放时间。

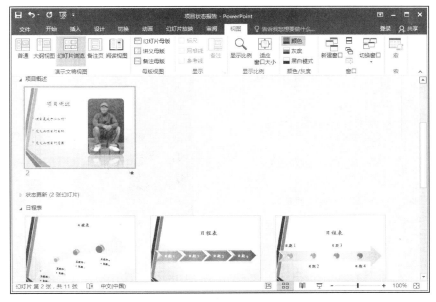

图 4.28　幻灯片浏览视图

（4）备注页视图：如图 4.29 所示，在此视图模式下可以键入要应用于当前幻灯片的备注。以后可以将备注打印出来并在放映演示文稿时作为参考，也可以将打印好的备注分发给观众。

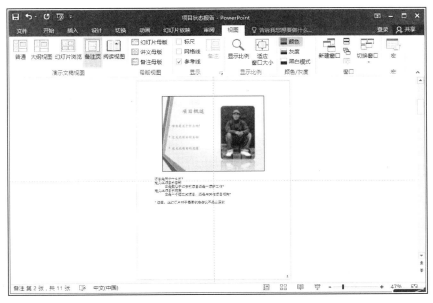

图 4.29　备注页视图

（5）阅读视图：以窗口形式而不是全屏播放形式放映演示文稿，主要用于用户自己审阅演示文稿的播放情况，如图 4.30 所示。如果要更改演示文稿，可随时单击窗口底部状态栏上的视图模式按钮或按 Esc 键从阅读视图切换至某个其他视图。

图 4.30　阅读视图

4.4.2　母版视图

在"视图"选项卡的"母版视图"组中包括"幻灯片母版"、"讲义母版"和"备注母版"3 种视图模式,其中最常用的当属幻灯片母版视图(如图 4.31 所示)。单击"母版视图"组中的"幻灯片母版"按钮,即进入幻灯片母版视图,功能区中多出一个"幻灯片母版"选项卡,而"幻灯片放映"选项卡消失了。

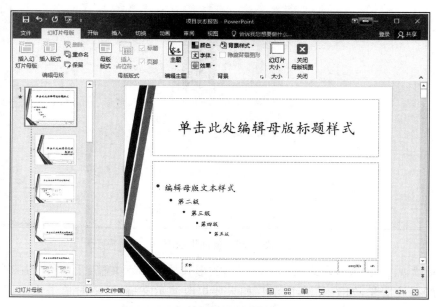

图 4.31　幻灯片母版视图

母版是存储演示文稿相关信息的主要幻灯片,其中包括了幻灯片的背景、颜色、字体、效果、占位符的大小和位置等信息。使用母版视图的一个主要优点在于,在幻灯片母版视图、备注母版视图或讲义母版视图中,可以对与演示文稿关联的每张幻灯片、备注页或讲义的样式进行全局更改,不用手工逐张修改,非常方便。

例如,将幻灯片母版(参见图 4.31)的标题样式由字体"华文楷体"、字号"40"修改为字体"方正舒体"、字号"48",将第一级文本样式由字体"华文楷体"、字号"24"修改为字体"华文琥珀"、字号"32"之后,演示文稿中凡是运用该母版的幻灯片,其标题和第一级文本都会自动改变,母版改变前后的效果如图 4.32 和图 4.33 所示。

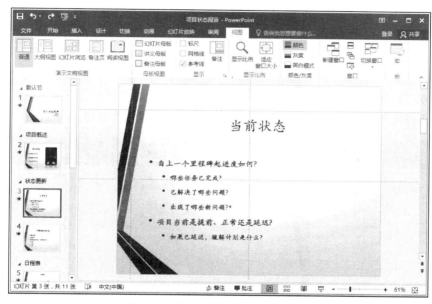

图 4.32　修改母版前的幻灯片效果

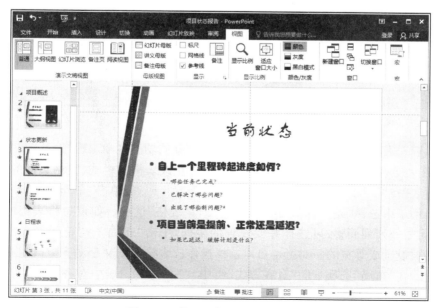

图 4.33　修改母版后的幻灯片效果

　　修改完幻灯片母版后，切记单击"幻灯片母版"→"关闭"→"关闭母版视图"，回到普通视图下进行演示文稿的内容编辑。

4.5　插入元素

4.5.1　表格与图表

1. 玩转表格

　　图片与表格往往比纯文字更能表达清楚演讲者的意图，传情达意。在幻灯片中插入一个普通表格比较简单，单击"插入"→"表格"→"表格"，在弹出菜单中的方格上移动鼠标选择所需的行数和列数后，单击鼠标即可插入一个表格（如图 4.34 所示）；或者在弹出菜单中单击"插入表格"选项，然后在弹出的"插入表格"对话框中的"列数"和"行数"文本框中输入数字，单击"确定"按钮也可插入一个表格；还可以单击幻灯片编辑区的点位符中的"插入表格"按钮，同样在弹出的"插入表格"对话框中进行设置即可插入一个表格。

图 4.34　插入表格

　　当鼠标置于表格中时，PowerPoint 2016 窗口顶部的功能区中出现"设计"和"布局"两个选项卡（如图 4.35 所示）。在"设计"选项卡中，可以更改表格的样式、表格边框的粗细等；在"布局"选项卡中，可以插入表格的行或列，如果想删除行或列，单击"布局"→"行和列"→"删除"，在弹出菜单中选择"删除行"、"删除列"或"删除表格"选项。如果想将表格的列设置为相同宽度，无需一列列调整，可选择好要设置的多列，单击"布局"→"单元格大小"→"分布列"，每列将被设置成等宽的。对行也可以这样操作。表格中的文字对齐方式也在"布局"选项卡中设置。在"布局"选项卡的"对齐方式"组中，"左对齐"、"居中对齐"、"右对齐"是水平对齐方式,"顶端对齐"、"垂直居中"、"底端对齐"是垂直对齐方式。

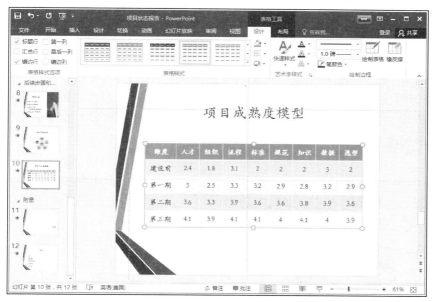

图 4.35　菜单栏上的"设计"和"布局"选项卡

　　PowerPoint 2016 允许插入 Excel 表格,可以利用某些 Excel 函数的优点。单击"插入"→"表格"→"Excel 电子表格"即可插入一个 Excel 表格,如图 4.36 所示。从图中可以看出,当插入一个 Excel 表格之后,PowerPoint 2016 窗口顶部的选项卡将转变为对应的 Excel 2016 的选项卡。Excel 表格的编辑区域较小,可以通过拖动编辑区域四周的黑色控点来扩大。单击 Excel 表格外部任意区域,就能回到演示文稿编辑状态。

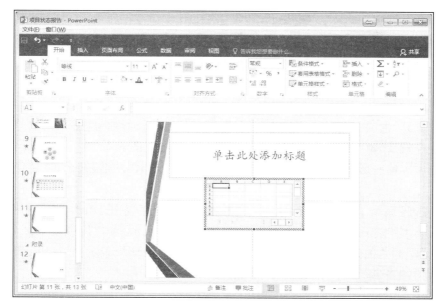

图 4.36　插入 Excel 表格

2. 玩转图表

想要插入一个 Excel 图表（如图 4.37 所示）也不是难事。单击"插入"→"插图"→"图表"，弹出"插入图表"对话框（如图 4.38 所示）。在对话框左侧显示了所有图表类型，选中一个图表类型，在对话框顶部显示该图表类型的多种变体，下方展示了图表的示意图，将鼠标移至示意图上时，示意图会放大显示。单击对话框右下角的"确定"按钮，在幻灯片中插入了对应的图表，并且随即弹出一个 Excel 窗口，其中显示了相关数据。如果默认的图表数据区域不符合编辑要求时，可以拖动图表数据区域的右下角进行调整（如图 4.39 所示）。在 Excel 表格中编辑完毕之后，关闭 Excel 窗口即可。

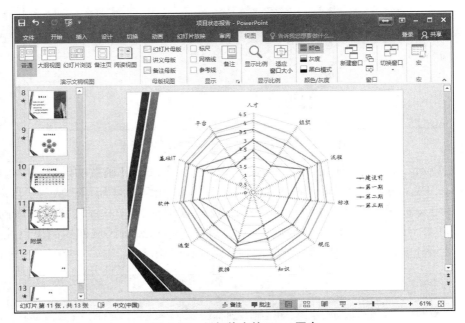

图 4.37　幻灯片中的 Excel 图表

选中图表时，功能区中会增加"图表工具"的"设计"和"格式"两个选项卡（如图 4.40 所示）。通过"设计"选项卡可以为图表增加标签（图表标题、坐标轴标题等）、添加趋势线等，可以修改图表样式、编辑图表数据、更改图表类型等。若是把图表看作一个"形状"，还可以利用"格式"选项卡修改形状样式，选中图表中的分类标签或图例的话，甚至可以将它们转变成艺术字。

Office 2016 新增了 6 种图表，分别是树状图、旭日图、直方图、箱形图、瀑布图和可用任意 3 种图表类型组合而成的组合图。树状图（如图 4.41 所示）可以用颜色来区分不同类别的数据，数据中的各种分支用矩形块来区别，同个层次的矩形块表示在一行或列，矩形块的大小表示数值的多少。

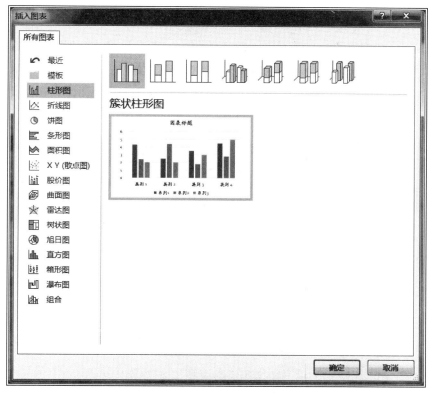

图 4.38　"插入图表"对话框

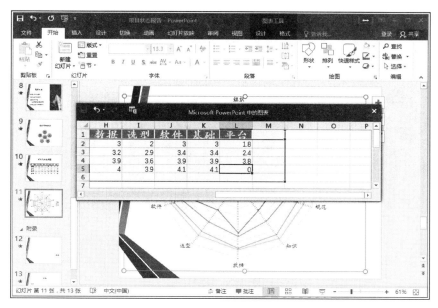

图 4.39　调整图表数据区域

计算机应用技能（第2版）

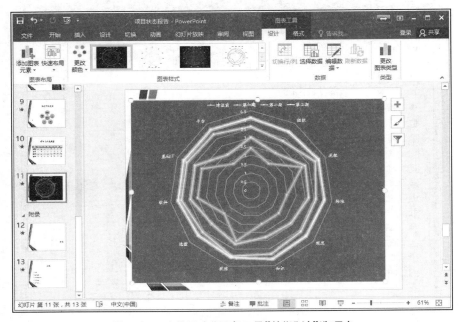

图 4.40　功能区中"图表工具"的"设计"选项卡

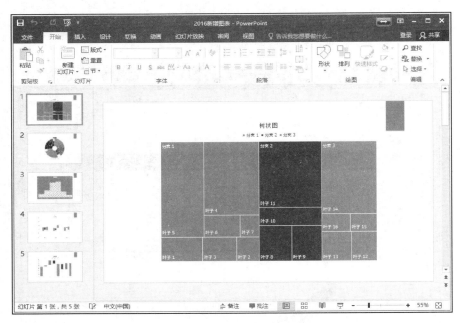

图 4.41　树状图

旭日图(如图 4.42 所示)可用来反映多重属性的数据,分析数据的层次及占比。

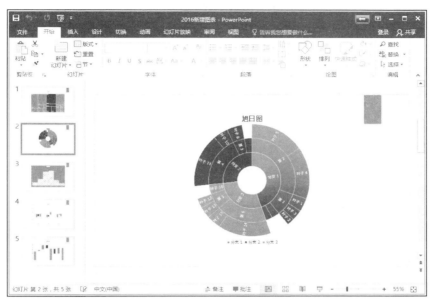

图 4.42　旭日图

直方图(如图 4.43 所示)常用来确定一系列数据中不同数据范围在整体的分布情况,例如考试分数的人群分布。

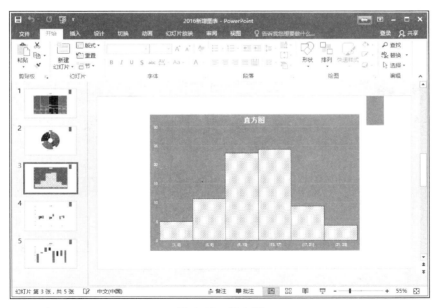

图 4.43　直方图

在箱形图(如图 4.44 所示)中可以简单地看出数据的分布情况,常用于股票数据分析等。

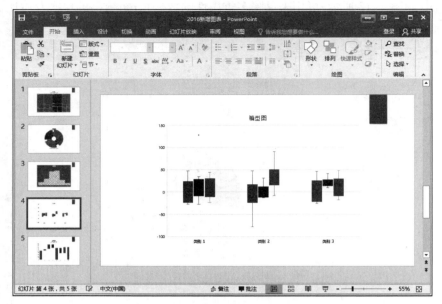

图 4.44　箱形图

瀑布图（如图 4.45 所示）用来表现数据的增减变化，多用来标示资金的流入、流出。

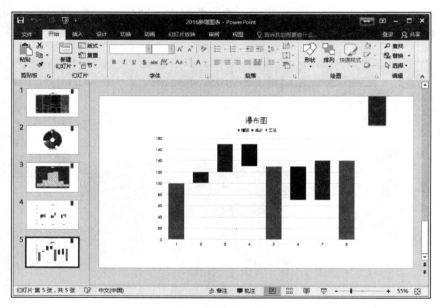

图 4.45　瀑布图

4.5.2　剪贴画与图片

图片往往能比文字传达出更多信息。单击"插入"→"图像"→"图片"，在打开的"插入图片"对话框中选择图片文件后单击"插入"按钮，或者单击"插入"→"图像"→"联机图片"，在打开的"插入图片"对话框的搜索框中输入关键字进行搜索，在搜索结果中选择所需图片后单击"插入"按钮,即可插入图片。选中图片后功能区中会增加"图片工具"的"格式"选项卡,可以单击"格式"→"调整"→"颜色",通过在弹出的菜单中进行选择,可以更改图片的颜色饱和度和色调,甚至可以将某色块变成透明的(如图 4.46 所示)。单击"格式"→"调整"→"艺术效果",通过在弹出的菜单中进行选择,可以将图片改成艺术画(如图 4.47 所示)。

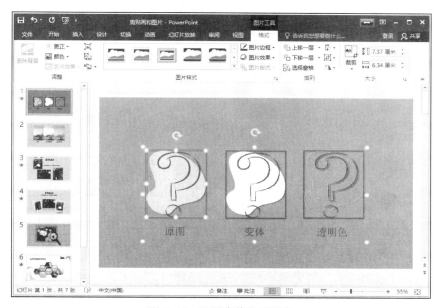

图 4.46 设置变体和透明色

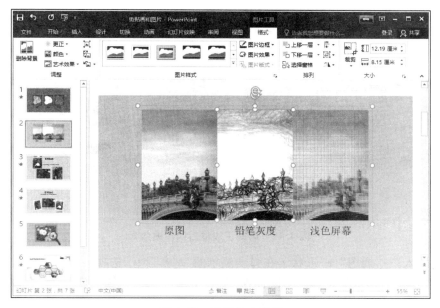

图 4.47 设置艺术效果

单调列举出多张图片多没创意(如图 4.48 所示),单击"格式"→"图片样式",在弹出菜单中选择合适的样式，为它们加上"相框"（如图 4.49 所示）。

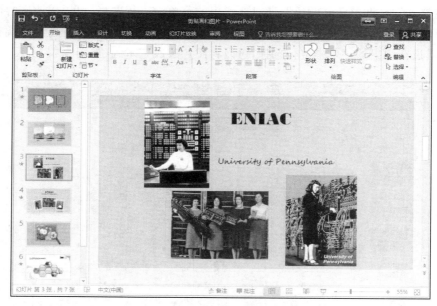

图 4.48　原始的多图效果

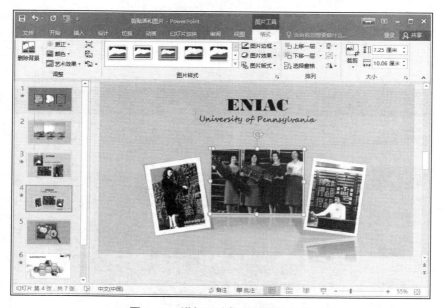

图 4.49　增加了边框后的多图效果

　　单击"插入"→"插图"→"形状"，在弹出菜单的"基本形状"选项区域中选择"椭圆"，在幻灯片编辑区域按下鼠标左键并拖动鼠标，绘制一个椭圆。选中椭圆，单击鼠标右键，在弹出的快捷菜单中选择"设置形状格式"选项，然后在打开的"设置形状格式"窗格中的"填充"选项区域选中"图片或纹理填充"单选按钮，再单击"文件"按钮，在打开的"插入图片"对话框中选中图片文件并单击"确定"按钮，为椭圆填充一张图片。若是为椭圆填充一张图片的局部截图,再插入一个圆柱形并进行相应设置,还可以制作出如图 4.50 所示的放大镜效果的图片,有兴趣的读者可以自行尝试一下。

图 4.50　制作放大镜效果的图片

4.5.3　SmartArt 图形

在演示文稿中使用插图有助于更好地理解和记忆文稿的内容。如果使用较早的 PowerPoint 版本,则可能要花费大量时间进行以下操作:使各形状大小相同并完全对齐;使文字正确显示;手动设置形状的格式,使其与文档的总体样式相匹配。幸运的是,现在通过使用 SmartArt 图形,只需轻点几下鼠标即可创建具有设计师水准的插图(如图 4.51 所示)。

图 4.51　SmartArt 插图

PowerPoint 2016 提供了多个 SmartArt 图形类型，如列表、流程、层次结构、循环、关系等，每个类型的 SmartArt 图形包含几个不同的布局。选择了一个布局之后，如有需要可以很容易地更改 SmartArt 图形的布局或类型。新布局中将自动保留原来的大部分文本和其他内容以及颜色、样式、效果和文本格式。

单击"插入"→"插图"→"SmartArt"，在弹出的"选择 SmartArt 图形"对话框中选择某种 SmartArt。既可以直接在 SmartArt 图形中添加和编辑内容，也可以单击图 4.52 中所示的向左箭头 ，在打开的"文本"窗格（如图 4.53 所示）中添加和编辑内容，SmartArt 图形会自动更新，即根据需要添加或删除形状。

插入 SmartArt 图形后，功能区中增加了"SmartArt 工具"，它有"设计"和"格式"两个选项卡。在"设计"选项卡中，通过"版式"组可以随时更改 SmartArt 图形的布局，通过"SmartArt 样式"组可以更改 SmartArt 图形的颜色，将二维的 SmartArt 图形变成三维立体的。"格式"选项卡中主要是针对文本部分的设置，与艺术字的"格式"选项卡类似，不再赘述。

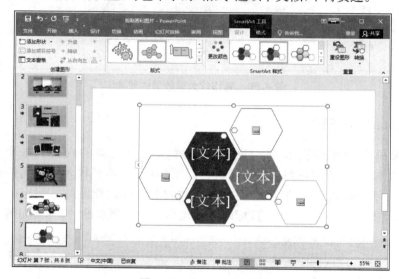

图 4.52　SmartArt 图形

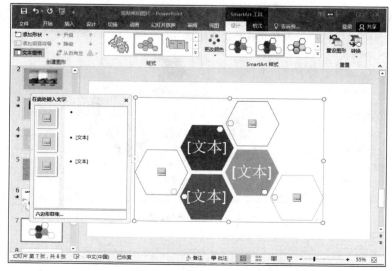

图 4.53　SmartArt 图形的"文本"窗格

4.5.4　艺术字与文本框

艺术字是一种通过特殊效果使文字突出显示的文字,可以将艺术字插入到演示文稿中以为演示文稿添加装饰性效果(如图 4.54 所示)。文本框一般用作标签,用于书写解释性的文字。应尽量使用占位符而非文本框来输入幻灯片演示的内容。

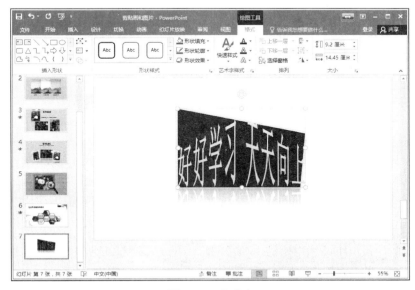

图 4.54　艺术字

单击"插入"→"文本"→"艺术字",在打开的艺术字库中选中一种艺术字样式即可插入艺术字。此时功能区中出现"绘图工具"的"格式"选项卡,在这里可以插入形状,设置形状的样式、大小、层次等,甚至还可以通过单击"格式"→"艺术字样式"→"文本效果"→"转换",在"弯曲"选项区域中选择相应弯曲效果,从而将艺术字弯曲成各种造型(如图 4.55 所示)。

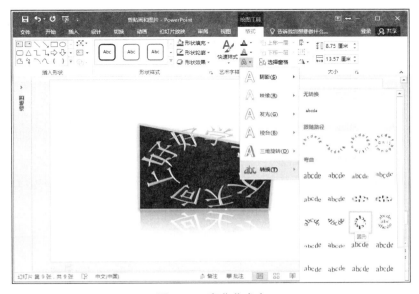

图 4.55　弯曲艺术字

4.5.5　超链接

在 PowerPoint 中,借助超链接可以从某张幻灯片跳转到同一演示文稿中的另一张幻灯片,也可以从一张幻灯片跳转到不同演示文稿中的另一张幻灯片,甚至是跳转到电子邮箱、网页或文件。

超链接的载体很多,可以是文本,也可以是图片、图形、形状甚至是艺术字。单击"插入"→"链接"→"超链接",在弹出的"插入超链接"对话框中选择链接到的位置(如图 4.56 所示)。如果选择文本作为超链接的载体,文本上会自动增加下划线,且在超链接前、鼠标悬停时和超链接后三种状态下,文本的颜色都异于其他文本。

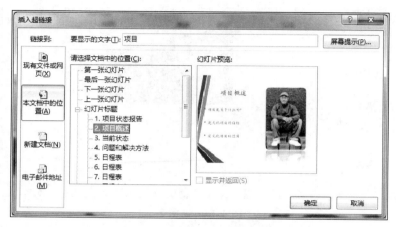

图 4.56　"插入超链接"对话框

超链接有两种动作,单击"插入"→"链接"→"动作",在弹出的"操作设置"对话框(如图 4.57 所示)中可以看到有"单击鼠标"和"鼠标悬停"两个选项卡,在其中可以分别设置单击鼠标时超链接的动作。

图 4.57　"操作设置"对话框

4.5.6 音频与视频

可以在演示文稿中加入音频和视频以突出重点或作为背景音乐。以音频为例,单击"插入"→"媒体"→"音频"→"PC 上的音频",在弹出的"插入音频"对话框中选择要插入的音频文件后单击"插入"按钮即可插入音频,此时功能区中出现了"音频工具"的"格式"和"播放"选项卡(如图 4.58 所示)。

"音频工具"的"格式"选项卡与"图片工具"的"格式"选项卡类似,即把音频文件图标当作图片来处理。"播放"选项卡中不仅可以剪裁音频,即设定音频的开始时间和结束时间,还可以设置音频开始的方式,其中"音频选项"组中的"开始"下拉列表中有 2 个选项,"自动"表示在放映该幻灯片时自动开始播放音频,"单击时"表示要单击来手动播放音频;若要在放映幻灯片的过程中单击切换到下一张幻灯片时播放音频,可以选中"跨幻灯片播放"复选框;如果音频要作为背景音乐连续播放直至停止放映幻灯片,可以选中"循环播放,直到停止"复选框。

图 4.58 在幻灯片中插入音频

幻灯片中的视频编辑与音频编辑类似,不再赘述。可以拖动视频窗口周边的 8 个控点,调整视频窗口的大小(如图 4.59 所示),读者可以自行操作。

在 PowerPoint 2013(及以前的版本)中,如果希望录制屏幕成视频,需要经过多个步骤:首先安装相关的录屏软件,进行屏幕录制,再安装转码软件将视频转换成 PowerPoint 2016 兼容的格式,最后插入到幻灯片中。

现在 PowerPoint 2016 终于支持录屏功能了。单击"插入"→"媒体"→"屏幕录制",在工作界面顶部出现的小窗口中(如图 4.60 所示),单击"选择区域"按钮,然后在幻灯片窗格中按下鼠标左键并拖动鼠标选择要录制的区域(红色虚线框选出部分),点击"录制"按钮即可开始录制。在录制视频的时候可以同时录制声音,点击"音频"按钮(按钮呈灰色说明是选中的状态),用麦克风连接计算机,开始录制。想要结束录制,可以按下键盘上的 Win＋Shift＋Q 组合键。录制成功后,将会在幻灯片中自动插入录制好的视频。在视频窗口上点击鼠标右键,在弹出的快捷菜单中选择将视频保存到本地硬盘上,默认情况下视频保存为 MP4 格式。

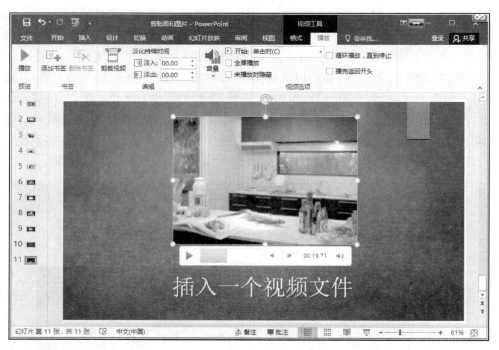

图 4.59　在幻灯片中插入视频

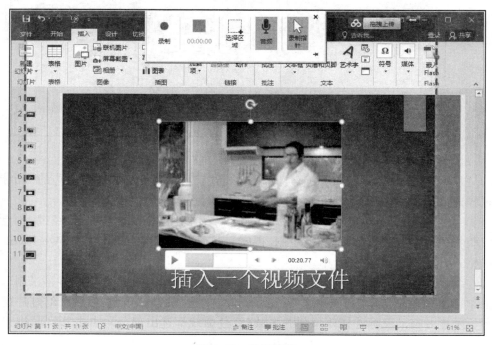

图 4.60　录制屏幕

4.6　墨迹书写

墨迹书写是 PowerPoint 2016 新增的功能,体现了触摸设备的优势。单击"审阅"→"墨迹"→"开始墨迹书写",功能区中即会出现"墨迹书写工具"的"笔"选项卡,可以选择"笔"或"荧光笔",还有 30 多种不同颜色和粗细的笔触可供选择,可用来在幻灯片上画画(如图 4.61 所示)。单击"转换为形状"按钮后,还可以将使用鼠标画出的"手残圆"(如图 4.62 所示)一秒转换为"正规圆"。读者可以自行测试 PowerPoint 2016 还可以识别哪些图形。

图 4.61　使用墨迹笔画画

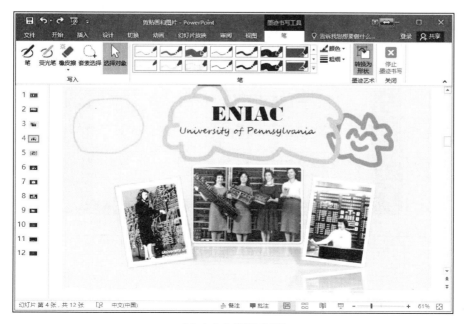

(a) 左上角的"手残圆"

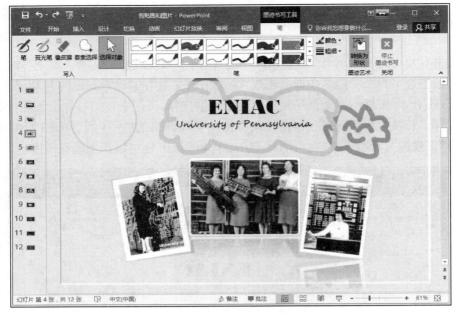

（b）转换为"正规圆"

图 4.62　使用"转移为形状"功能

墨迹笔除了可以画画，还可以书写公式。单击"插入"→"符号"→"公式"→"墨迹公式"，在弹出的窗口中还可以使用鼠标书写公式（如图 4.63 所示），窗口底部还有"擦除"、"选择和更正"、"清除"等按钮，单击"插入"按钮即可把书写的公式插入幻灯片中。

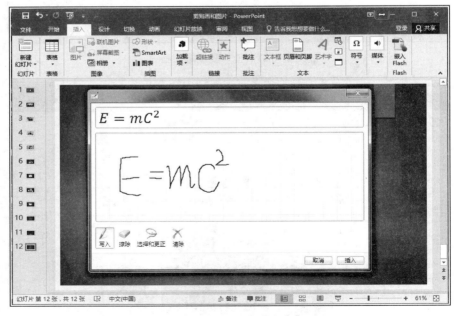

图 4.63　墨迹公式

4.7 切换效果与动画效果

在演示文稿中恰当、合理地运用一些动画效果和幻灯片切片效果,可以更生动地展示演示文稿,突出重点内容。

4.7.1 切换效果

幻灯片切换效果是在演示期间从一张幻灯片移到下一张幻灯片时在幻灯片放映视图中出现的动画效果。选中要应用切换效果的幻灯片,在"切换"选项卡的"切换到此幻灯片"组中选择某个幻灯片切换效果即可应用此切换效果,图 4.64 显示了"日式折纸"切换效果。

如果想让幻灯片自动切换而不是单击鼠标来切换,可以在"切换"选项卡的"计时"组的"换片方式"选项区域中选中"设置自动换片时间"复选框,并在后面的文本框中输入时间。

图 4.64 "日式折纸"切换效果

4.7.2 动画效果

对幻灯片中的文本框、图片、剪贴画、形状等都可以设置动画效果。选中要设置动画效果的对象之后,在"动画"选项卡的"动画"组中选择动画效果。单击"动画"→"高级动画"→"动画窗格",可以在幻灯片窗格右侧调出动画窗格(如图 4.65 所示),其中显示了本张幻灯片中所有元素的动画效果,可以很方便地调整它们的播放顺序。单击某个动画效果右侧的倒三角按钮,在下拉菜单中单击"效果选项",弹出如图 4.66 所示的对话框,还可以进一步设置该动画效果的"效果"和"计时"选项。

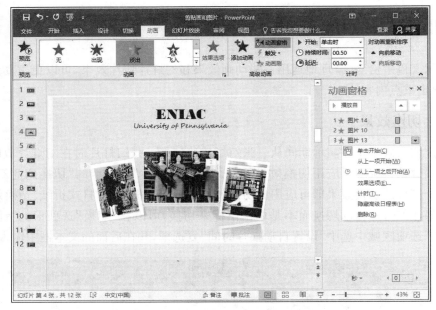

图 4.65　动画窗格

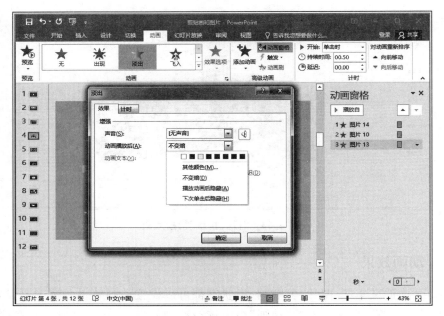

图 4.66　效果选项对话框

4.8　放映演示文稿

编辑演示文稿的最终目的是要进行放映。在"幻灯片放映"选项卡的"开始放映幻灯片"组中单击"从头开始"或者"从当前幻灯片开始"按钮，即可开始放映。

演示文稿的放映方式有 3 种,可以单击"幻灯片放映"→"设置"→"设置幻灯片放映",在弹出的"设置放映方式"对话框中进行选择(如图 4.67 所示)。

图 4.67　"设置放映方式"对话框

如果计算机支持使用多台监视器(一般笔记本电脑都支持),还可以使用演示者视图进行播放,也就是说,可以在一台计算机(如自己的笔记本电脑)查看演示文稿和演讲者备注,同时让观众在另一台监视器(如投影屏幕)观看不带备注的演示文稿。在"幻灯片放映"选项卡的"监视器"组中勾选"使用演示者视图"复选框,或在如图 4.67 所示的"设置放映方式"对话框中勾选"使用演示者视图"复选框即可实现。

4.9　导出演示文稿

4.9.1　将演示文稿导出为视频文件

在全面进入大屏时代的今天,PowerPoint 2016 终于可以导出 1080P 的视频了。单击"文件"→"导出"→"创建视频",设置演示文稿质量即视频清晰度,以及每张幻灯片的动画时间,再点击"创建视频"按钮(如图 4.68 所示),在弹出的"另存为"对话框中设置文件路径、文件名和保存类型,即可将演示文稿导出为视频文件。PowerPoint 2016 可以将视频的分辨率设置为 1920×1080、1280×720 和 852×480,可以将演示文稿导出为.mp4 或.wmv 格式的视频。

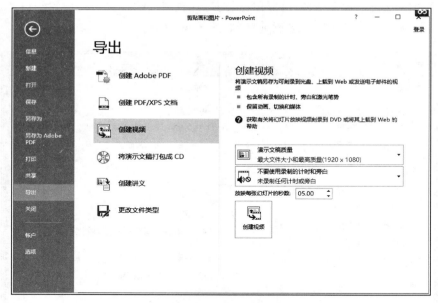

图 4.68　"导出"窗口

4.9.2　将演示文稿打包成 CD

如果将制作好的演示文稿复制到另一台计算机上，而该计算机上又未安装 PowerPoint 应用程序，或者演示文稿中使用的链接文件或 TrueType 字体在该计算机上不存在，就无法保证演示文稿的正常播放。这时就需要使用"打包成 CD"功能了。

单击"文件"→"导出"→"将演示文稿打包成 CD"（参见图 4.68）→"打包成 CD"，将会弹出如图 4.69 所示的"打包成 CD"对话框，点击右侧的"添加"按钮可以添加更多的演示文稿一起打包，点击"复制到文件夹"按钮可以将演示文稿复制到指定的文件夹，点击"复制到 CD"按钮将会把演示文稿刻录到 CD 上。

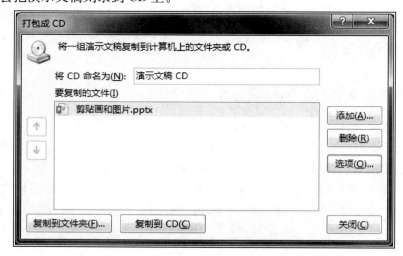

图 4.69　"打包成 CD"对话框

4.10　综合应用案例

下面来制作一个关于诗词的演示文稿。新建一个空白演示文稿,将它保存在 D 盘下,命名为"诗词欣赏.pptx"。

4.10.1　编辑幻灯片内容

1. 编辑第 1 张幻灯片

单击"开始"→"幻灯片"→"版式",将首张幻灯片的版式改为"空白"。这里选择插入一个 SmartArt 图形作为标题使用,可以单击"插入"→"插图"→"SmartArt",在弹出的"选择 SmartArt 图形"对话框中选取"列表"类型中的"垂直项目符号列表"布局,单击"确定"按钮,在插入的 SmartArt 图形中输入文本"诗词欣赏"和"制作者:刘明明",去除多余的一个图形,如图 4.70 所示。将该页作为封面页。

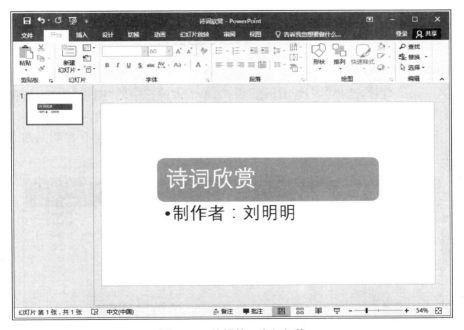

图 4.70　编辑第 1 张幻灯片

2. 编辑第 2 张幻灯片

在"开始"选项卡的"幻灯片"组中单击"新建幻灯片"旁的倒三角按钮,在弹出菜单中选择"内容与标题"版式,单击占位符中的"联机图片"按钮,在弹出的"插入图片"对话框中选择一幅合适的联机图片插入,在文本占位符中依次输入标题"早发白帝城"和文本"朝辞白帝彩云间,千里江陵一日还。两岸猿声啼不住,轻舟已过万重山。"如图 4.71 所示。

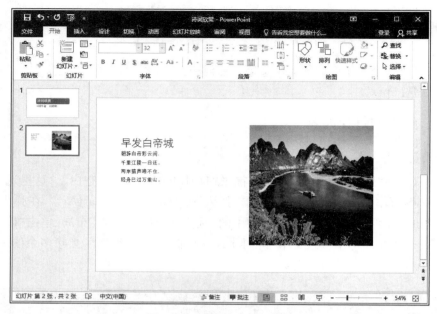

图 4.71　编辑第 2 张幻灯片

3. 编辑第 3 张幻灯片

添加第 3 张幻灯片，选择"图片与标题"版式，单击占位符中的"图片"按钮，在弹出的"插入图片"对话框中选择一幅合适的本地图片插入，在标题占位符处输入"出塞"，在文本占位符处输入"秦时明月汉时关，万里长征人未还。但使龙城飞将在，不教胡马度阴山。"如图 4.72 所示。

图 4.72　编辑第 3 张幻灯片

4. 编辑第 4 张幻灯片

添加第 4 张幻灯片,选择"竖排标题与文本"版式,在标题占位符处输入"卜算子",在文本占位符处输入"我住长江头,君住长江尾。日日思君不见君,共饮长江水。此水几时休,此恨何时已。只愿君心似我心,定不负相思意。"如图 4.73 所示。

图 4.73　编辑第 4 张幻灯片

4.10.2　选取主题

单击"设计"→"主题"→"丝状"为演示文稿设置主题。更改第 1 张幻灯片的背景样式:选中第 1 张幻灯片,单击"设计"→"自定义"→"设置背景格式",在打开的"设置背景格式"窗格中,选择"填充"选项区域中的"渐变填充"单选按钮,设置"预设渐变"为"浅色渐变-个性色 3","类型"为"线性","方向"为"线性向下"(如图 4.74 所示)。读者也可以单击"渐变光圈"标尺上的某个游标停止点,再设置"颜色"、"亮度"、"透明度"等选项,或直接拖动游标停止点来更改渐变颜色效果。如果想让渐变效果更自然,颜色更丰富,还可以单击"渐变光圈"标尺旁的"添加渐变光圈"按钮。

图4.74 渐变填充效果图

4.10.3 设置幻灯片母版

接下来要在幻灯片母版中制作文字Logo,如图4.75所示,回到普通视图模式后使其在每张幻灯片的右下角皆出现。

图4.75 放大的Logo效果图

单击"视图"→"母版视图"→"幻灯片母版",此时在功能区中会出现"幻灯片母版"选项卡(如图4.76所示)。在较大的幻灯片母版的右下角执行如下操作:

(1)单击"插入"→"插图"→"形状"→"基本形状"→"半闭框",当鼠标指针变成十字形时按下鼠标左键并拖动,绘制一个半闭框。鼠标右键单击半闭框,在弹出的快捷菜单中选择"设置形状格式",在打开的"设置形状格式"窗格中设置其格式:在"填充"选项区域选中"纯色填充"单选按钮,设置"颜色"为"深红,个性色1,淡色60%";在"线条"选项区域选中"实线"单选按钮,设置"颜色"为"黑色,文字1,淡色25%"。通过拖动图形上黄色圆点改变半闭框的粗细程度。

（2）复制这个半闭框，在"设置形状格式"窗格中单击"效果"选项卡，在"三维旋转"选项区域中设置"Z 旋转"为"180"，调整两个半闭框的位置。

（3）单击"插入"→"文本"→"文本框"，在幻灯片窗格中单击，即可插入一个文本框，输入"诗词欣赏"，并将文本框拖动到两个半闭框中间（参见图 4.75）。按住 Shift 键不放，依次选中文本框和两个半闭框，单击鼠标右键，在弹出的快捷菜单中选择"组合"→"组合"，文本框和两个半闭框即组成一个整体，后期需要调整位置时可以整体移动它。

（4）单击"幻灯片母版"→"关闭"→"关闭母版视图"，回到普通视图模式下，可以看到每张幻灯片的右下角皆出现了文字 Logo。

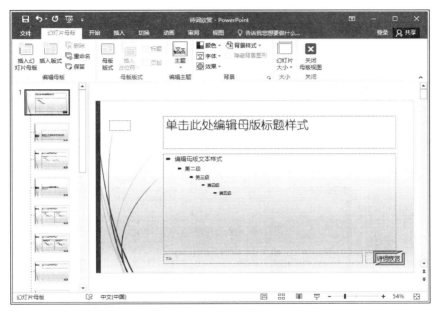

图 4.76　编辑幻灯片母版

4.10.4　编辑目录页幻灯片

在封面页之后插入一张"空白"版式的幻灯片，单击"插入"→"文字"→"艺术字"，在打开的艺术字库中选择第 3 行的第 4 个样式，在插入的艺术字文本框中输入"目录"，在"开始"选项卡中"字体"组中设置字体为"隶书"，字号为"60"。选中艺术字"目录"，单击鼠标右键，在弹出的快捷菜单中选择"设置形状格式"，然后在打开的"设置形状格式"窗格中选择"大小与属性"选项卡，在"大小"选项区域中设置"高度"为"3 厘米"，"宽度"为"7 厘米"，取消选中"锁定纵横比"复选框。

在幻灯片上单击，在"设置背景格式"窗格的"填充"选项区域中选中"图片或纹理填充"单选按钮，设置"纹理"为"纸莎草纸"。

单击"插入"→"插图"→"形状"→"基本形状"→"椭圆"，按住 Shift 键，按住鼠标左键在幻灯片中拖动绘制出一个正圆。在"绘图工具"的"格式"选项卡的"大小"组中设置正圆的

"高度"为"2.2厘米"，"宽度"为"2.2厘米"，在"设置形状格式"窗格的"填充"选项区域中选中"图案填充"单选按钮，设置"图案"为"横向砖形"，"前景"为"白色，背景1，深色5％"，"背景"为"橄榄色，个性色4，深色25％"。鼠标右键单击正圆图形，在弹出的快捷菜单中选择"编辑文字"，输入"1"，设置字体为"Arial Black"，字号为"32"。

单击"插入"→"插图"→"形状"→"基本形状"→"文本框"，在幻灯片中单击插入一个文本框，在"设置形状格式"窗格中选择"大小与属性"选项卡，在"大小"选项区域中设置"高度"为"1.8厘米"，"宽度"为"18厘米"，输入"早发白帝城（唐）李白"，设置字体为"隶书"，字号为"36"。设置文本框的格式，在"设置形状格式"窗格中的"填充"选项区域中选中"图片或纹理填充"单选按钮，设置"纹理"为"羊皮纸"，"透明度"为"50％"。

将文本框左端拖动至正圆的垂直直径处，选中文本框后单击鼠标右键，在弹出的快捷菜单中选择"置于底层"→"下移一层"，将文本框与正圆组合。使用同样方法依次编辑其他两个目录项，内容分别为"2 出塞（唐）王昌龄"和"3 卜算子（北宋）李之仪"，效果如图4.77所示。

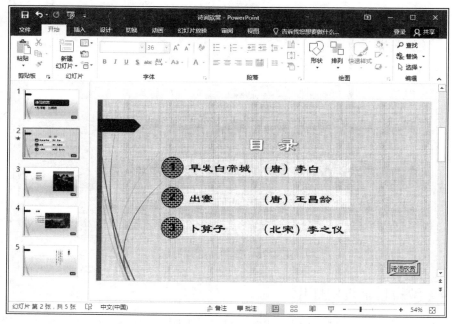

图4.77 目录页幻灯片的效果图

4.10.5 美化幻灯片

第5张幻灯片上的《卜算子》词中只有文字，显得有些单调，不妨使用图片来美化一下。在幻灯片上单击鼠标右键，在弹出的快捷菜单中选择"设置背景格式"，在打开的"设置背景格式"窗格的"填充"选项区域中选中"图片或纹理填充"单选按钮，在"插入图片来自"选项区域中单击"文件"按钮，在弹出的"插入图片"对话框中选择一张合适的图片插入，设置"透明度"为"40％"，勾选"隐藏背景图形"复选框，效果如图4.78所示。

图 4.78　第 5 张幻灯片的效果图

4.10.6　设置超链接

下面为目录页制作超链接。选中正圆（注意，不要选择文本"1"），单击"插入"→"链接"→"超链接"，在弹出的"编辑超链接"对话框中切换至"本文档中的位置"，选择"3. 早发白帝城"，单击"屏幕提示"按钮，在弹出的"设置超链接屏幕提示"对话框的"屏幕提示文字"文本框中输入"早发白帝城"，如图 4.79 所示。

图 4.79　编辑超链接

依次对另外两个目录项执行相同操作，分别链接到"初塞"和"卜算子"两张幻灯片。

4.10.7 插入动作按钮

在第3张幻灯片左下角插入一个动作按钮。单击"插入"→"插图"→"形状"→"动作按钮"→"动作按钮：前进或下一项"，当鼠标指针变成十字形时按下鼠标左键并在幻灯片上拖动插入一个动作按钮，在弹出的"操作设置"对话框中使用默认值，即"单击鼠标"时"超链接到""下一张幻灯片"，单击"确定"按钮。在"设置形状格式"窗格中设置动作按钮的形状为高1.2厘米，宽1.2厘米，单击"效果"选项卡，选择"三维格式"→"顶部棱台"→"棱台"→"圆"（如图4.80所示）。

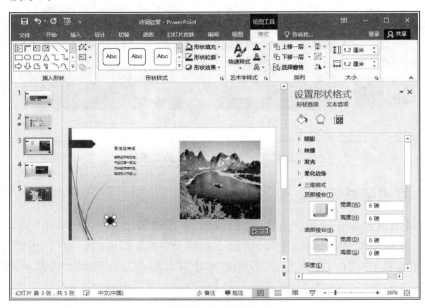

图4.80　设置动作按钮的三维格式

为第4张也制作同样的动作按钮，效果如图4.81所示。

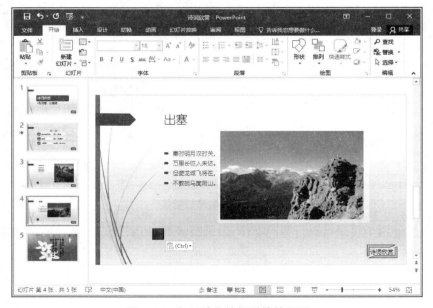

图4.81　加了动作按钮后的效果图

在第 5 张幻灯片左下角插入一个"动作按钮：第一张"样式的按钮，在弹出的"操作设置"对话框中，选择"超链接到"→"幻灯片"（如图 4.82 所示），在弹出的"链接到幻灯片"对话框中选取"幻灯片 2"，单击"确定"按钮，即可实现单击该动作按钮后返回目录页。

图 4.82　设置动作按钮的动作

4.10.8　加入动画效果和切换效果

　　为第 1 张幻灯片设置动画效果：选中幻灯片上的 SmartArt 图形，单击"动画"→"动画"→"进入"→"浮入"，再单击"效果选项"→"方向"→"上浮"。

　　为第 2 张幻灯片设置动画效果：选中第 1 个目录项，设置"动画"为"擦除"，"方向"为"自左侧"，在"计时"组中设置"开始"为"单击时"。为第 2 个和第 3 个目录项设置相同的动画效果，依次为第 2 个和第 3 个目录项设置"计时"组中的选项，设置"开始"为"上一动画之后"，"延迟"为"00.25"（如图 4.83 所示）。

　　为第 3～5 张幻灯片设置切换效果：选中幻灯片，单击"切换"→"切换到此幻灯片"→"华丽型"→"剥离"，在"计时"组的"切片方式"选项区域中，取消选中"单击鼠标时"复选框，选中"设置自动换片时间"复选框，并在后面的文本框中输入"00:03.00"，效果如图 4.84 所示。

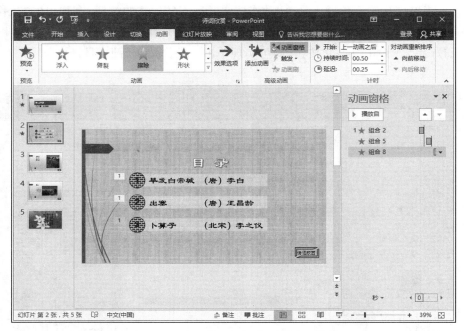

图 4.83　为目录页幻灯片设置动画效果

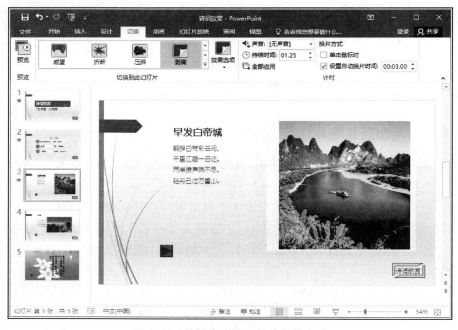

图 4.84　编辑内容页幻灯片切换方式

4.10.9　幻灯片放映

单击"幻灯片放映"→"开始放映幻灯片"→"从头开始"或者单击状态栏中的 ⬛ 图标播放

演示文稿,并查看文本、排版、动作按钮、动画、切换等效果。

习题 4

请读者自行设计编辑一个演示文稿,介绍自己的家乡。具体要求如下:

(1) 为演示文稿选择合适的主题、背景等,设置好整体环境。

(2) 首页为封面页,可以使用艺术字或 SmartArt 图形给出家乡名称。

(3) 第 2 页为目录页,列举出家乡的风土人情,如著名景点、名人典故、特色美食、特定风俗等。

(4) 根据目录页列举的标题,使用 8~10 页细致介绍家乡,要求图文并茂,排版生动,灵活使用艺术字、SmartArt 图形,使用"图片工具"的选项卡对图片进行修饰,介绍完相应的内容后使用动作按钮或图片超链接至目录页。

(5) 如有必要为某些幻灯片添加备注,方便日后演讲。

(6) 最后一页为致谢页。

(7) 在演示文稿中插入一段音乐,作为背景音乐播放。

(8) 为幻灯片设置合适的动画效果。

(9) 为幻灯片设置合适的切换效果。

(10) 使用幻灯片浏览视图对演示文稿进行风格的整体把握、调整。

(11) 使用演示文稿为周围的人介绍家乡。

第5章 网页设计与制作

随着互联网的迅猛发展,使用网络已经成为人们娱乐休闲和工作生活的一部分,越来越多的人在网上通信、工作、教学、购物、娱乐,甚至在网上建立自己的网站,或提供交流场所,或进行网上营销,或展示个人风采。Adobe Dreamweaver(简称DW)是目前业界最流行的静态网页制作与网站开发工具。本章以 Dreamweaver CC 为基本工具,详细介绍如何通过 Dreamweaver 进行网站设计和网页编辑等操作。

5.1 初识 Dreamweaver CC

Dreamweaver 是由 Macromedia 公司(现在被 Adobe 公司收购)开发的一种基于可视化界面的、带有强大代码编写功能的网页设计与开发软件。Dreamweaver 的出现,使网页的创作变得非常轻松,如果直接将"Dreamweaver"翻译成中文,意思就是"梦想编织者",它与 Fireworks 和 Flash 被人们并称为"网页三剑客"。Dreamweaver 是一款所见即所得的可视化网页编辑软件,即在编辑的时候看到的网页外观和在 IE 浏览器中看到的网页外观基本上是一致的。到目前为止,Dreamweaver 是最受大家青睐的网页制作软件。

5.1.1 新增功能

随着 Internet 的迅速发展,网页设计软件也在不断更新。Adobe Dreamweaver CC 2017 是 Adobe 公司最新推出的版本。新版本比以往任何版本都更专注、高效和快速,具备全新代码编辑器、更直观的用户界面和多种增强功能。

1. 全新代码编辑器

Dreamweaver 中的代码编辑器提供了若干可增强工作效率的功能,从而能够快速且高效地完成编码任务。代码提示可帮助新用户了解 HTML、CSS 和其他 Web 标准,自动缩进、代码着色和可调整大小的字体等视觉辅助功能可帮助减少错误,使代码更易阅读。

2. CSS 预处理器支持

Dreamweaver CC 支持常用的 CSS 预处理器(如 Sass、Less 和 SCSS),提供完整的代码着色、代码提示和编译功能,可节省时间并生成更简洁的代码。

3. 在浏览器中实时预览

Dreamweaver CC 与浏览器连接,无需手动刷新浏览器,即可在浏览器中快速实时预览和代码更改。

4. 提供上下文相关 CSS 文档

Dreamweaver CC 在代码视图中针对 CSS 属性提供上下文相关文档,无需从 Dreamweaver 外部访问网页即可了解或查阅 CSS 属性。

5. 可利用多个光标编写和编辑代码

可使用多个光标同时编写多行代码,不必多次编写同一行代码,此功能可以大大提高工作效率。

6. 现代化的用户界面

Dreamweaver CC 具备更直观的可自定义界面,更易于访问的菜单和面板,以及个性化显示可配置的上下文相关工具栏。

5.1.2　工作界面

Dreamweaver CC 2017 不仅拥有简单快捷的操作界面,还具有编辑网页和创建网站的强大功能,即使是初学者也可以很快学会使用。

在 Dreamweaver CC 2017 安装完成后,单击"开始"按钮,选择"Adobe Dreamweaver CC 2017"选项,打开 Dreamweaver CC 2017 的启动界面,如图 5.1 所示。

图 5.1　Dreamweaver CC 2017 的启动界面

可以通过新建或打开一个网页的方式进入 Dreamweaver CC 2017 的标准工作界面,如图 5.2 所示,包含标题栏、菜单栏、工具栏、文档编辑区、标签选择器、属性面板和浮动面板组等元素。

菜单栏

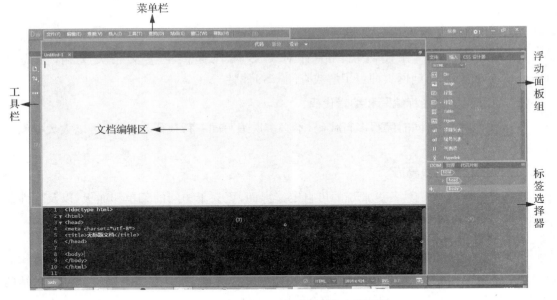

图 5.2　Dreamweaver CC 2017 的工作界面

1. 菜单栏

Dreamweaver CC 2017 的菜单栏非常实用，归类合理，绝大多数操作都可以通过菜单栏轻松完成，共包含 9 个菜单：文件、编辑、查看、插入、工具、查找、站点、窗口和帮助。

2. 工具栏

工具栏使用起来方便、快捷和直观。Dreamweaver CC 2017 默认显示"打开文档"、"文件管理"和"扩展全部"等常用命令和选项，而其他一些命令按钮可通过点击"自定义工具栏"按钮来实现相应的显示或隐藏。

3. 文档编辑区

当打开或创建一个网页时，自动进入文档编辑区，文档编辑区是用户主要工作区域，制作和编辑工作都要在这里完成。Dreamweaver CC 2017 提供了 4 种查看文档的方式：代码视图、拆分视图、设计视图和实时视图。

（1）代码视图：用于编辑 HTML 代码、JavaScript 代码、服务器语言（如 PHP 或 ColdFusion 标记语言）代码以及任何其他类型代码的手工编辑环境。

（2）设计视图：用于可视化页面布局、可视化编辑和快速应用程序开发的设计环境。在该视图中，可显示文档的完全可编辑的可视化表示形式，类似于在浏览器中查看页面时看到的内容。

（3）拆分视图：用于在一个窗口中同时看到同一文档的代码视图和设计视图。

（4）实时视图：与设计视图类似，但可以更加逼真地显示文档在浏览器中的表示形式，并使用户能够像在浏览器中那样与文档交互。在实时视图中不能编辑文档，用户可以在代码视图中编辑文档后刷新实时视图来查看所做的更改。

4. 标签选择器

标签选择器用于显示当前选定内容的标签的层次结构,单击该层次结构中的任何标签都可以选择该标签及其全部内容,而单击<body>标签可以选择文档的整个正文。

5. 浮动面板组

Dreamweaver CC 2017 的各种工具面板集成到面板组中,如"文件"面板、"插入"面板等。

5.2　快速入门

从本节开始,将由简到难地学习网站的建立和网页的制作,本节首先学习网站的建立和最基础的静态网页的制作。

5.2.1　站点

无论是网页制作的新手,还是专业的网页设计师,都要从构建站点开始,厘清网站结构的脉络。

1. 认识站点

严格来说,站点是一种文档的组织形式,由文档和文档所在的文件夹组成,不同的文件夹保存不同的网页内容,如 images 文件夹用于存放图片,从而便于以后的管理和更新。Dreamweaver CC 2017 中的站点包括本地站点和远程站点。本地站点是用来存放整个网站框架的本地文件夹,是用户的工作目录,一般制作网页时只需要建立本地站点即可。远程站点是存储于 Internet 服务器上的站点相关文档的文件夹。通常情况下,为了不连接 Internet 而对所建的站点进行测试,可以在本地计算机上创建远程站点,来模拟真实的 Web 服务器进行测试。

2. 创建本地站点

在制作网页之前,最好先定义一个新站点,这是为了更好地利用站点对文件进行管理,可以尽可能地减少链接与路径方面的错误。

在 Dreamweaver CC 2017 中创建站点非常容易,在菜单栏中单击"站点"→"新建站点"命令,打开"站点设置对象"对话框(图 5.3)。在该对话框中的"站点名称"文本框中输入站点名称,单击"本地站点文件夹"文本框后面的"浏览"按钮,在打开的对话框中选择本地站点的存放位置,然后单击"保存"按钮即可完成本地站点的创建。在创建站点时,站点文件夹的名称和文件名尽量使用英文小写字母加数字的组合,不要使用中文。因为现在很多服务器使用的是 Windows Server 或者 Unix 操作系统,它们不能很好地识别中文。站点文件夹建议不要创建在 C 盘,因为系统一旦崩溃,C 盘的内容很可能丢失。站点文件夹的目录层次不要太深,一般在硬盘根目录下的二、三级目录就足够了,否则有可能导致链接错误。

计算机应用技能（第2版）

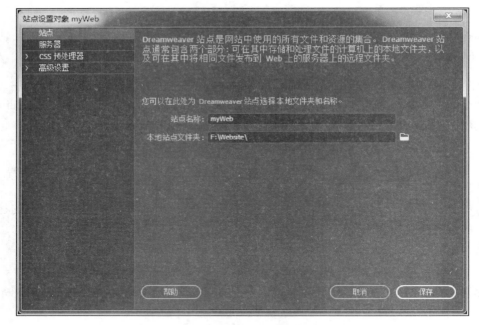

图 5.3 "站点设置对象"对话框

本地站点创建完成后，在"文件"面板的"本地文件"窗格中显示出刚创建的本地站点，如图 5.4 所示。

图 5.4 "文件"面板

3. 管理站点

一般情况下，第一次建立的站点比较粗糙，因而特别需要在中后期对站点进行编辑管理。在菜单栏中单击"站点"→"管理站点"命令，打开"管理站点"对话框，如图 5.5 所示，从中可以实现对站点的编辑、删除、复制、导入和导出操作。

根据构思好的站点结构，可以在站点的根目录下建立"images"、"media"、"css"之类的文件夹存放当前站点中的图像、多媒体和样式表。利用"文件"面板，在弹出的快捷菜单中，可以简单方便地对本地站点中的文件夹和文件进行创建、删除、移动和复制等操作，实现如图 5.6 所示的效果。任何一个网站都有首页，所有网站首页的默认文件名为"index"，这个页面只能存放在站点的根目录下，当在浏览器中输入网址的时候，打开的就是这个页面。

到此为止，站点结构定义完毕，可以开始制作当前网站中的每一个网页。当把所有的网页都制作完毕并添加好超链接，网站也就制作完毕了。

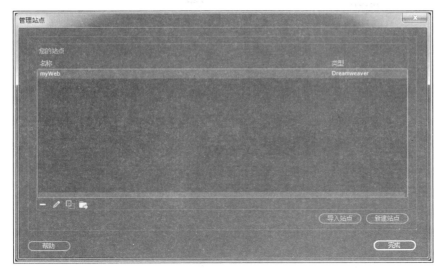

图 5.5　"管理站点"对话框

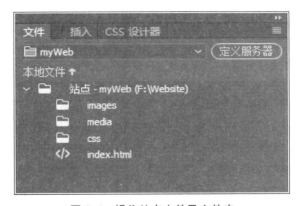

图 5.6　操作站点文件及文件夹

5.2.2　网页

站点可以说是网页的容器,站点创建好后,就可以创建网页了。

1. 新建网页

Dreamweaver CC 2017 为用户提供了 HTML、CSS、JS、PHP 等多种文档类型,不仅可以创建空白网页文档,还可以创建启动器模板和网站模板。

单击"文件"→"新建"菜单命令,打开如图 5.7 所示的"新建文档"对话框,选择"新建文档"选项,在"文档类型"列表框中选择"HTML"选项,在右侧的"框架"选项区域中选择"无"选项,然后单击"创建"按钮,即可创建一个空白文档。

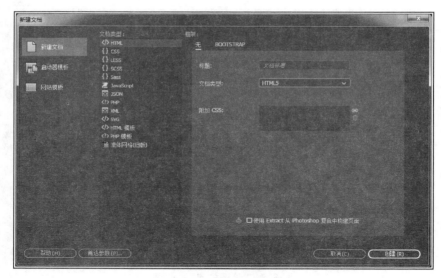

图 5.7 "新建文档"对话框

2. 设置页面属性

当进行网页制作时，要在开始制作具体页面之前就对整个网站页面的外观效果即页面属性进行设置，这样在制作过程中能够统一网站的风格，保证各网页的协调性和整体性，给人以美的感觉。

单击"窗口"→"属性"菜单命令打开"属性"面板（图 5.8），单击"属性"面板上的"页面属性"按钮，弹出如图 5.9 所示的"页面属性"对话框，从中可以设置外观、链接、标题、标题/编码和跟踪图像等属性。用户可在"分类"列表框中选择相应的项目，然后根据对话框右侧更新的选项区域，设置网页的全局属性。

图 5.8 "属性"面板

图 5.9 "页面属性"对话框

在使用浏览器打开网页文档时,浏览器的标题栏会显示网页文档的名称,这一名称就是网页的标题。通过标题/编码属性可以方便地设置这一标题内容,除此之外,还可以设置网页文档所使用的语言规范、字符编码等多种属性。

在设计网页时,往往需要先使用 Photoshop 或 Fireworks 等图像设计软件制作一个网页的界面图,再使用 Dreamweaver 对网页进行制作。跟踪图像属性的作用就是将网页的界面图作为网页的半透明背景插入到网页中。用户在制作网页时即可根据界面图,决定网页对象的位置等。

3. 保存和预览网页

完成网页的编辑后需要对所编辑的网页进行保存和预览,其操作相当简单,如通过单击"文件"→"保存"菜单命令或按 Ctrl＋S 快捷键就可以保存网页,而通过单击"文件"→"实时预览"菜单命令或按 F12 快捷键就可以预览网页。

5.3　简单网页

当创建好站点、搭建好本地站点的结构并创建网页文档之后,便可以开始网页页面的制作了。本节将重点介绍通过插入文本、图像、多媒体和超链接来制作图文混排的网页页面。

5.3.1　文本

文本是基本的信息载体,是网页中最基本的元素之一。在网页中运用丰富的字体、多样的格式以及赏心悦目的文本效果,对于网站设计师来说是必不可少的技能。

1. 插入文本

为了使用户方便地为网页插入文本,Dreamweaver CC 提供了 2 种插入文本的方式,即直接输入和从外部文件中粘贴。

1) 直接输入文本

直接输入是最常用的插入文本的方式,可以直接在设计视图中输入英文字母,或切换到中文输入法来输入中文字符。在输入文本的过程中,换行时如果直接按 Enter 键(硬换行),行间距会比较大。一般情况下,在网页文档中换行是按 Shift＋Enter 组合键(软换行),这样才有正常的行距。

2) 从外部文件中粘贴

除了直接输入外,用户还可以从其他软件或文档中将文本复制到剪贴板中,然后再切换至 Dreamweaver CC,在文档编辑区中右击鼠标,在弹出的快捷菜单中点击"粘贴"命令,或按 Ctrl＋V 组合键,将文本粘贴到网页文档中。

在粘贴的过程中,Dreamweaver CC 提供了选择性粘贴功能,允许用户在复制富文本的情况下执行"选择性粘贴"命令,打开"选择性粘贴"对话框(图 5.10),选择性地粘贴文本中的某一部分。

图 5.10 "选择性粘贴"对话框

2. 设置文本属性

网页中的文本主要包括标题、信息、文本链接等几种主要形式。在网页中构建丰富的字体、多样的段落格式以及赏心悦目的文本效果，能充分体现网页要表达的意图，激发读者的阅读兴趣。在网页文档中可以对所添加的文本进行格式化，如设置文本字符的格式、段落格式等，"格式"菜单项提供了详细而全面的设置方式。另外，文本的大部分格式设置可以通过文本的属性检查器来进行。单击"窗口"→"属性"菜单命令，打开文本的"属性"面板，其中包含两个选项卡：HTML 和 CSS。

"HTML"选项卡（图 5.11）中的选项用于设置文本的 HTML 格式，其中包括设置段落格式、定义预先格式化文本、设置段落的对齐方式、设置段落文本的缩进、设置项目列表等。

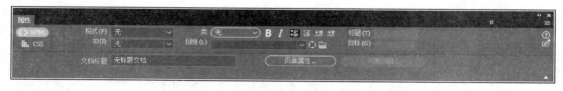

图 5.11 文本的"属性"面板中的"HTML"选项卡

"CSS"选项卡（图 5.12）中的选项则用于应用 CSS 样式或者创建 CSS 内联样式，当用户为文本应用字体、字号、颜色和字形等基本格式时，Dreamweaver CC 都将为其创建类样式。

图 5.12 文本的"属性"面板中的"CSS"选项卡

3. 添加其他页面元素

在 Dreamweaver CC 中添加其他页面元素也非常方便，可以使用"插入"面板直接添加，例如日期、文本水平线、特殊符号等，本节将分别介绍。

1）插入日期

在网页中经常会看到有日期显示，且日期自动更新。Dreamweaver CC 提供了插入日期的功能，可以用任意格式在网页文档中插入当前时间，同时日期自动更新。

将插入点放在文档中需要插入日期的位置，单击"插入"面板上的"日期"按钮，弹出"插入日期"对话框，如图 5.13 所示，选择星期、日期、时间的显示方式，如果希望插入的日期在每次保存文档时自动进行更新，可以选中对话框中的"储存时自动更新"复选框。

图 5.13　"插入日期"对话框

2）添加特殊字符

所谓的特殊字符是指用键盘不能直接输入的字符。如果想要向网页中插入特殊字符，可以单击"插入"面板上的"字符"按钮右侧的倒三角符号，在弹出的菜单中选择需要插入的特殊字符（图 5.14）即可，如选择"版权"选项。

图 5.14　"字符"下拉列表

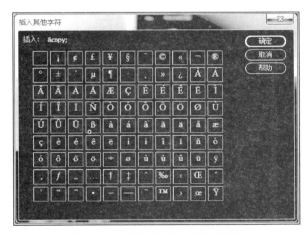

图 5.15　"插入其他字符"对话框

如果需要插入更多的特殊字符，可在"字符"下拉列表中选择"其他字符"选项，打开"插入其他字符"对话框。在该对话框中，单击相关字符或者在"插入"文本框中输入特殊字符的编码，然后单击"确定"按钮，即可在网页中插入相应的特殊字符，如图 5.15 所示。特殊字符的编码是以"&"开头，以";"结尾的特定数字或英文字母，例如版权标识符"©"的编码是

"©"或"©"，特殊字符的编码可以参考相关文献。

3）插入水平线

水平线起到分隔文本的作用，在页面上，可以使用一条或多条分割线以可视的方式分隔文本和对象。点击"插入"面板上的"水平线"按钮，即可向网页文档中插入水平线。

选中某条水平线，可以用"属性"面板对这个水平线的属性进行设置，如图5.16所示。"宽"选项用来设置该水平线的宽度，可填数值。紧跟其后的下拉列表框用来设置宽度的单位，有"％"和"像素"两个选项。例如，"60像素"表示宽度为60个像素，"50％"表示宽度占打开的浏览器窗口的50％，宽度的默认值为100％。"对齐"下拉列表框用来设置水平线的对齐方式。选中"阴影"复选框，则给水平线设置阴影效果。

图5.16　水平线的"属性"面板

4）添加空格

在Dreamweaver CC中，如果使用键盘上的Space键在文档中添加空格，会发现只能插入一个空格，即使多次按下Space键也无济于事，同时在代码视图中也没有相应的HTML标签。默认情况下，Dreamweaver CC只允许字符之间包含一个空格。若要在两个字符之间添加多个空格，必须插入不换行空格，可执行下列操作之一来实现：

（1）单击"插入"面板中的"不换行空格"按钮。

（2）执行"插入"→"HTML"→"不换行空格"菜单命令。

（3）在代码视图中相应的位置输入" "。

5）实现页面滚动文本

在网页中实现文本滚动效果可以使整个页面更具有流动性，而且可以突出表现主题内容，对受众的视线具有一定的引导作用，从而达到更好的视觉传达效果。

在网页中实现滚动文本效果最简便的方法是使用HTML中的<marquee>标签，通过该标签可使网页中的内容实现滚动的效果，对该标签的相关属性进行设置，可以控制滚动方法、速度等。

将光标移至需要添加滚动文本代码的位置，切换到代码视图，确定光标位置，在代码视图中输入滚动文本的标签<marquee>并添加相应的属性设置，如图5.17所示。

图5.17　添加文本滚动效果的代码视图

在滚动文本的<marquee>标签中，direction属性表示滚动的方向，设置为up表示向上滚动，down表示向下滚动，left表示向左滚动，right表示向右滚动。scrollamount属性是指滚动的速度，数值越小，滚动越慢。height属性表示滚动文本区域的高度。width属性表示滚动文本区域的宽度。onMouseOver 属性表示当鼠标移动到区域上时所执行的操作。onMouseOut 属性表示当鼠标移开区域上时所执行的操作。

5.3.2 图像

图像是网页中最主要的元素之一,图像的出现打破了网页初期单纯的文字界面,也带来了新的直观表示形式。图像不仅可以修饰网页,使网页美观,而且与文本相比,合适的图像能够更直观地说明问题,使表达的意思一目了然。

1. 网页中图像的格式

网页中通常使用的图像格式有 3 种,即 GIF、JPEG 和 PNG 格式,下面介绍它们各自的特性。

1) GIF 格式

网页中最常用的图像格式是 GIF,该格式的图像最多可显示 256 种颜色。GIF 格式图像的特点是图像文件占用磁盘空间小,支持透明背景和动画,多用于图标、按钮、滚动条和背景等。但 GIF 格式不适合显示色彩丰富的图像。

GIF 格式图像的另外一个特点是可以将图像以交错的形式下载。所谓交错下载,就是当图像尚未下载完成时,浏览器显示的图像会由不清晰慢慢变清晰,直到下载完成为止。

2) JPEG 格式

JPEG 格式是一种图像压缩格式,该格式的图像可以包含数百万种颜色。JPEG 格式最适合显示色彩丰富绚丽的图像,其文件的扩展名为 jpg 或 jpeg。随着 JPEG 文件品质的提高,图像文件的大小和下载时间也会随之增加。通常可以通过压缩 JPEG 文件在图像品质和文件大小之间达到良好的平衡。但 JPEG 格式不支持透明度和动画属性。

3) PNG 格式

PNG 格式是集多种格式优点于一身的新一代图像格式,其优点包括无损压缩、百万颜色、高效隔行扫描、支持透明度,而且拥有各种情况下的高度一致性,潜力很大。PNG 格式图像的显示速度快,只需下载 1/64 的图像信息就可以显示出低分辨率的预览图像。PNG 格式同样支持透明图像的制作。

2. 插入普通图像

在网页中,图像通常用于添加图形界面(例如导航按钮)、具有视觉感染力的内容(例如照片)或交互式设计元素(例如鼠标经过图像或图像地图)。

在 Dreamweaver CC 中,将光标放置到文档的空白位置,即可插入图像,Dreamweaver CC 会自动在网页的 HTML 源代码中生成对该图像文件的引用。为了保证引用的正确性,该图像文件必须保存在当前站点目录中。如果所用的图像文件不在当前站点目录中,Dreamweaver CC 将提示用户创建文档相对路径。

插入图像有两种方法。一种是通过命令插入图像,可执行"插入"→"Image"菜单命令,或者按 Ctrl+Alt+I 组合键,在弹出的"选择图像源文件"对话框中选择图像后插入。另一个插入方法是在"插入"面板上单击"Image"按钮,在弹出的"选择图像源文件"对话框中选择图像,将其插入到网页中。具体来说，在如图 5.18 所示的"选择图像源文件"对话框中选择所要插入图像的路径，或者直接在 URL 中输入所要插入的路径，此时可以看到图像的预览效果。

图 5.18 "选择图像源文件"对话框

选定图像后，单击"确定"按钮，如果插入的图像不在当前正在操作的站点中，会提示位于站点以外的文件在发布时可能无法访问，并询问是否将文件复制到站点根文件夹中，如图 5.19 所示，单击"是"按钮后，会弹出"拷贝文件为"对话框，让用户选择图像文件的存放位置，可选择根目录或者根目录下的任何文件夹。

图 5.19 提示保存图像文件的对话框

当选择了网页中的一幅图像时，"属性"面板中即会反映该图像的属性，如图 5.20 所示，该面板可以对图像进行一系列的编辑，包括调整图像的大小、裁剪图像、改变图像的亮度和对比度、锐化图像、设置图像的排列方式、设置图像的页边距以及设置图像的边框效果。

图 5.20 图像的"属性"面板

3. 插入鼠标经过图像

鼠标经过图像是一种在浏览器中查看并使用鼠标指针经过它时发生变化的图像。鼠标经过图像实际上由两个图像组成:主图像(首次载入页面时显示的图像)和子图像(当鼠标指针移过主图像时显示的图像)。鼠标经过图像中的这两个图像应大小相等,如果这两个图像的大小不同,Dreamweaver CC 将自动调整第二个图像的大小以匹配第一个图像的属性。

准备好两个图像文件,在文档编辑区中将光标置于要插入鼠标经过图像的位置,单击"插入"→"HTML"→"鼠标经过图像"菜单命令,或者单击"插入"面板上的"鼠标经过图像"按钮,此时会弹出"插入鼠标经过图像"对话框,如图 5.21 所示。

图 5.21 "插入鼠标经过图像"对话框

在"图像名称"文本框中输入鼠标经过图像的名称。在"原始图像"文本框中输入初始图像的路径,或者单击"浏览"按钮,在弹出的对话框中选择所需的图片。在"鼠标经过图像"文本框中输入鼠标经过时要显示的图像的路径。选中"预览鼠标经过图像"复选框,图像会预先加载到浏览器的缓存中,加快图像下载速度。在"替换文本"文本框中输入与图像交替显示的文本,在浏览器中浏览网页,当鼠标掠过该图像时就会显示这些文本。在"按下时,前往的 URL"文本框中输入链接的文件路径及文件名,表示在浏览时单击鼠标经过图像会打开链接的网页。

保存网页文档后,按下 F12 查看效果,如图 5.22 所示。当鼠标没有移到图像上时,显示左边的图像,当鼠标移动到图像上时,显示右边的图像,而移开鼠标,则又显示左边的图像。

图 5.22 鼠标经过前后的图像效果

4. 插入 HTML 5 画布

画布是 Dreamweaver CC 新增的基于 HTML 5 的全新功能，通过该功能可以在网页中自动绘制出一些常见的图形，如矩形、圆形、椭圆等，并且能够添加一些图像。

在网页中插入画布就像插入其他网页元素一样简单，然后利用 JavaScript 脚本调用绘图 API（接口函数），即可在网页中实现各种图形效果。将光标置于网页中需要插入画布的位置，单击"插入"面板上的"Canvas"按钮，即可在网页中光标所在位置插入画布。转换到代码视图中，可以看到所插入的画布的 HTML 代码为"＜canvas id＝"canvas"＞ ＜/canvas＞"。选中插入的画布，在"属性"面板上可以设置画布的相关属性，如图 5.23 所示。

图 5.23　画布的"属性"面板

切换到代码视图中，在网页文档中添加相应的 JavaScript 脚本代码，如图 5.24 所示，保存网页文档后在浏览器中浏览，可以看到画布与 JavaScript 脚本相结合在网页中绘制出矩形。在 JavaScript 脚本中，getContext 是内置的 HTML 5 对象，拥有多种绘制路径、矩形、圆形、字符以及添加图像的方法；fillStyle 方法用于控制绘制图形的填充颜色；strokeStyle 方法用于控制绘制图形边线的颜色。

```
<canvas id="canvas" width="800" height="400"></canvas>
<script type="text/javascript">
    var canvas=document.getElementById("canvas");
    var context=canvas.getContext("2d");
    context.rect(50,50,720,320);
    context.strokeStyle="#09F";
    context.lineWidth=10;
    context.fillStyle="#9CC";
    context.fill();
    context.stroke();
</script>
```

图 5.24　添加 JavaScript 脚本代码

5.3.3　超链接

链接是 Internet 的核心与灵魂，它将 HTML 网页文件和其他资源链接成一个无边无际的网络。超链接可以是一段文本、一幅图像或其他网页元素，当在浏览器中用鼠标单击这些对象时，浏览器可以载入一个指定的新页面或者转到页面的其他位置。

1. 认识超链接

利用链接可以实现在文档间或文档中的跳转。链接由两个端点（也称锚）和一个方向构成，通常将开始位置的端点称为源端点（或源锚），而将目标位置的端点称为目标端点（或目标锚），链接就是由源端点到目标端点的一种跳转。目标端点可以是任意的网络资源，例如一个页面、一副图像、一段声音、一段程序，甚至可以是页面中的某个位置。

1）超链接的分类

超链接根据链接源端点的不同，分为超文本和超链接两种。超文本就是利用文本创建超级链接，在浏览器中，超文本一般显示为下方带蓝色下划线的文本。超链接是利用除了文本之外的其他对象所构建的链接。

根据目标端点链接的位置不同，可分为内部链接、外部链接和锚记。内部链接指目标端点是同一网站的网页，外部链接指目标端点是其他网站的网页，锚记指目标端点是当前网页中的特定位置。

2）链接路径

路径是指网页的存放位置，即每个网页的网址。每个网页都有一个唯一的地址，称为统一资源定位器（英文缩写为 URL）。在创建链接时，允许使用的链接路径有 3 种：绝对路径、文档相对路径和站点根目录相对路径。

（1）绝对路径：如果在链接中使用完整的 URL 地址，这种链接路径就是绝对路径。绝对路径同链接的源端点无关，例如绝对路径为"D:\web design\pop\index. htm"。采用绝对路径有两个缺点，一是这种链接方式不利于测试，二是采用绝对路径不利于移动站点。为了克服绝对路径的缺陷，对于在本地站点之中的链接来说，使用相对路径是一个很好的方法。

（2）文档相对路径：文档相对路径是指以当前文档所在的位置为起点到被链接文档经由的路径。文档相对路径可以表述源端点同目标端点直接的相互位置，它同源端点的位置密切相关。使用文档相对路径有以下三种情况：

① 如果链接中源端点和目标端点在同一个目录下，那么在链接路径中只需提供目标端点的文件名即可，例如文档相对路径为"index. htm"。

② 如果链接中源端点和目标端点不在同一个目录下，那么在链接路径中需要提供目标名、斜线和文件名，例如文档相对路径为"pop/index. htm"。

③ 如果目标端点指向的文档没有位于当前目录的子目录中，则可利用"．．/"符号来表示当前位置的上级目录，例如文档相对路径为"．．/index. htm"。

（3）站点根目录相对路径：可以将站点根目录相对路径看作绝对路径和文档相对路径之间的一种折中，是指从站点根文件夹到被链接文件经由的路径。在这种路径表示中，所有的路径都是从站点的根目录开始，同源端点的位置无关，通常用一个斜线"/"表示根目录。例如"/pop/index. htm"表示站点根文件夹下的 pop 子文件夹中的一个文件 index. htm 的根目录相对路径。站点根目录相对路径是指定网站内文档链接的最好方法，因为在移动一个包含根目录相对链接的文档时，无需对原有的链接进行修改。

2. 创建文本链接

在浏览网页时会看到一些带下划线的文本，将鼠标移到文本上时鼠标指针会变成手形，单击鼠标会打开一个网页，这样的链接就是文本链接。

在文档编辑区中选中需要建立链接的文本，可以使用多种方法创建文本链接：

（1）使用文本的"属性"面板来链接文件，可单击"链接"文本框右侧的"浏览文件"按钮▣来选择文件。

（2）使用文本的"属性"面板上"链接"文本框右侧的"指向文件"按钮▣来选择文件。

（3）也可以在文本的"属性"面板上的"链接"文本框中直接输入文件路径。如果创建外部链接，必须使用绝对路径，即被链接文档的完整 URL，包含使用的传输协议，对于网页通常是"http://"。例如，添加新浪网的链接，在"链接"文本框中需要输入"http://www.sina.com.cn"。

在设置链接对象时，用户可根据需要在文本的"属性"面板（图 5.25）上的"目标"下拉列表框中选择链接对象的打开方法，其中各个选项的含义如下：

图 5.25　文本的"属性"面板

（1）默认：默认使用浏览器打开方式。

（2）_blank：将链接的文件载入到一个未命名的新的浏览器窗口中。

（3）new：将链接的文件载入到一个新的浏览器窗口中。

（4）_parent：将链接的文件载入到含有该链接的框架的父框架或者父窗口中，如果包含的链接框架不是嵌套的，则链接文件被加载到整个浏览器窗口中。

（5）_self：将链接的文件载入到该链接所在的同一个框架或窗口中，此选项是默认选项。

（6）_top：将链接的文件载入到整个浏览器窗口中，会删除所有的框架。

3. 创建图像链接

在浏览网页时，若将鼠标移动到图像上时鼠标指针会变成手形，单击鼠标会打开一个网页，这样的链接就是图像链接。

创建图像链接的方法与创建文本链接的方法大致相同，不同之处在于链接的载体是图片，而不是文本。

在网页中单击"插入"→"Image"菜单命令，选择一幅图像，插入到网页中并将其选中，打开图像的"属性"面板，执行以下操作之一即可创建图像链接：

（1）在"链接"文本框中直接输入链接的 URL。

（2）单击"链接"文本框右侧的"浏览"按钮 ，打开"选择文件"对话框，选择要链接的文件。

（3）直接拖动"链接"文本框右侧的"指向文件"按钮 到站点文件夹中要链接的文件上。

4. 创建图像热点链接

在通常情况下，一个图像只能对应一个超链接。在浏览网页的过程中，用户可能会遇到一个图像的不同部分建立了不同超链接的情况，单击图像中的不同区域会跳转到不同的链接文档，如图 5.26 所示。通常将处在一副图像上的多个链接区域称为热点，可以在一副图像上创建多个热点，然后将它们分别链接到不同的链接目标。

图 5.26　插入热点链接的效果

如何在一副图像上创建多个热点链接呢？

1）定义并编辑热点

选择所需图像后，右击打开"属性"面板，单击其中的热点工具按钮，如"矩形热点工具"按钮□、"圆形热点工具"按钮○或"多边形热点工具"按钮▽，然后将鼠标指针移到所需图像上，拖动鼠标即可绘制出相应形状的热点。

定义热点后，还可以对它们进行编辑，如移动热点、对齐热点、调整热点区域大小及删除热点等。

2）为热点建立链接

热点所指向的目标可以是不同的对象，如网页、图像或动画等。为热点建立链接时，应先选择热点，然后在其"属性"面板（图 5.27）上"链接"文本框中输入相应的链接，或者单击其后的"浏览文件"按钮，在弹出的对话框中从本地硬盘中选择链接的文件路径。

图 5.27　热点的"属性"面板

在建立热点链接后，还可以在"目标"下拉列表框中选择链接文件在浏览器中打开的方式，并在"替代"文本框中输入光标移至热点时所显示的文本。

5. 创建电子邮件链接

为了使用户在访问站点时能轻松地在网络上与网络管理员取得联系，一个最简单的方法就是在网页适当的位置添加网络管理员的 E-mail 地址的超链接。只要用户单击这个地址，就可以调用默认的电子邮件程序并新建一个邮件窗口，用户可以给网络管理员发送电子邮件。如果需要，用户还可以自定义发送主题、内容、抄送和暗送等。

将光标置于文档中要显示电子邮件链接的地方，或者选定即将显示为电子邮件链接的

文本或者图像,然后进行以下操作之一即可创建电子邮件链接:

(1) 单击"插入"→"电子邮件链接"菜单命令,或者在"插入"面板上单击"电子邮件链接"按钮。在弹出的"电子邮件链接"对话框(图 5.28)的"文本"文本框中输入或编辑作为电子邮件链接显示在文档中的文本,在"电子邮件"文本框中输入邮件送达的 E-mail 地址。

图 5.28 "电子邮件链接"对话框

(2) 利用"属性"面板创建电子邮件链接。选定即将显示为电子邮件链接的文本或者图像,在"属性"面板的"链接"文本框中输入"mailto:电子邮件地址",例如"mailto:njfu_cs@163.com",如图 5.29 所示。

图 5.29 通过"属性"面板创建电子邮件链接

6. 创建文件下载链接

下载文件的链接在软件下载或源代码下载网站应用得较多。创建文件下载链接的方法与创建一般链接的方法相同,唯一不同的是链接指向的内容不是文本或网页,而是文件或程序。

在文档编辑区中,选中要设置为文件下载链接的文本,单击"属性"面板(图 5.30)上"链接"文本框右边的"浏览文件"按钮,在打开的"选择文件"对话框中选择要链接的文件,例如"Dreamweaver.doc"文件,单击"确定"按钮,即可完成文件下载链接的创建。

图 5.30 通过"属性"面板创建文件下载链接

如果链接指向的文档不是 Word 文档而是其他类型的文档,那么单击链接后出现的结果也不相同。如果是 GIF、JPG 或 PNG 格式的图像,则会在浏览器中打开图像。如果是浏览器不能识别的文档,如扩展名为 exe 的可执行文件,则会打开"文件下载—安全警告"对话框,询问是否运行或保存该文件。

5.3.4　多媒体

使用 Dreamweaver CC 可以有效地将多媒体元素与网页其他元素有机地整合在一起,在网页中直接插入音频、视频和动画等多媒体元素,以制作出更加有声有色、富有美感的多媒体网页。

1. 插入音频

对于广大网页设计者来说,如何能使自己的网站与众不同、充满个性,一直是他们不懈努力的目标。除了尽量提高页面的视觉效果、互动功能之外,如果能在打开网页的同时,响起一曲优美动人的音乐,相信会使网站增色不少。

在网页中可添加多种类型的音频文件格式,例如,mid、wav、aif、mp3、ra 和 ram 等,不同类型的音频文件和格式有各自不同的特点。在确定添加的音频文件的格式之前,设计人员需要考虑一些因素,例如添加音频的目的、文件大小、音频品质和不同音频格式在不同浏览器中的差异。这些因素不同,添加音频到网页中时也需要采取不同的方法。

1) 链接到音频文件

链接到音频文件是指音频文件作为页面上某种元素的超链接目标。链接到音频文件是将音频添加到网页的一种简单而有效的方法。这种集成音频文件的方法可以使用户能够选择是否收听该音频,只有单击了超链接且用户的计算机上安装了相应的播放器,才能收听音频。

在网页文档中选择要用作指向音频文件的链接的文本或图像后,在"属性"面板上单击"链接"文本框右侧的"浏览文件"按钮,在弹出的对话框中找到需要的音频文件并单击"确定"按钮,或者直接在"链接"文本框中输入文件的路径和名称,即可链接到相应的音频文档。保存文档,在浏览器中预览页面效果如图 5.31 所示,单击链接,会打开相应的媒体播放器播放指定的音频文件。

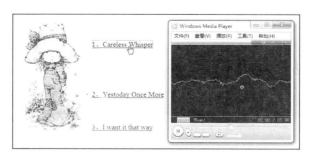

图 5.31　在网页中添加声音

2) 嵌入音频文件

嵌入音频文件可将音频直接集成到页面中,但只有在访问站点的计算机系统中具有所选音频文件的适当插件后,音频才可以播放。如果希望将音频用作背景音乐或希望对音频播放进行控制,就可以嵌入音频文件。

例如,在设计视图中,将插入点放置在要嵌入插件的位置,单击"插入"→"HTML"→"插件"菜单命令,打开"选择文件"对话框,从中选择一个音频文件并单击"确定"按钮后,在网页中将会添加一个插件图标 ⬚。在插件的"属性"面板上的"宽"和"高"文本框中分别输入"500"和"300",以确定音频插件在浏览器中显示的尺寸。单击"参数"按钮,弹出"参数"对话框,添加相应的参数设置,如图 5.32 所示,其中 autostart 参数值为 true,则在打开网页的时候就会自动播放所嵌入的音频文件;设置 LOOP 参数的值为 true,则在网页中将循环播放所嵌入的音频文件。保存页面,在浏览器中预览页面,可以看到音频播放的效果并且可以对音频的播放进行控制,如图 5.33 所示。

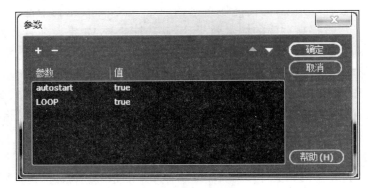

图 5.32　设置"参数"对话框

图 5.33　页面预览音频播放效果

3) 插入 HTML 5 Audio

网络上有许多不同格式的音频文件,但 HTML 标签所支持的音频格式并不是很多,并且不同浏览器支持的格式也不相同。HTML 5 针对这种情况,新增了<audio>标签来统一网页音频格式,可以直接使用该标签在网页中添加相应格式的音频。目前,HTML 5 新增的 HTML Audio 元素所支持的音频格式主要是 MP3、Wav 和 Ogg。

将光标置于网页中需要插入 HTML 5 Audio 的位置,单击"插入"面板上的"HTML 5 Audio"按钮,即可在网页中插入 HTML 5 Audio,所插入的 HTML 5 Audio 以 ◀ 图标的形式显示。选中设计视图中的 HTML 5 Audio 图标,在"属性"面板上进行相关属性的设置,如图 5.34 所示。切换到代码视图中,可以看到所插入的 HTML 5 Audio 相关的 HTML 代码为"<audio controls autoplay > <source src="audio. mp3" type="audio/mp3"> </audio>"。保存页面,在浏览器中预览页面,可以看到使用 HTML 5 Audio 所实现的音频播放效果,如图 5.35 所示。

图 5.34　设置 HTML 5 Audio 的属性

图 5.35　页面预览 HTML 5 音频播放效果

2. 插入 Flash 对象

Flash 技术是实现和传递基于矢量的图形和动画的首选解决方案。Dreamweaver CC 附带可以使用的 Flash 对象,使用这些对象可以在 Dreamweaver 文档中插入 Flash 动画及视频。

1) 添加 SWF 文件

SWF 文件是使用 Flash 制作的动画文件,是 FLA 文件的编译文本,可在浏览器中播放并在 Dreamweaver 中进行预览。插入到 Dreamweaver 文档中的 Flash 动画在文档编辑区中显示的是 Flash 占位符,用户可以在浏览器中浏览动画。

要插入 Flash 动画,在确定了插入点所在的位置后,可单击"插入"面板上的"Flash SWF"按钮,打开"选择 SWF"对话框,从中选择要插入的 SWF 文件,单击"确定"按钮后,即会在文档中插入一个 SWF 文件占位符 。选中插入的 SWF 占位符,在"属性"面板上设置其大小、播放方式、对齐方式和背景颜色等相关属性(图 5.36)。预览 Flash 动画播放效果如图 5.37 所示。

图 5.36　Flash 动画的"属性"面板

图 5.37　预览 Flash 动画播放效果

2) 添加 FLV 文件

FLV 是 Adobe 公司发布的一种高压缩比、可调节清晰度的流媒体视频格式，由于其基于 Flash 技术，因此 FLV 文件又被称为 Flash 视频。使用 Dreamweaver CC，用户可以方便地将 FLV 格式的视频插入到网页中。

确定插入点所在位置后，单击"插入"面板上的"Flash Video"按钮，弹出"插入 FLV"对话框（图 5.38），在"URL"文本框中输入 FLV 文件的地址，在"外观"下拉列表中选择播放器外观，在"视频类型"下拉列表中选择视频类型。

图 5.38 "插入 FLV"对话框

其中，若选择"累进式下载视频"，则将 FLV 文件下载到站点访问者的硬盘上，然后播放。与传统的下载并播放的视频传送方法不同，累进式下载允许用户在下载的过程中播放视频已下载的部分。若选择"流视频"，则对 Flash 视频内容进行流式处理，并在一段很短时间的缓冲（可确保流畅播放）之后在 Web 页上播放该内容。

在完成设置后，设计视图中将会出现一个带有 Flash Video 图片的灰色方框，该方框的位置就是插入的 FLV 文件的位置。

保存页面并预览效果（图 5.39），可以发现一个生动的多媒体视频显示在网页中。当鼠标经过该视频时，将显示播放控制条；反之，当离开该视频时，则隐藏播放控制。

图 5.39　预览 Flash 视频播放效果

3. 插入视频

使用 Dreamweaver CC 不仅可以在网页中添加音频文件，还可以向网页中插入视频文件，网页中常用的视频文件主要有 MPEG、AVI、WMV、RM 和 MOV 等多媒体格式。

1）嵌入视频文件

制作网页时可以将视频文件直接插入到页面中，插入后可以在页面上显示视频播放器的外观，其中包括播放、暂停、停止、音量及声音文件的开始点和结束点等控制按钮。

将光标移至网页中需要插入视频的位置上，单击"插入"面板上的"插件"按钮，弹出"选择文件"对话框，选择"movie. avi"视频文件并单击"确定"按钮后即可插入，插入后的插件并不会在设计视图中显示内容，而是显示插件的图标。选择插件图标，在"属性"面板中可以对其高度、宽度和播放参数等进行如图 5.40 所示的设置。保存页面，在浏览器中预览页面，可以看到视频播放的效果，如图 5.41 所示。

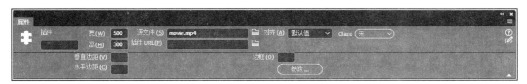

图 5.40　设置插件的属性

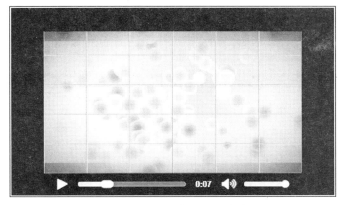

图 5.41　页面预览视频播放效果

2）插入 HTML 5 Video

以前在网页中插入视频都是通过插入插件或者是插入 Flash 视频的方式，而 Flash 视频需要在浏览器中安装了 Flash 播放插件才可以正常播放。HTML 5 新增了＜Video＞标签，可以直接在网页中嵌入视频文件而不需要任何插件。目前 HTML 5 新增的 HTML Video 元素所支持的视频格式主要是 MP4、WebM 和 Ogg。

将光标移至网页中需要插入 HTML 5 Video 的位置，单击"插入"面板上的"HTML 5 Video"按钮，即可在网页中插入 HTML 5 Video，所插入的 HTML 5 Video 以 图标的形式在设计视图中显示。选中设计视图中的 HTML 5 Video 图标，在"属性"面板上进行相关属性的设置，如图 5.42 所示。切换到代码视图中，可以看到所插入的 HTML 5 Video 相关的 HTML 代码为"＜video width＝"800" height＝"600" controls autoplay ＞ ＜source src ＝"memory. mp4" type＝"video/mp4"＞ ＜/video＞"。保存页面，在浏览器中预览页面，可以看到使用 HTML 5 Video 所实现的视频播放效果，如图 5.43 所示。

图 5.42　设置 HTML 5 Video 的属性

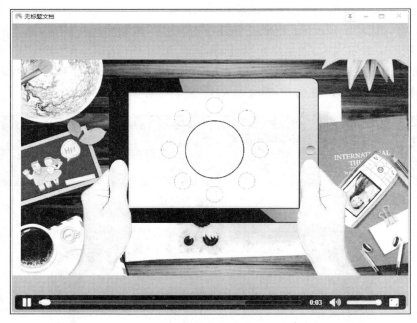

图 5.43　页面预览 HTML 5 Video 播放效果

5.4　页面布局

在网页设计过程中,页面中各个元素的合理组合与巧妙运用使得网页千变万化,各不相同,而那些条理清晰、结构合理的网页都有着清晰的布局,网页布局是设计人员在制作网页时首先需要考虑的问题之一。

5.4.1　表格

表格作为网页中一个重要的构成要素,主要应用于网页的布局设计中。通过应用表格,可以对文本和图像进行精确的定位,条理清晰地安排各种网页元素,使得整个页面一目了然、风格统一。

表格由行、列和单元格 3 部分组成。使用表格可以排列网页中的文本、图像等各种网页元素,可以在表格中自由地进行移动、复制和粘贴等操作,还可以在表格中嵌套表格,使页面设计更灵活、方便。

1. 插入表格

在网页中确定插入点的位置,单击“插入”→“Table”菜单命令,或者单击“插入”面板中的“Table”按钮,可以打开如图 5.44 所示的“Table”对话框,进行相关的设置后,即可创建相应的表格。

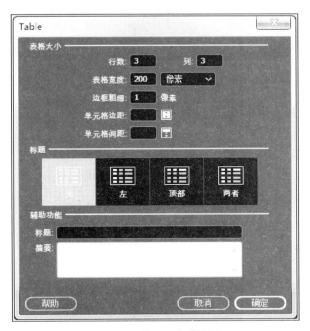

图 5.44　“Table”对话框

如果在“Table”对话框中没有指定边框粗细的值,大多数浏览器会按边框粗细为 1 像素来显示表格。如果不希望在浏览器中显示表格边框,应将其值设置为 0。

2. 添加表格数据

在制作网页时，可以使用表格来布局页面，在表格中可以输入文本，也可以插入图像，还可以插入其他的网页元素。在表格的单元格中也可以再嵌套一个表格，这样就可以使用多个表格来布局页面。

1）在单元格中输入文本

在需要输入文本的单元格中单击，然后输入文本即可。单元格在输入文本时可以自动扩展。

2）在单元格中插入图像

将光标放置于需要插入图像的单元格中，进行以下操作之一，都可以实现在单元格中插入图像：

（1）单击"插入"面板上的"Image"按钮。

（2）单击"插入"→"Image"菜单命令。

3）在单元格中嵌套表格

嵌套表格就是向单元格中插入表格。将光标放置于需要插入嵌套表格的单元格中，进行以下操作之一即可在单元格中嵌套表格：

（1）单击"插入"面板中的"Table"按钮。

（2）单击"插入"→"Table"菜单命令。

3. 编辑表格

插入表格后，由于表格是有固定行和列的，因此有时候可能会发生数据与表格不匹配的现象，如行、列数不够用或者多余，或者需要使用一些单元格不规则的表格等，这时就需要对插入的表格进行编辑，如添加或删除行或列、合并或者拆分单元格。

1）选定表格

可以选定整个表格、整行或整列，也可以选择一个或多个单元格。

（1）选定整个表格

可以进行下列操作之一：

① 将鼠标指针移动到表格上面，当鼠标指针呈网格状时单击。

② 单击表格四周的任意一条边框线。

③ 将光标置于任意一个单元格中，单击右键鼠标，在弹出的快捷菜单中选择"表格"→"选择表格"命令。

（2）选择表格的行或列。可以进行下列操作之一。

① 将鼠标光标定位于行首或列首，当鼠标指针变成箭头形状时单击，即可选定表格的行或列。

② 按住鼠标左键不放从左至右或从上至下拖动，即可选择表格的行或列。

（3）选定单个单元格

可以进行下列操作之一：

① 按住 Ctrl 键不放并单击单元格，可以选定单个单元格。

② 按住鼠标左键不放并拖动,可以选定单个单元格。

（4）选定多个单元格、行或列

① 选择相邻的单元格、行或列：先选择一个单元格、行或列,按住 Shift 键的同时单击另一个单元格、行或列,则矩形区域内的所有单元格、行或列均被选中。

② 选择不相邻的单元格、行或列：按住 Ctrl 键的同时单击需要选择的单元格、行或列即可。

2）添加与删除行或列

（1）插入行

要在当前表格中插入行,可以进行以下操作之一：

① 将光标移动到插入行,单击鼠标右键,在弹出的快捷菜单中选择“表格”→“插入行”命令即可插入行。

② 将光标移动到插入行,按 Ctrl＋M 组合键即可插入行。

（2）插入列

要在当前表格中插入列,可以进行以下操作之一：

① 将光标移动到插入列,单击鼠标右键,在弹出的快捷菜单中选择“表格”→“插入列”命令即可插入列。

② 将光标移动到插入列,按 Ctrl＋Shift＋A 组合键即可插入列。

（3）删除行或列

要删除当前表格中的行或列,可以进行以下操作之一：

① 选定要删除的行或列,按 Delete 键即可删除。

② 将光标放置于要删除的行或列中,单击鼠标右键,在弹出的快捷菜单中选择“表格”→“删除行”或“删除列”命令即可。

3）合并与拆分单元格

合并和拆分单元格可以自定义表格以符合页面布局需要。通过合并单元格,可以将任意数目的相邻单元格合并为一个跨多个列或行的单元格；通过拆分单元格,则可以将一个单元格拆分成任意数目的行或列。

（1）合并单元格

选中要合并的单元格,单击鼠标右键,在弹出的快捷菜单中选择“表格”→“合并单元格”命令即可。

（2）拆分单元格

将光标放置于要拆分的单元格中或选择一个单元格,单击鼠标右键,在弹出的快捷菜单中选择“表格”→“拆分单元格”命令即可。

4）调整表格大小

调整表格大小是指更改表格的整体高度和宽度,调整表格中元素的大小则是指更改行高、列宽以及单元格大小。

（1）调整表格的整体大小

选定表格后,执行以下操作之一,即可调整表格的整体大小。

① 只改变表格的宽度：拖动表格右边的选择控制点 [ ]。

② 只改变表格的高度：拖动表格底边的选择控制点 [ ]。

③ 同时改变表格的宽度和高度：拖动表格右下角的选择控制点 [ ]。

④ 指定明确的表格宽度：在"属性"面板上的"宽"文本框中输入值，可以在后面的下拉列表中选择以像素或基于页面的百分比为宽度单位。

（2）更改行高

除了可以在"属性"面板上设定行高外，还可以用以下简便的方法更改行高：将鼠标指针移至要改变行高的行边框上，当鼠标指针变为行边框选择器时，按下鼠标左键向上或向下拖动。

（3）更改列宽

和更改行高一样，除了可以在"属性"面板上设定列宽外，还可以用以下简便的方法更改列宽：将鼠标指针移至要改变列宽的列边框上，当指针变为列边框选择器时，按下鼠标左键向左或向右拖动。

若要更改某个列的宽度并保持其他列的大小不变，可按住 Shift 键，然后拖动列的边框。此操作不但改变当前列的列宽，也改变表格的总宽度以容纳正在调整的列。

4. 表格的高级处理

针对表格数据的处理需要，在 Dreamweaver CC 中还提供了对表格数据进行排序、导入和导出等高级操作技巧。通过运用这些技巧，可以更加方便、快捷地对表格数据进行处理。

1）导入表格式数据

Dreamweaver CC 可以将在另一个应用程序（如 Microsoft Excel）中创建并以分割文本的格式（其中的项以制表符、逗号、冒号、分号或其他分隔符隔开）保存的表格式数据导入到 Dreamweaver CC 中并设置为表格的格式。

如果要导入表格式数据，可以执行"文件"→"导入"→"表格式数据"菜单命令，在弹出的"导入表格式数据"对话框中进行相关设置，如图 5.45 所示，单击"确定"按钮，即可将所选择的文本文件中的数据导入到页面中，如图 5.46 所示。

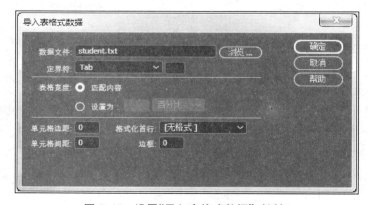

图 5.45　设置"导入表格式数据"对话框

序号	学生	学号	所属专业
1	丁颖洁	130102104	地理信息科学
2	刘洁	130102114	地理信息科学
4	林灵彤	130101214	林学
6	朱圣华	130101244	林学
7	李含超	130101314	林学
9	朱晓彤	130101344	林学
10	丁婧	132001104	林学
12	高慧聪	n130101104	林学(南方)
13	孙霜	n130101114	林学(南方)
15	孙滢洁	n130101214	林学(南方)
16	秦雨瑶	n130407114	林学(南方)
17	何志奎	150101604	林学(3+2分段)
18	刘月	150101614	林学(3+2分段)
21	戴怡梦	150101704	林学(3+2分段)
22	李中言	150101714	林学(3+2分段)
25	颜国伟	130101504	林学(水土保持与生态工程)
27	冯洁怡	130701114	林学(水土保持与生态工程)
28	公布克珠	130101604	林学(植物资源利用)
29	王航	130101614	林学(植物资源利用)
31	陈滢冰	130101204	林学本科拔尖人才班(水杉实验班)
33	陈峰	130101304	林学本科拔尖人才班(水杉实验班)
35	丁晓瑜	130107104	森林保护

图 5.46　导入表格式数据后的页面效果

2）导出表格数据

如果要导出表格数据,需要把光标放置在表格中的任意单元格中,执行"文件"→"导出"→"表格"菜单命令,弹出"导出表格"对话框(图 5.47)。在"导出表格"对话框中,"定界符"选项用来设置应该使用哪个分隔符在导出的文件中隔开各项,有"Tab"、"空白键"、"逗点"、"分号"和"引号"5 个选项。"换行符"选项用来设置将表格数据导出到哪种操作系统,有 3 个选项,分别是"Windows"、"Mac"和"UNIX",不同的操作系统具有不同的指示文件结尾的方式。

图 5.47　"导出表格"对话框

5.4.2　框架

所谓框架网页是指将浏览器窗口分割成若干个小窗口,每个小窗口都可以单独显示不同的 HTML 文件的网页。框架可以把浏览器窗口分成几个独立的部分,每部分显示单独的页面,页面的内容是互相联系的。利用框架可以使整个站点内的所有网页都保持统一的风格,大大提高网页布局的效率。IFrame 框架是一种特殊的框架技术,利用 IFrame 框架,可以更加容易地控制网页中的内容。

1. 插入 IFrame 框架

IFrame 框架页面的制作非常简单,只需要在页面上要显示 IFrame 框架的位置插入 IFrame 框架即可。由于 Dreamweaver CC 并没有提供 IFrame 框架的可视化制作方案,因此需要手动地添加一些相应的代码。

在网页中确定插入 IFrame 框架的位置,单击"插入"面板上的"IFrame"按钮,即可在网页中插入一个浮动框架。这时页面会自动转换到拆分视图,并在代码视图中生成＜iframe＞＜/iframe＞标签。切换到代码视图,在＜iframe＞标签中添加相应的属性设置代码,如图 5.48 所示,其中 src 属性表示在这个 IFrame 框架中显示的页面,name 属性表示 IFrame 框架的名称,width 属性表示 IFrame 框架的宽度,height 属性表示 IFrame 框架的高度,scrolling 属性表示是否显示框架滚动条,frameborder 属性为 IFrame 框架边框的显示属性。这里所链接的"flower. html"页面是事先制作完成的页面,如图 5.49 所示。

```
<iframe name = "flower" src="flower.html"
width="578" height="370" frameborder="0">
</iframe>
```

图 5.48　在＜iframe＞标签中添加代码

图 5.49　"flower. html"页面

页面中插入 IFrame 框架的位置会变成灰色区域,而 flower. html 页面会出现在 IFrame 框架内部,保存页面后在浏览器中预览整个框架页面,可以看到页面的效果,如图 5.50 所示。

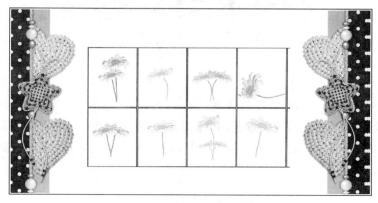

图 5.50　框架页面预览效果

2. 链接 IFrame 框架页面

IFrame 框架页面的链接设置与普通链接设置基本相同,不同的是设置的"目标"属性值要与 IFrame 框架名称相同。例如,在上例中,<iframe>标签中的 name 属性值为"flower",那么链接的目标必须设置为"flower"。

链接到 IFrame 框架页面的具体操作为:选中页面上方的"玩具"图像,在"属性"面板上在"链接"文本框中输入"toy. html",在"目标"文本框中输入"flower",如图 5.51 所示。

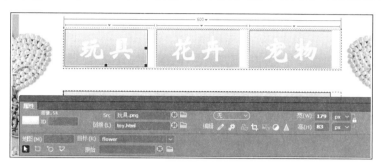

图 5.51 设置链接到 IFrame 框架页面

保存页面后在浏览器中预览整个框架页面,效果如图 5.52 所示,此时单击"玩具"按钮,在 IFrame 框架中会显示"toy. html"页面的内容,如图 5.53 所示。

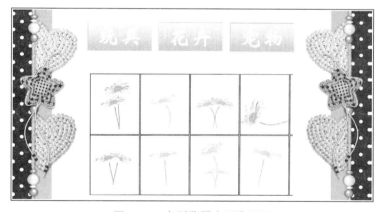

图 5.52 在浏览器中预览页面

图 5.53 在 IFrame 框架中打开新的页面

5.5　统一风格

在建立并维护一个站点的过程中,很多页面会用到同样的图片、文字、排版格式。如果逐页创建、修改,不仅费时费力,而且效率不高,还很容易出错,很难使同一个站点中的页面有统一的外观及结构。为了避免机械的重复劳动,可以使用 Dreamweaver CC 提供的模板和库,将具有相同版面的页面制作成模板,将相同的元素制作成库项目并存放在本地站点文件夹中以便随时调用。

5.5.1　模板

在构建一个网站时,通常会根据网站的需要设计出一些风格一致、功能相似的页面。使用 Dreamweaver CC 的模板,可以创建出具有相同页面布局、设计风格一致的网页。通过模板来创建和更新网页,不仅可以大大地提高工作效率,而且能为后期的维护网站提供方便,可以快速改变整个站点的布局和外观。

1. 认识模板

模板的功能就是把网页布局和内容分离,在布局设计好之后将其保存为模板,这样相同布局的页面就可以通过模板创建,从而极大地提高工作的效率。

使用模板创建文档可以使网站和网页具有统一的结构和外观。模板实质上就是作为创建其他文档的基础文档。在创建模板时,可以说明哪些网页元素应该长期保留、不可编辑,哪些元素可以编辑修改。

模板也不是一成不变的,即使是在使用一个模板创建文档之后,也还可以对该模板进行修改。在更新使用该模板创建的文档时,那些文档中的对应内容也会被自动更新,并与模板的修改相匹配。

模板由可编辑区域和不可编辑区域两部分组成。不可编辑区域包含了页面中所有元素,构成了页面的基本框架;可编辑区域是为了添加相应的内容而设置的。在后期维护中,可通过改变模板的不可编辑区域,快速更新整个站点中所有应用了模板的页面布局。

2. 创建模板

创建模板的途径有两个:可以从新建的空白文档创建模板,也可以把现有的文档存储为模板,通过适当的修改使之符合要求。Dreamweaver CC 会自动把模板文件存储在本地站点的根目录下的 Templates 子文件夹中。如果此文件夹不存在,当存储一个新模板时,Dreamweaver CC 会自动生成此文件夹。

单击“文件”→“打开”菜单命令,打开一个制作好的页面,如图 5.54 所示。单击“文件”→“另存为模板”菜单命令,弹出“另存模板”对话框(图 5.55)。在“站点”下拉列表中选择保存该模板的站点名称,在“另存为”文本框中输入模板名称,本例中输入“navigator”,单击“保存”按钮,即可将该页面作为模板保存在本地站点根目录下的 Template 文件夹中。此时,文档的标题栏显示为“navigator. dwt”,表明该文档已不是普通文档,而是一个模板文件。

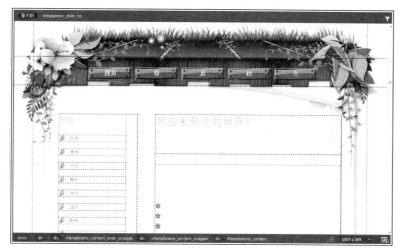

图 5.54　打开的普通页面

图 5.55　"另存模板"对话框

3. 定义可编辑区域

创建模板之后,用户需要根据自己的具体要求对模板中的内容进行编辑,即指定哪些内容可以编辑,哪些内容不能编辑(锁定)。在模板文件中,可编辑区域是页面中的变化部分,如"每日导读"部分;不可编辑区域(锁定区)是各页面中相对保持不变的部分,如导航栏和栏目标志等。

当新创建一个模板或把已有的文档存为模板时,Dreamweaver CC 默认把所有的区域标记为锁定,因此用户必须根据自己的要求对模板进行编辑,把某些部分标记为可编辑的。

下面以一个简单实例演示在模板中定义一个可编辑区域的具体操作步骤。

首先在设计视图中打开新创建的"navigator. dwt"模板,将光标放置在要插入可编辑区域的位置,单击"插入"→"模板"→"可编辑区域"菜单命令,或者单击"插入"面板上"模板"下拉列表中的"可编辑区域"选项,弹出"新建可编辑区域"对话框(图 5.56)。

图 5.56 "新建可编辑区域"对话框

在"名称"文本框中输入可编辑区域的名称,本例中输入"Content"。插入的可编辑区域在模板中默认用蓝绿色高亮显示,并在顶端显示指定的名称,如图 5.57 所示。当需要选择可编辑区域时,直接单击可编辑区域上面的标签,即可选中可编辑区域。如果需要删除某个可编辑区域和其中内容时,选择需要删除的可编辑区域后,按键盘上的 Delete 键,即可将选中的可编辑区域删除。

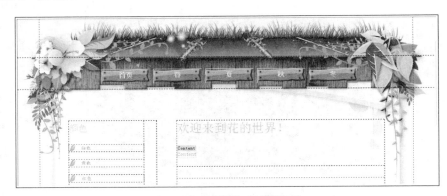

图 5.57 插入的可编辑区域

4. 应用模板

在本地站点中创建模板的主要目的是使用这个模板创建具有相同外观及部分内容相同的网页文档,使站点风格保持统一。

单击"文件"→"新建"菜单命令,打开"新建文档"对话框(图 5.58),选择"网站模板"选项卡,在"站点"列表框中选择"myWeb"选项,选择"站点 myWeb 的模板"列表框中的模板文件"navigator",并选中对话框右下角的"当模板改变时更新页面"复选框,点击"创建"按钮,创建一个基于模板的网页文档。

可以看到新建的文档内容与保存的模板一样,但只有已定义的可编辑区域可以修改,其他区域则处于锁定状态。将光标放置在可编辑区域中,可插入表格、文本和图片,并进行相应的编辑。编辑完成后单击"文件"→"保存"菜单命令,将文档保存为 HTML 网页,最终效果如图 5.59 所示。

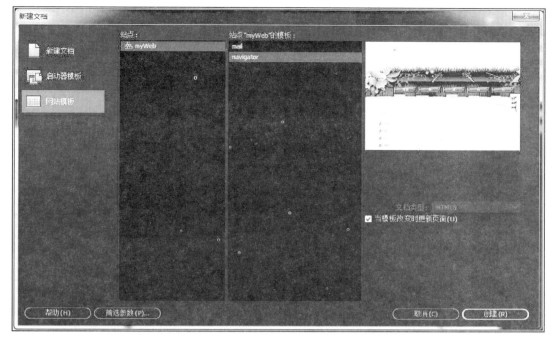

图 5.58　新建基于模板的网页

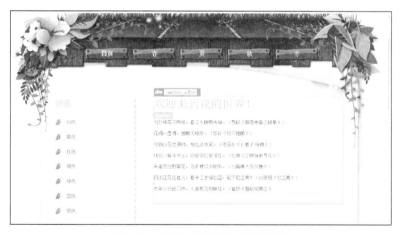

图 5.59　只有可编辑区域可以修改

5. 编辑并更新模板

如果要对模板内容进行修改,可打开制作好的模板,在模板页面进行修改。一旦修改了模板,Dreamweaver CC 会自动更新应用该模板的所有网页。

打开"navigator. dwt"模板文件,将光标置于模板文件的右下部,插入关于花的相册,效果如图 5.60 所示。

单击"文件"→"保存"菜单命令后,打开应用该模板的网页文档,可以看到网页文档也进行了实时更新,如图 5.61 所示。

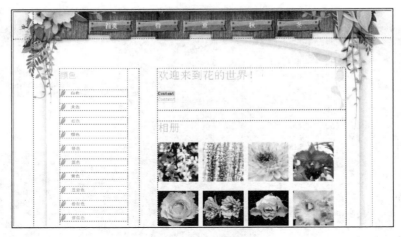

图 5.60　更新模板

图 5.61　更新基于模板的网页

　　模板的最大特点在于修改模板页面时，可以同时更新所有基于该模板创建的网页，而不需要逐个修改每一个页面，这样就可以大大地提高工作效率。

5.5.2　库

　　在制作网站的过程中，有时需要把一些元素应用在数十个甚至数百个页面上，当要修改这些多次使用的页面元素时，如果逐页地修改那是相当费时费力的，而使用 Dreamweaver CC 的库项目，就可以大大地减轻这种重复的劳动，从而省去许多麻烦。

1. 创建库项目

　　Dreamweaver CC 允许把网站中需要重复使用或需要经常更新的页面元素（如图像、文本、表格或其他对象等）存入库中，存入库中的元素被称为库项目。库项目是一种扩展名为 .lbi 的特殊文件，所有的库项目都被保存在本地站点根目录下一个名为"Library"的文件夹中。

在 Dreamweaver CC 中,可以将单独的文档内容定义为库,也可以将多个文档内容的组合定义成库。在不同的文档中放入相同的库项目时,可以得到完全一致的效果。

打开如图 5.62 所示的 HTML 网页,选择需要创建为库项目的内容,单击"工具"→"库"→"增加对象到库"菜单命令即可添加库项目。为新建的库项目输入名称,此时该库项目将会出现在库列表中,如图 5.63 所示。

图 5.62　将保存为库项目的页面元素

图 5.63　创建的库项目

2. 使用库项目

创建了库项目之后,就可以在需要库项目内容的页面中添加库项目。当向页面添加库项目时,将把库项目的实际内容以及对该项目的引用一起插入到网页文档中。在整个网站制作的过程中,节省了时间。

将插入点定位于文档编辑区中要插入库项目的位置,打开"库"面板,从库项目列表中选择要插入的库项目,单击面板左下角的"插入"按钮,或者直接将库项目从"库"面板中拖到文档编辑区中。此时,文档中会出现库项目所表示的内容,如图 5.64 所示。

在设计视图中,库项目是作为一个整体出现的,背景显示为淡黄色,用户无法对库项目中的局部内容进行编辑。

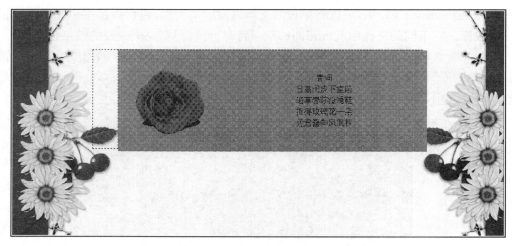

图 5.64　在网页文档中插入库项目的效果

3. 管理库项目

在 Dreamweaver CC 中,用户可以对库项目进行各种管理操作,例如重命名、删除、将库项目从源文件中分离等。

1) 编辑库项目

编辑库项目首先要打开库项目,在"库"面板的库项目列表中选中要编辑的库项目,然后单击"库"面板底部的"编辑"按钮。打开库项目后,即可像编辑图像、文本一样编辑库项目。库项目编辑完成之后,保存库项目,此时会弹出一个"更新库项目"对话框(图 5.65),询问是否更新站点中使用了库项目的网页文件。单击"更新"按钮,弹出"更新页面"对话框(图 5.66),显示更新站点内使用了该库项目的页面文件。

图 5.65　"更新库项目"对话框

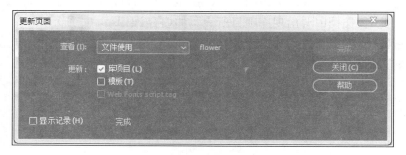

图 5.66　"更新页面"对话框

2）重命名、删除库项目

站点中的库项目都存储在本地站点根目录下的 Library 文件夹中,在"库"面板的库项目列表中也可以看到当前站点中的所有库项目。如果要快速地在众多的库项目中找到需要的库项目,可以将库项目命名为易记、方便识别的名称。

在"库"面板的库项目列表中单击要重命名的库项目,然后在其名称的位置再次单击,即可使其名称文本框处于可编辑状态。输入需要的新名称,按 Enter 键或在库项目名称文本框以外的空白位置单击,即可重命名库项目。

如果不再需要某个库项目,最好将其删除,以节约资源。在"库"面板的库项目列表中选中要删除的库项目,单击"库"面板底部的删除按钮,或单击鼠标右键,在弹出的快捷菜单中选择"删除"命令,或者直接按下 Delete 键,即可删除库项目。

3）更新页面和站点

编辑或重命名库项目以后,Dreamweaver CC 会提示用户更新页面。如果当时点击了"不更新"按钮,还可以在以后手动选择更新页面命令。

单击"工具"→"库"→"更新页面"菜单命令,弹出"更新页面"对话框(图 5.67)。在对话框中的"查看"下拉列表中选择要更新的页面范围,选中"库项目"复选框,表明要更新的是当前站点中使用了库项目的页面。单击"开始"按钮,即可将库项目的更改应用到站点中指定范围内的网页。

图 5.67　"更新页面"对话框

5.6　精彩个人网站实战

前面介绍了创建简单网页的基本方法,下面通过创建个人网站来巩固所学过的这些知识。

1. 创建网站的前期准备

个人网站的设计要突出个性,它不像商业网站那样内容丰富、色彩鲜艳、信息量大。个人网站要想设计成功,很大程度上取决于每个人的创意、前期策划和设计。只有经过精心设计的网站才能有特色、有个性,从而具有吸引力。

在制作网站前,要先确定网站的相关栏目,以便搜集素材时有针对性。本节创建的个人网站的主要栏目包括:首页、我的简介、我的照片、我的音乐和我的地盘,如图 5.68 所示。

图 5.68　个人网站的主要栏目

制作一个精美的个人网站离不开图像修饰页面,需要收集或绘制与主题相关的图像或动画,个人网站所需的图像和动画文件如表 5.1 所示。

表 5.1　个人网站所需的图像和动画

图像和动画文件	主题
top1.gif	顶部图像,"我的小站"
top2.gif	顶部图像,"欢迎光临我的个人网站"
button1.git	导航条图像,"首页"
bg.gif	背景图像,单元格背景
pic2.gif	"公告栏"图像
zhufu.gif	"祝福"图像
jianjie.gif	"个人简介"图像
link.gif	背景图像,底部版权信息背景
flash.swf	"个人简介"底部动画

2. 创建本地站点

在开始制作个人网站前,首先要创建一个本地站点,用来存放网站的文件及文件夹。通常情况下,可创建 images 文件夹存放图像文件,HTML 文档存放在站点根文件夹下。

创建本地站点的具体步骤如下。

打开 Dreamweaver CC,单击"站点"→"新建站点"菜单命令,弹出"站点设置对象"对话框(图 5.69),从中设置本地站点文件夹的路径和名称,然后单击"保存"按钮。

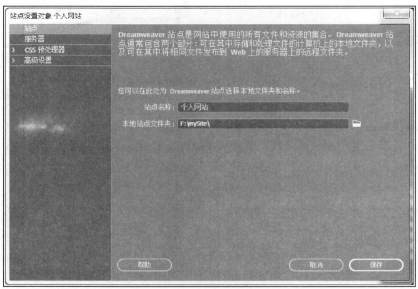

图 5.69　"站点设置对象"对话框

此时在"文件"面板的"本地文件"窗格中会显示该站点的根目录。以鼠标右键单击该站点根目录,在弹出的快捷菜单中选择"新建文件"命令,依次创建 5 个网页,将名称分别改为"index. html"(首页)、"profile. html"(我的简介)、"photo. html"(我的照片)、"music. html"(我的音乐)和"myzone. html"(我的地盘)。再次以鼠标右键单击站点根目录,在弹出的快捷菜单中选择"新建文件夹"命令,创建 images 文件夹来存放图像文件,如图 5.70 所示。

图 5.70 "文件"面板

3. 设置页面属性

双击"文件"面板上的 index. html 文件,打开首页,选择"窗口"→"属性"菜单命令打开"属性"面板上的"页面属性"按钮,打开"页面属性"对话框,如图 5.71 所示,设置"上边距"和"左边距"的值都是"0 px"。

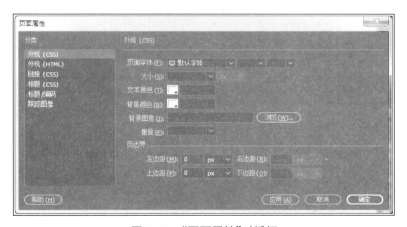

图 5.71 "页面属性"对话框

切换到"标题/编码"选项卡,在"标题"文本框中输入网页标题"我的网站",如图 5.72 所示。

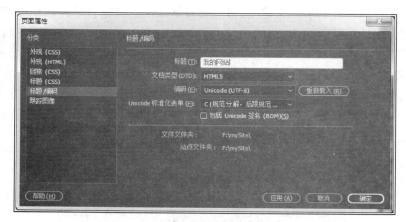

图 5.72　设置首页标题

4. 制作网页导航部分

将光标放置在页面中，单击"插入"→"Table"菜单命令，弹出"Table"对话框，如图 5.73 所示，将"行数"设置为"1"，"列"设置为"2"，"表格宽度"设置为"778 像素"，"边框粗细"设置为"0 像素"，单击"确定"按钮插入表格。选中表格，然后在"属性"面板上将"Align"设置为"居中对齐"，如图 5.74 所示。

图 5.73　"Table"对话框

将光标放置在第 1 列单元格中，单击"插入"→"Image"菜单命令，弹出"选择图像源文件"对话框，选择图像文件（"top1.gif"），然后单击"确定"按钮插入图像。使用相同的方法在第 2 列单元格中插入图像文件"top2.gif"，效果如图 5.75 所示。

图 5.74　设置表格对齐方式

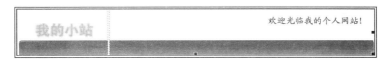

图 5.75　插入顶部图像

　　选定第 1 次插入的表格边框线后,按向右方向键一次,单击"插入"→"Table"菜单命令,弹出"Table"对话框,将"行数"设置为"1","列"设置为"6","表格宽度"设置为"778 像素","边框粗细"设置为"0 像素",然后单击"确定"按钮插入表格。在表格的"属性"面板上将"对齐"设置为"居中对齐",效果如图 5.76 所示。

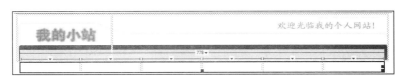

图 5.76　插入一个 1 行 6 列的表格

　　将光标插入第 1 列单元格中,单击"插入"→"HTML"→"日期"菜单命令,弹出"插入日期"对话框,如图 5.77 所示,选择合适的日期格式并勾选"储存时自动更新"复选框,实现网页上有日期显示且日期自动更新。

图 5.77　插入自动更新的日期

　　将光标放置在第 2 列单元格中,单击"插入"→"Image"菜单命令,弹出"选择图像源文件"对话框,选择图像文件"button1.gif",然后单击"确定"按钮插入图像。重复此步骤,用同样的方法依次在第 3 至第 6 列单元格中插入其余的导航栏图像,效果如图 5.78 所示。

图 5.78　在单元格中插入导航栏图像

5. 制作网站的主体部分

网站导航部分制作完成，接下来开始制作网站的主体部分。主体部分是网站中最主要的信息区，内容丰富。制作网站主体部分的具体步骤如下。

第 1 步：创建热点链接。

选定"首页"图像，打开"属性"面板，如图 5.79 所示，单击"矩形热点工具"按钮，将光标移到图像上，在图像上拖动鼠标，绘制一个矩形热点。在"属性"面板上单击"链接"文本框右边的"浏览文件"按钮，弹出"选择文件"对话框，选择链接文件"index.html"。

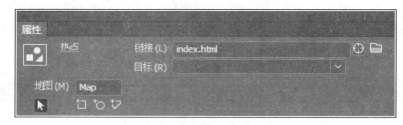

图 5.79　热点链接的"属性"面板

按照以上步骤，分别在其他 4 个导航图像上绘制矩形热点并设置相应的链接，效果如图 5.80 所示。

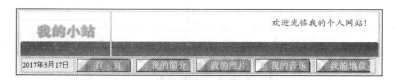

图 5.80　为导航栏图像创建热点链接

第 2 步：插入表格。

将光标定位于导航栏的右侧，单击"插入"→"表格"菜单命令，弹出"Table"对话框，将"行数"设置为"1"，"列"设置为"3"，"表格宽度"设置为"778 像素"，"边框粗细"设置为"0 像素"，然后单击"确定"按钮插入表格。在表格的"属性"面板上将"对齐"设置为"居中对齐"，效果如图 5.81 所示。

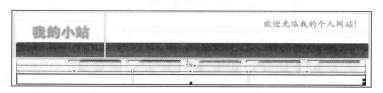

图 5.81　插入一个 1 行 3 列的表格

将光标放置在第 1 列单元格中,然后单击"插入"→"表格"菜单命令,插入一个 2 行 1 列、宽度为 180 像素的表格,效果如图 5.82 所示。

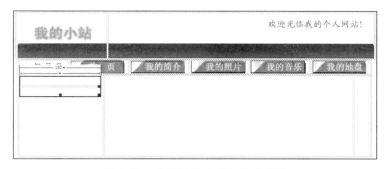

图 5.82 在单元格中插入嵌套表格

第 3 步:创建公告栏和祝福栏。

将光标放置在嵌套表格第 1 行单元格中,单击"插入"→"Image"菜单命令,弹出"选择图像源文件"对话框,选择图像文件"pic2.gif",然后单击"确定"按钮插入图像,效果如图 5.83 所示。

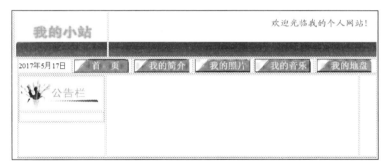

图 5.83 在单元格中插入图像

将光标放置在第 2 行单元格中,单击"插入"→"Table"菜单命令,插入一个 1 行 1 列的表格,然后在表格的"属性"面板上将"宽"设置为"90%","对齐"设置为"居中对齐"。将光标放置在该单元格中,输入相应的文本并设置文本的属性,效果如图 5.84 所示。

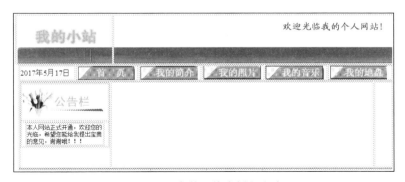

图 5.84 在单元格中插入文本

为了实现文本从下往上滚动的动态效果,可以将光标放置在文本的前面,然后切换到拆分视图中，在文本的前面输入如下代码：＜marquee behavior＝"scroll" direction＝"up" scrolldelay＝"200" height＝"90"＞。在拆分视图中，将光标放置在文本的后面，然后输入如下代码：＜/marquee＞。拆分视图中的设置如图 5.85 所示。

```
<td><marquee behavior="scroll" direction="up" scrolldelay="200" height=
"90">本人网站正式开通，欢迎您的光临，希望您能给我提出宝贵的意见，谢谢哦！！！</marquee
></td>
```

图 5.85　＜marquee＞标签的代码

将光标放置在公告栏最右侧的单元格中，将单元格的"属性"面板上的"垂直"设置为"顶端"。然后单击"插入"→"图像"菜单命令，插入图像文件"zhufu. gif"，效果如图 5.86 所示。

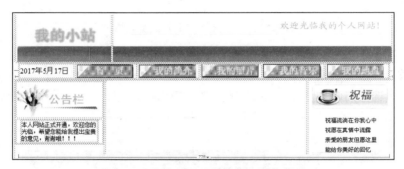

图 5.86　在右侧单元格中插入祝福图像

第 4 步：设置个人简历的图像。

将光标放置在"祝福"栏左侧的单元格中，将单元格的"属性"面板上的"垂直"设置为"顶端"，然后单击"插入"→"Table"菜单命令，插入一个 3 行 1 列、宽度为 420 像素的表格，效果如图 5.87 所示。

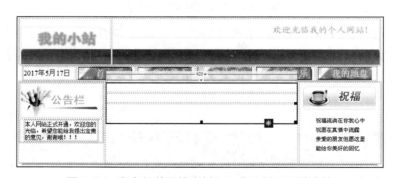

图 5.87　在中间单元格中插入一个 3 行 1 列的表格

将光标放置在第 1 行单元格中单击"插入"→"Image"菜单命令，插入图像文件"jianjie. gif"，效果如图 5.88 所示。

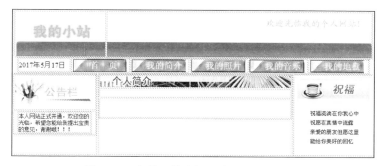

图 5.88　在单元格中插入个人简历的图像

将光标放置在第 2 行单元格中,单击"插入"→"Table"菜单命令,插入一个 4 行 4 列、宽度为 400 的表格,设置"边框粗细"为"1 像素","单元格边距"为"2","单元格间距"为"1"。然后在表格的"属性"面板上将"对齐"设置为"居中对齐",效果如图 5.89 所示。

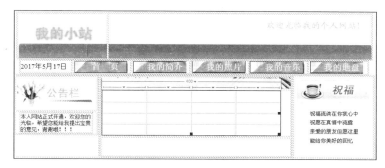

图 5.89　在单元格中插入嵌套表格

选择该 4 行 4 列的表格,切换到代码视图,在代码视图中的<table>标签中添加如下代码:bordercolor="#00FF66"(图 5.90),为表格设置边框颜色,效果如图 5.91 所示。

图 5.90　设置表格边框颜色

图 5.91　表格边框颜色效果

第 5 步:设置个人简历的文本。

选定表格第 4 行的第 2～4 列单元格,单击"属性"面板上的"合并单元格"按钮,合并单元格,然后在表格的各个单元格中输入文本。选定输入了文本的所有单元格,在"属性"面板上将"大小"设置为"14",效果如图 5.92 所示。

239

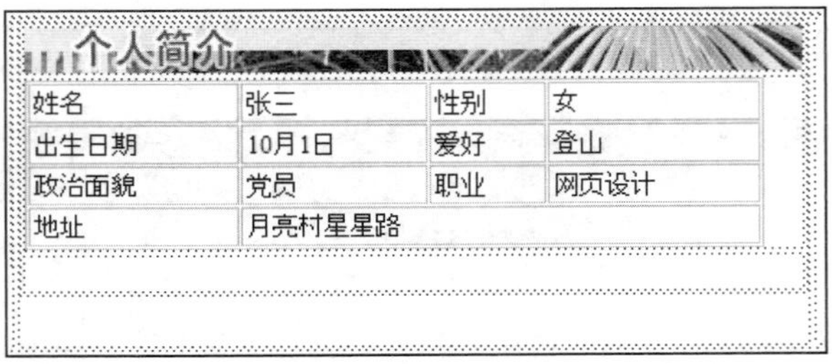

图 5.92　设置个人简介的文本

第 6 步:设置个人简历的底部动画。

将光标放置在外层表格的第 3 行单元格中,单击"插入"→"HTML"→"Flash SWF"菜单命令,打开"选择 SWF"对话框,从中选择 Flash 文件"flash. swf",单击"确定"按钮插入 Flash 动画,如图 5.93 所示。

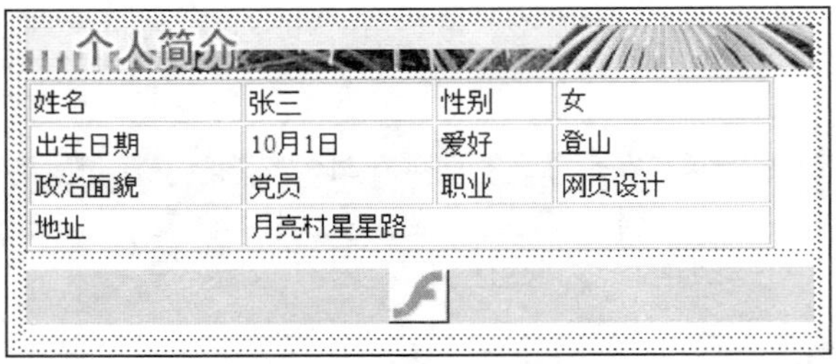

图 5.93　插入 Flash 动画

6. 制作网站版权信息部分

网站的版权信息通常情况下位于网站的最底部,一般用来说明网站的有关信息,如网站所有者、作者及联系方式等。制作网站版权信息部分的具体步骤如下。

第 1 步:插入水平线。

将光标放置在祝福图集右侧的大表格的右边,单击"插入"→"表格"菜单命令,插入一个 3 行 1 列、宽度为 778 像素的表格。然后在表格的"属性"面板上设置表格的"填充"为"0","间距"为"0","对齐"为"居中对齐","边框"为"0",效果如图 5.94 所示。

图 5.94　插入一个 3 行 1 列的表格

将光标放置在第 1 行单元格中,单击"插入"→"HTML"→"水平线"菜单命令,插入一条水平线。选定插入的水平线,在"属性"面板上设置水平线的"宽"为"778 像素","对齐"为"居中对齐",选中"阴影"复选框。切换到代码视图,在<hr>标签中添加代码"color="♯93D393"",设置水平线的颜色为绿色。

第 2 步:插入链接文本。

将光标放置在第 2 行单元格中,单击"插入"→"Table"菜单命令,插入一个 1 行 2 列、宽度为 30%的表格。然后选定表格,在"属性"面板上将"对齐"设置为"居中对齐"。在单元格中分别输入"关于我们"和"联系我们",并在"属性"面板中设置文本的大小为 12,效果如图5.95 所示。

图 5.95 插入链接文本

选定文本"关于我们",在"属性"面板的"链接"文本框中输入"♯",设为空链接。选定文本"联系我们",在"属性"面板的"链接"文本框中输入"mailto:njfu_cs@163.com",设置电子邮件链接。

第 3 步:插入版权信息。

将光标放置于第 3 行单元格中,在"属性"面板中,将单元格"水平"对齐方式设置为"居中对齐",插入背景图像"link.gif",将光标放置在背景图像上,在"属性"面板上将"高"设置为"50 像素",效果如图 5.96 所示。

图 5.96 在单元格中插入背景图像

在单元格中输入文本,在"属性"面板上设置文本的大小为12,字体颜色为白色。将光标放置于"版权所有"文本的后面,单击"插入"→"HTML"→"字符"→"版权"菜单命令插入版权符号,并输入相应的文本,效果如图5.97所示。

图 5.97 插入版权信息

保存文档,按F12键在浏览器中预览效果,如图5.98所示。

图 5.98 首页的预览效果

习题 5

制作个人简历网站,学习使用 Dreamweaver CC 制作网页的基本操作,包括站点的建立,文本、图像、超链接和多媒体的制作,表格、模板和库项目的使用等。

第 6 章　Photoshop 图像处理

Photoshop 是由美国 Adobe 公司开发的图形图像处理软件,其功能强大、界面友好,是图形图像处理的首选软件。Adobe 公司在原有版本上进行升级,推出了 Photoshop CC,提高了 Photoshop 软件处理图像的功能。本章主要对 Photoshop CC 2017 的使用做介绍。

6.1　熟悉 Photoshop CC 的工作环境

双击 Photoshop CC 程序图标可以打开如图 6.1 所示的工作界面。初次运行 Photoshop CC 时,工具箱和常用的控制面板会默认显示在工作界面上,包括应用程序栏、菜单栏、辅助工具栏、工具箱、控制面板、选项卡式文档编辑区、状态栏。

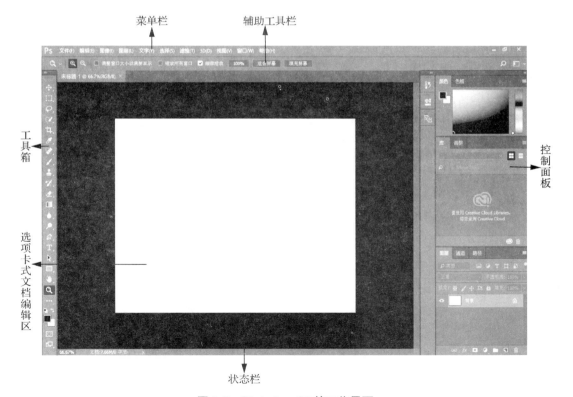

图 6.1　Photoshop CC 的工作界面

6.1.1 应用程序栏

在工作界面的顶端是应用程序栏,在右侧有 3 个按钮,用户可以用来改变窗口的大小或者关闭软件。应用程序栏以按钮的方式放置了一些常用的辅助绘图和查看图像的命令,方便了用户的操作。用户可以通过应用程序栏快捷地进行显示与隐藏参考线、网格、标尺,查看视图的缩放比例,排列文档,改变屏幕模式等操作。

6.1.2 菜单栏

菜单栏为整个环境下的所有窗口提供控制菜单,它包含的菜单内容是以主题的形式组织在一起的,例如"滤镜"菜单中包含的是 Photoshop CC 中所有的滤镜。每个菜单中都包含若干菜单命令及下一级子菜单。使用菜单命令的方法是,首先单击菜单名,然后选择所需的菜单命令或在下一级子菜单中选择需要的命令。

6.1.3 选项栏

当在工具箱中选择了某种工具后,选项栏就会显示该工具的命令选项。选项栏显示的内容会随着所选工具的不同而产生变化。用鼠标右键单击选项栏中的工具图标,在弹出的快捷菜单中可以选择"复位工具"或"复位所有工具"选项,可使当前选择的工具或者所有工具的命令选项恢复到默认设置。

6.1.4 工具箱

Photoshop CC 中最常用的功能以图标的形式集合在一起组成工具箱,根据工具图标上绘制的图案就可以判断出该工具的功能。默认情况下工具箱出现在工作界面的左侧,如图 6.2 所示。

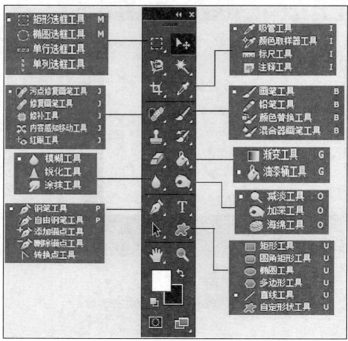

图 6.2 Photoshop CC 的工具箱

在工具箱中,有的工具图标的右下方有一个白色的小三角形,表示在该工具中还有隐藏的工具。选择工具箱中的工具有两种方法:

方法 1:用鼠标左键按住白色小三角形不放,将出现隐藏的工具选项,将鼠标移动到需要的工具上单击左键就可以选择该工具;或者用鼠标右键单击工具图标打开一个快捷菜单,然后移动鼠标指针选择隐藏的工具。

方法 2:按住键盘上的 Alt 键不放,用鼠标反复单击一个有隐藏工具的工具图标,即可以在这个工具所含的隐藏工具间进行切换。

6.1.5　控制面板

在 Photoshop CC 工作界面的右侧是控制面板,其中集合了图像操作中常用的选项和功能。在工作界面中有些面板是隐藏的,如果需要将其打开,可以在菜单栏的"窗口"菜单中选择相应的控制面板名称即可。用户可以移动、重新排列或隐藏控制面板,可以将一个控制面板中的选项卡拖拽到另一个控制面板的顶部进行显示,还可以通过控制面板右上角的"折叠为图标"按钮将控制面板折叠或者展开。

6.1.6　选项卡式文档编辑区

在 Photoshop CC 中打开的图像编辑区如图 6.3 所示,这里是文档主要的编辑区域。在选项卡标签上显示了文件名称、文件格式、缩放比例和颜色模式等相关信息。

图 6.3　Photoshop CC 的选项卡式文档编辑区

6.1.7　状态栏

状态栏位于文档编辑区的最下端,主要显示当前编辑的图像文件的大小、文档配置文件、文档尺寸等信息,如图 6.4 所示。

图 6.4　Photoshop CC 的状态栏

6.2　Photoshop CC 的新增功能

（1）相机防抖功能：可挽救因为相机抖动而失败的照片。不论照片模糊是由于慢速快门还是长焦距造成的，相机防抖功能都能通过分析曲线来恢复其清晰度。

（2）Camera Raw 修复功能改进：可以将 Camera Raw 所做的编辑以滤镜方式应用到 Photoshop 内的任何图层或文档中，然后再随心所欲地加以美化；可以更加精确地修改图片、修正扭曲的透视；可以像画笔一样使用污点修复画笔工具在想要去除的图像区域绘制。

（3）Camera Raw 径向滤镜：可以在图像上创建出圆形的径向滤镜。这个功能可以用来实现多种效果，就像所有的 Camera Raw 调整效果一样，都是无损调整。

（4）Camera Raw 自动垂直功能：可以利用自动垂直功能很轻易地修复扭曲的透视，并且有很多选项来修复透视扭曲的照片。

（5）云端素材关联：正如程序开发者希望编写一次代码后代码可以到处运行，设计师的创意云素材库可以实现一次修改到处同步。只需要使用素材关联功能，在团队协作的时候，对素材所做的一次修改，可以让各处连接云端的素材都实时更新。

（6）更快更便捷的图片导出：添加多画板支持功能之后，导出和压缩功能也随之提升，用户可以针对特定图层和画板进行提取，也可以针对特定画板进行预览，另存为功能的用户体验也有所提升。

（7）Adobe Preview CC：这是一个 iOS 客户端，在创意云支持下，可以借助这个客户端在 iOS 设备上实时预览 APP UI 设计，查看实际设计效果。

（8）更真实的模糊效果：图片处理的模糊效果更真实。在"模糊画廊"滤镜效果中追加了不少单色以及彩色噪点，营造出更真实的模糊效果。

（9）更多叠加效果：在原有的叠加效果中追加了不少功能和细节，用户可以随时随地针对图层和分组添加更多效果。

（10）更强大的修复功能：在 Mercury 图形引擎的加持之下，修复画笔、污点修复画笔和修复工具从修复效果到修复速度都得到了极大的性能提升。

（11）更细致的对象控制：随着内容感知移动和内容感知延展功能的提升，用户在缩放、旋转对象的时候可以进行更细致入微的控制，精确定位、精确控制角度和缩放比例。

（12）更优秀的内容感知填充：内容感知填充功能更强大了，边缘处理也更加自然。

（13）简化复杂的 3D 模型：降低了 3D 模型的分辨率，提升 PS 的性能，让高分辨率的 3D 模型在平板电脑、手机和其他设备中拥有更好的表现效果。

（14）从网页文件读入颜色：直接从 HTML、CSS 或 SVG 文件读入色彩，以激发灵感或轻松搭配现有网页内容的色彩配置。

6.3　Photoshop CC 常用工具介绍

6.3.1　移动工具

移动工具是 Photoshop CC 中最常用的工具之一。移动工具的使用方法如下：

（1）打开一幅图片，如图 6.5 如示。

（2）使用磁性套索工具把花选出来，如图 6.6 如示。

图 6.5　在 Photoshop CC 中打开一幅图片

图 6.6　用磁性套索工具选取花朵

（3）在工具箱中选择移动工具。

（4）将光标移动到选区，按住鼠标左键拖动，将选区图像移动到所需位置。移动后选区图像原来的位置露出了白色的背景色，如图 6.7 所示。

（5）在使用移动工具时，如果同时按住 Alt 键，可对所选择区域图像进行复制和移动操作，这样移动操作后选区图像原来的位置没有变化，如图 6.8 所示。

（6）在使用移动工具时，如果同时按住 Shift 键，可以向垂直、水平以及对角线方向移动选区图像。

（7）按 Ctrl＋D 键可以取消选区。

图 6.7　用移动工具拖动被选中的图像

图 6.8　复制和移动选区图像

6.3.2 选框工具

Photoshop CC 的选框工具有 4 个,它们分别是矩形选框工具、椭圆选框工具、单行选框工具、单列选框工具,如图 6.9 所示,它们可分别用于选择矩形、椭圆形以及宽度为 1 个像素的行和列。选框工具的快捷键是 M 键。

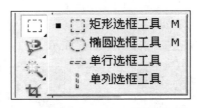

图 6.9 Photoshop CC 的选框工具

使用矩形选框工具时,在图像中确认要选择的范围,按住鼠标左键不放并拖动鼠标,即可选择要选取的区域。椭圆选框工具的使用方法与矩形选框工具的使用方法相同。

使用单行或单列选框工具时,在图像中确认要选择的范围,点击鼠标一次即可选出 1 个像素宽度的选区。对于单行或单列选框工具,在要选择的区域旁边点击鼠标,然后可以将选框拖移到确切的位置。

选框工具的选项栏如图 6.10 所示,下面分别进行介绍。

图 6.10 选框工具的选项栏

(1)"新选区"按钮:可以创建一个新的选区。

(2)"添加到选区"按钮:在原有选区的基础上增加一个选区,也就是将原选区扩大。

(3)"从选区减去"按钮:在原选区的基础上减掉一部分选区。

(4)"与选区交叉"按钮:得到两个选区相交的部分。

(5)"样式"选项:对于矩形选框工具或椭圆选框工具,可在下拉列表中选取一个样式:

① 正常:通过拖动确定选框比例。

② 固定比例:设置高宽比,输入表示高宽比的十进制数值。例如,如果要绘制一个宽是高的 4 倍的选框,可以输入宽度"4"和高度"1"。

③ 固定大小:为选框的高度和宽度指定固定的值,输入整数像素值。

(6)"羽化"选项:是选区的虚化值,羽化值越高,选区越模糊。

(7)"消除锯齿"选项:只有在使用椭圆选框工具时这个选项才可使用,它决定选区边缘光滑与否。

6.3.3　套索工具

Photoshop CC 的套索工具组包括三个工具:套索工具、多边形套索工具、磁性套索工具,如图 6.11 所示。套索工具是最基本的选区建立工具,在图像处理中起着很重要的作用。套索工具的快捷键是 L 键。

图 6.11　Photoshop CC 的套索工具

套索工具组里的套索工具用于选择任意不规则选区,多边形套索工具用于选择被线段包围的选区,磁性套索工具用于选择边缘清晰并且与背景颜色相差比较大的选区。在使用的时候,可以通过退格键或 Delete 键来删除关键点。

套索工具的选项栏如图 6.12 所示,下面分别进行介绍。

图 6.12　套索工具的选项栏

(1) ▧▧▧▧ 选区按钮:选择选区的时候,使用"新选区"按钮较多。

(2)"羽化"选项:取值范围在 0～250 之间,可模糊选区的边缘,数值越大,模糊的边缘越大。

(3)"消除锯齿"选项:让选区更平滑。

(4)"宽度"选项:取值范围在 1～256 之间,可以设置一个像素宽度,一般使用的默认值是 10。

(5)"边对比度"选项:取值范围在 1～100 之间,如果选取的图像与周围图像间的颜色对比度较强,那么就应设置一个较高的百分比数值;反之,输入一个较低的百分比数值。

(6)"频率"选项:取值范围在 0～100 之间,用来设置在选取时关键点创建的速率,数值越大,速率越快,关键点就越多。当图像的边缘较复杂时,需要较多的关键点来确定边缘的准确性,可采用较大的频率值,一般使用的默认值是 57。

6.3.4　魔棒工具

魔棒工具是 Photoshop CC 中提供的一种比较快捷的选区建立工具,对于一些分界线比较明显的图像,通过魔棒工具可以很快速地将图像选中。例如:

(1) 在 Photoshop CC 中打开小鸭图像,选择工具箱中的魔棒工具 ▧,再用鼠标左键单击图像背景,则背景被一次选中,如图 6.13 所示。魔棒工具的选项栏上的"容差"选项用于设置魔棒工具在自动选取相似的选区时的近似程度,容差越大,被选取的区域就越大。

(2) 单击"选择"→"反选"菜单命令,即可选中小鸭,如图 6.14 所示。

图 6.13　用魔棒工具选择图像背景　　　　图 6.14　用"反选"命令选中图像主体

6.3.5　裁剪工具

Photoshop CC 的裁剪工具就如同裁纸刀，可以对图像进行裁剪，使图像的大小发生变化。裁剪工具的快捷键是 C 键。裁剪工具的选项栏如图 6.15 所示，下面分别进行介绍。

图 6.15　裁剪工具的选项栏

（1）"宽度"和"高度"选项：可输入固定的数值，设置图像的裁剪尺寸。

（2）"分辨率"选项：用于设置裁剪后图像的分辨率，可在后面的下拉列表中选择分辨率的单位。

（3）"前面的图像"按钮：点击后可调出顶层图像的裁剪尺寸设置。

（4）"清除"按钮：点击后可清除当前的裁剪尺寸设置，可以重新输入数值。

下面举例说明裁剪工具的使用。

（1）在 Photoshop CC 中打开图像文件，如图 6.16 所示。

（2）在工具箱中选择裁剪工具或者按快捷键 C。

图 6.16　裁剪前的原图　　　　图 6.17　选取要保留的部分　　　　图 6.18　裁剪后的图像

（3）在图像上按住鼠标左键并拖动鼠标，把想保留的部分框出来，如图 6.17 所示。

（4）在选框上双击鼠标左键或按回车键即可完成裁剪，如图 6.18 所示。

6.3.6　吸管工具

吸管工具是一种信息工具，Photoshop 中的信息工具还包括颜色取样器工具和标尺工具，这三种工具从不同的角度显示了光标所在点的颜色信息，如图 6.19 所示。利用注释工具可以添加注释。吸管工具的快捷键是 I 键。吸管工具的选项栏如图 6.20 所示，其中"取样大小"选项用来设定吸管工具的取色范围。

图 6.19　吸管工具　　　　　　　　图 6.20　吸管工具的选项栏

单击工具箱中的吸管工具，再单击图像中的取色位置，"信息"面板上将显示光标所在点的颜色信息，如图 6.21 所示。

图 6.21　光标所在点的颜色信息

利用颜色取样器工具，可以在图像中定义 4 个取样点，并将其颜色信息保存在"信息"面板中，如图 6.22 所示。如果要改变取样点的位置，可以用鼠标拖动取样点。如果想删除取样点，用鼠标将取样点拖出画布就可以了。

图 6.22　利用颜色取样器工具定义取样点

使用标尺工具可以测量两点间的信息并在"信息"面板中显示，如图 6.23 所示。使用方法：选择度量工具后在图像上单击以确定起点，然后拖动鼠标拉出一条直线，再次单击鼠标左键就确定了一条线段，此时两点间的信息即显示在"信息"面板中。

图 6.23　使用标尺工具测量两点间的信息

6.3.7　修复画笔工具

Photoshop CC 的修复画笔工具组包含 4 个工具，它们分别是污点修复画笔工具、修复画笔工具、修补工具、红眼工具，如图 6.24 所示。修复画笔工具的快捷键是 J 键。

图 6.24　修复画笔工具

1. 污点修复画笔工具

污点修复画笔工具可以快速移除图像中的污点，其工作原理是：它使用图像中的样本像素进行绘制，并将样本像素的纹理、光照、透明度和阴影与所修复的像素相匹配。污点修复画笔工具不要求指定取样点，它会自动从所修饰区域的周围取样。

2. 修复画笔工具

使用修复画笔工具需要设置取样点，取样点的设置方法为：将鼠标指针置于打开的图像中，然后按住 Alt 键并点击鼠标左键即可。修复画笔工具的选项栏如图 6.25 所示，下面分别进行介绍。

图 6.25　修复画笔工具的选项栏

（1）：用鼠标点击后，可以在弹出的对话框中设置画笔选项。

（2）"模式"选项：用于设置选取混合模式，如果选择"替换"，可以保留画笔描边的边缘处的杂色、胶片颗粒和纹理。

（3）"源"选项：选择用于修复像素的源，选择"取样"，可以使用当前图像的像素；选择"图案"，可以使用预置图案的像素。如果选择了"图案"，可以在"图案"下拉选项框中选择一个图案。

（4）"对齐"选项：选中该选项，可以对像素连续取样，不丢失当前的取样点；如果取消选中该选项，会在每次停止并重新开始绘制时使用初始取样点中的像素样本。

（5）"样本"选项：可在下拉列表中选择"当前图层"、"当前和下方图层"、"所有图层"，从不同图层中对像素进行取样。

3. 修补工具

使用修补工具，可以用其他区域或图案中的像素来修复选中的区域。修补工具会将样本像素的纹理、光照和阴影与源像素进行匹配。

4. 红眼工具

红眼工具可以去除人物相片中的红眼，使用方法为：选择红眼工具，在图像中的红眼处用鼠标点击。如果对结果不满意，可以在选项栏中设置一个或多个以下选项，如图 6.26 所示，然后再次用鼠标点击红眼：

图 6.26　红眼工具的选项栏

（1）"瞳孔大小"选项：设置瞳孔（眼睛暗色的中心）的大小。

（2）"变暗量"选项：设置瞳孔的暗度。

6.3.8　画笔工具

Photoshop CC 中的画笔主要分为两种形式，笔触式画笔和图案式画笔。在使用画笔工具之前需要进行设置，画笔工具的选项栏如图 6.27，画笔工具的快捷键是 B 键。下面分别介绍选项栏上的选项。

图 6.27　画笔工具的选项栏

（1）：点击后可打开"画笔预设"选取器，用于选择与设置笔刷。

（2）"模式"选项：设置混合模式。通过颜色的混合得到各种不同的效果。色彩混合模式是将当前的颜色和图像的底色以某种模式进行混合，产生新的色彩效果。

（3）"不透明度"选项：可以在滑竿上调节或在文本框中输入 0～100 的整数值，输入的数值越小，透明度就越大。

（4）"流量"选项：可以调整选定颜色的流量比例。可以直接在文本框中输入数值，也可以在滑竿上调节，取值范围在 1%～100% 之间。流量值越小，绘制的颜色越浅。

通过画笔工具的选项栏可以弹出"画笔"面板，用于设置画笔大小和硬度，如图 6.28 所示。硬度是指画笔的边缘过渡效果。

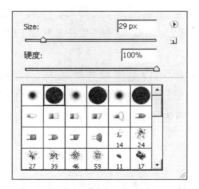

图 6.28 在"画笔"面板上设置画笔大小和硬度

点击画笔工具选项栏上的 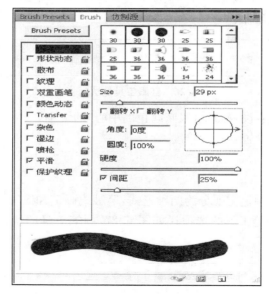，可以打开"画笔"面板，如图 6.29 所示。利用"画笔"面板可以进行多种设置，如"形状动态"选项可以让画笔的形状动态变化，特别适用于不规则画笔；"散布"选项可以让画笔随机分布；"纹理"选项可以设置画笔的纹理效果等。

图 6.29 "画笔"面板

6.3.9 图章工具

图章工具用于复制图像中的内容，包括仿制图章工具和图案图章工具，图章工具的快捷键是 S 键。仿制图章工具以指定的点作为复制基准点，将基准点周围的对象复制到指定的位置。使用时首先选择仿制图章工具，接着按住 Alt 键，点击鼠标左键选择取样点，然后释放鼠标和 Alt 键，再在需要复制图像的位置按住鼠标左键并拖动鼠标即可。仿制图章工具的选项栏如图 6.30 所示。

其中，"对齐"选项用于控制是否在复制图像时使用对齐功能；"样本"选项用于确定是否使用"当前图层"、"当前和下方图层"、"所有图层"中的图像做样本。

图 6.30　仿制图章工具的选项栏

仿制图章工具的使用效果如图 6.31 所示。

图 6.31　仿制图章工具的使用效果

图案图章工具以定义的图案作为复制对象，其选项栏如图 6.32 所示，可在图案图章工具的选项栏中定义图案。

图 6.32　图案图章工具的选项栏

6.3.10　历史画笔工具

历史画笔工具用于恢复图像，包括历史记录画笔工具和历史记录艺术画笔工具，需要配合"历史记录"面板一起使用。历史画笔工具的快捷键是 Y 键。

历史记录画笔工具可以恢复图像，它通过在"历史记录"面板中定位某一步的操作，把图像在处理过程中的状态复制到当前图层中。使用时首先选择历史记录画笔工具，然后在"历史记录"面板中选择历史记录画笔的源，接着在需要恢复的地方按住鼠标左键并拖动鼠标即可。历史记录画笔工具的选项栏如图 6.33 所示，相关选项的设置方法和画笔工具的相同。

图 6.33　历史记录画笔工具的选项栏

历史记录艺术画笔工具用于恢复图像的同时对图像进行艺术效果的处理，其选项栏如图 6.34 所示。其中，"样式"选项用于设置绘画风格，有 10 种样式可供选择；"区域"选项用于设置笔触所覆盖的像素范围；"容差"选项用于限制画笔绘制的范围，数值越大，在颜色相差较大的区域中进行绘制越会受到限制。

图 6.34　历史记录艺术画笔工具的选项栏

6.3.11　橡皮擦工具

橡皮擦工具用于擦除图像,包括橡皮擦工具、背景橡皮擦工具、魔术橡皮擦工具。橡皮擦工具的快捷键是 E 键。

1.　橡皮擦工具

橡皮擦工具的作用是擦去图像上不需要的部分,如果要擦去的内容在背景层,被擦去部分会显示为背景色;如果把背景层转换为普通图层,被擦去部分会显示为透明区域。橡皮擦工具的选项栏如图 6.35 所示。

图 6.35　橡皮擦工具的选项栏

(1) 点击后可以打开对话框设置橡皮擦工具的大小和硬度。

(2)“模式”选项:有三种选择,“画笔”、“铅笔”和“块”。选择“画笔”,擦除的边缘柔和,画笔的硬度可调整;选择“铅笔”,擦除的边缘会变得尖锐;选择“块”,橡皮擦会变成一个方块。

(3)“抹到历史记录”选项:用于设置是否以“历史记录”面板中的某一步的图像来进行擦除。

2.　背景橡皮擦工具

背景橡皮擦工具用于擦除指定的颜色,其选项栏如图 6.36 所示。

图 6.36　背景橡皮擦工具的选项栏

(1)“取样”选项:用于设置取样类型,有三种选择:“连续”、“一次”和“背景色版”。如果选择“连续”,按住鼠标左键不放的情况下拖动鼠标,则鼠标中心点所经过的颜色都会被擦除掉;如果选择“一次”,用鼠标左键点击图像中某点,再按住鼠标不放并拖动以进行擦除时,只有鼠标初次接触到的颜色才会被擦除,在经过不同颜色时这个颜色不会被擦除,只要在图像中其他颜色处再单击鼠标左键一次,其他的颜色就会被擦除;如果选择“背景色版”,擦除的是图像中与背景色相同的颜色。

(2)“限制”选项:有三种选择,“不连续”、“连续”和“查找边缘”。“不连续”表示擦除所有与指定颜色相近的颜色;“连续”表示擦除所有与指定颜色相近和相连的颜色;“查找边缘”表示用鼠标左键在图像中的某对象的边缘处点击一下,然后按住鼠标左键并拖动,只有边缘处的颜色被擦除,而其他的颜色不会被擦除。

(3)“容差”选项:用于设置擦除颜色的范围,容差的值越大,擦除的范围就越大。

(4)“保护前景色”选项:用于设置是否擦除图像中的背景色。

3.　魔术橡皮擦工具

魔术橡皮擦工具用于擦除成块相邻的颜色,其选项栏如图 6.37 所示。

图 6.37　魔术橡皮擦工具的选项栏

其中，如果图像由多个图层组成，勾选"对所有图层取样"复选框可以在多个图层上擦除图像，如果取消勾选该复选框则仅擦除当前图层。

6.3.12　填充工具

填充工具有两种：渐变工具和油漆桶工具，如图 6.38 所示，填充工具的快捷键是 G 键。

图 6.38　渐变工具

1. 渐变工具

在 Photoshop CC 中新建一个空白文档，选择渐变工具。这时界面上方会出现渐变工具的选项栏，如图 6.39 所示。

图 6.39　渐变工具的选项栏

单击选项栏上的颜色框，会出现"渐变编辑器"对话框，在其中可添加色标，新添加的色标可通过对话框下方的"颜色"选项来设置颜色，如图 6.40 所示。

图 6.40　"渐变编辑器"对话框

点击"颜色"选项的色块，在弹出的"选择色标颜色"对话框中可以选择合适的颜色，如图 6.41 所示。

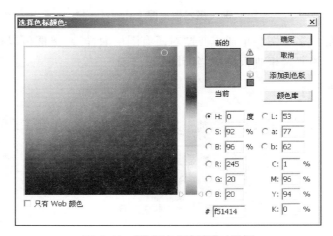

图 6.41 "选择色标颜色"对话框

选择"线性渐变"选项 ，会产生如图 6.42 所示的效果；选择"径向渐变"选项 ，会产生如图 6.43 所示的效果；选择"角度渐变"选项 ，会产生如图 6.44 所示的效果；选择"对称渐变"选项 ，会产生如图 6.45 所示的效果；选择"菱形渐变"选项 ，会产生如图 6.46 所示的效果。

图 6.42 线性渐变效果

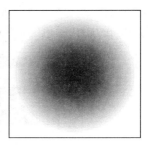

图 6.43 径向渐变效果

渐变工具的使用方法是：先在图像中的一点单击并按住鼠标左键，然后拖动鼠标到另外一点后放开鼠标，渐变色就会按照从起点到终点的方向进行相应渐变。

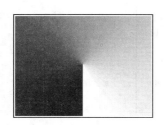

图 6.44 角度渐变效果

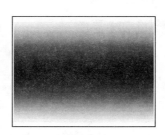

图 6.45 对称渐变效果

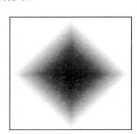

图 6.46 菱形渐变效果

2. 油漆桶工具

油漆桶工具用于在图像或者选区中填充前景色,使用方法是在图像或者选区内单击鼠标左键。

图 6.47　油漆桶工具的选项栏

油漆桶工具的选项栏如图 6.47 所示,其中"填充"选项用于设置用前景色还是用图案填充。如果选择"图案",选项栏中的"图案"下拉列表会转换为可编辑状态,从中可以选择填充图案的种类。

6.3.13　模糊工具

Photoshop CC 的模糊工具组包括三个工具:模糊工具、锐化工具和涂抹工具。模糊工具的快捷键是 R 键。

1. 模糊工具

模糊工具可以通过笔刷使图像变模糊,其工作原理是降低图像像素之间的反差。模糊工具的选项栏如图 6.48 所示,下面分别进行介绍。

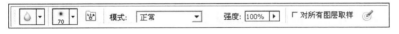

图 6.48　模糊工具的选项栏

(1) ：点击后可打开"画笔预设"选取器,可选择画笔的形状。

(2)"模式"选项:用于设置色彩的混合方式。

(3)"强度"选项:用于设置画笔的压力。

(4)"对所有图层取样"选项:选中该选项可以使模糊作用于所有层。

模糊工具使用前后的效果对比如图 6.49 所示。

图 6.49　模糊工具使用前后的效果对比

2. 锐化工具

锐化工具与模糊工具的作用相反,它是一种使图像色彩锐化的工具,其工作原理是增大图像像素间的反差。锐化工具的选项栏如图 6.50 所示。

图 6.50　锐化工具的选项栏

锐化工具使用前后的效果对比如图 6.51。

图 6.51　锐化工具使用前后的效果对比图

3. 涂抹工具

涂抹工具在图像上用涂抹的方式柔和周围的像素,拖动鼠标,笔触周围的像素随着鼠标移动从而融合在一起。涂抹工具的选项栏如图 6.52 所示,选中"手指绘画"选项,可以使用前景色从每次操作的起点进行涂抹;取消选中该选项,会用鼠标每次点击处的像素颜色进行涂抹。

图 6.52　涂抹工具的选项栏

涂抹工具使用前后的效果对比如图 6.53 所示。

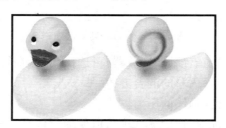

图 6.53　涂抹工具使用前后的效果对比图

6.3.14　减淡与加深工具

使用减淡与加深工具能制作出带有立体感的作品。减淡与加深工具以及海绵工具的快捷键是 O 键。

1. 减淡工具

减淡工具可以为图像的局部加亮,改变区域的曝光度,选项栏如图 6.54 所示,下面分别进行介绍。

图 6.54　减淡工具的选项栏

（1）"范围"选项:用于选择需要处理的区域,有三个选项可选,"阴影"用来提高暗部和阴影区域的亮度,"中间调"用来提高灰度区域的亮度,"高光"用来提高亮部区域的亮度。

（2）"曝光度"选项：用于设置曝光强度。

减淡工具的使用步骤如下：

（1）打开一幅图片。

（2）选择减淡工具，在选项栏中将"曝光度"设置为"100％"，然后按住鼠标左键在图片上涂抹，可以得到如图 6.55 所示的效果。

图 6.55　减淡工具的使用效果

2. 加深工具

加深工具与减淡工具的作用相反，可以使图像变暗，其选项栏如图 6.56 所示。

图 6.56　加深工具的选项栏

加深工具的使用效果如图 6.57 所示。

图 6.57　加深工具的使用效果

3. 海绵工具

海绵工具用于调整色彩的饱和度，它可以提高或者降低色彩的鲜艳程度。如果用于灰度图，海绵工具可以增加或减少画面的对比度。海绵工具的选项栏如图 6.58 所示。

图 6.58　海绵工具的选项栏

在"模式"下拉列表中，选择"降低饱和度"，可以降低图像颜色的饱和度，并且增加图像中的灰色调，效果如图6.59所示；选择"饱和"，可以提高图像颜色的饱和度，并且使图像中的灰色调减少，效果如图6.60所示。

图 6.59　降低图像颜色的饱和度

图 6.60　提高图像颜色的饱和度

6.3.15　钢笔工具

钢笔工具组包括5种用于创建和编辑路径的工具，分别是钢笔工具、自由钢笔工具、添加锚点工具、删除锚点工具和转换点工具。钢笔工具用于绘制直线或曲线的路径，在图像上单击鼠标，可以确定路径的起始点，再移动鼠标到其他位置并单击，两个锚点之间就可以产生一条直线路径，如图6.61所示。若在单击鼠标产生锚点的同时按住鼠标并拖动，可以绘制曲线，如图6.62所示。自由钢笔工具可以自由地绘制直线或曲线，如图6.63所示。添加锚点工具可以增加一个锚点。删除锚点工具可以删除一个锚点。转换点工具可以在曲线转折点和直线点之间转换。钢笔工具和自由钢笔工具的快捷键是 P 键。

图 6.61　用钢笔工具绘制直线

图 6.62　用钢笔工具绘制曲线

图 6.63　用自由钢笔工具绘制曲线和直线

6.3.16　文字工具

使用文字工具可以在图像中输入文本或者创建文本选区。文字工具组包括横排文字工具、直排文字工具、横排文字蒙版工具和直排文字蒙版工具。文字工具的快捷键是 T 键。

文字工具可以输入两种类型的文本：点文本和段落文本。点文本包含较少的文字信息，如标题等，在输入过程中不会自动换行。段落文本包含较多的文字信息，在输入过程中会自动换行。

1. 输入点文本

操作步骤如下：

（1）在工具箱中选择横排文字工具。

（2）在"字符"面板中设置文本的参数，如图 6.64 所示。

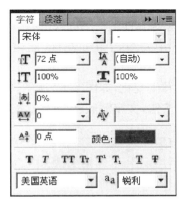

图 6.64　"字符"面板

（3）鼠标指针移动至图像中，单击鼠标左键确定输入文本的位置，直接输入文本。此时"图层"面板中自动新增加一个文本图层。

2. 输入段落文本

（1）在工具箱中选择横排文字工具。

（2）在"字符"面板中设置文本的参数。

（3）鼠标指针移动至图像中，按住鼠标并且拖动鼠标拉出一个选框，在选框内输入文本。此时"图层"面板中自动新增加一个文本图层。

3. 编辑文本

利用"字符"面板，可以设置字体与字号，调整行距、字符间距、水平或者垂直缩放，指定文字基线移动，对文字填色，设置文字加粗、字体倾斜、字体的大写和小型大写、文字的上标与下标、文字加下划线与删除线，旋转直排文本。

使用文字工具输入段落文字后，可以在"段落"面板中设置参数，如图 6.65 所示，可以设置段落文字的排列方式、段落缩进、段落间距、自动连字功能等。

图 6.65 "段落"面板

4. 创建文本选区

操作步骤如下：

（1）在工具箱中选择横排文字蒙版工具。

（2）将鼠标移至文档编辑区中并单击鼠标左键，此时图像出现蒙版模式，如图 6.66 所示。

（3）输入文本后文档编辑区发生变化，如图 6.67 所示。

（4）单击选项栏中的"确定"按钮，文字蒙版转变为文本选区，如图 6.68 所示。

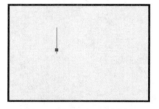

图 6.66 横排文字蒙版模式

图 6.67 输入文本

图 6.68 文字蒙版转变为选区

5. 转换文本图层

（1）将文本图层栅格化。在文本图层中不能使用滤镜等命令，必须先将图层栅格化。在文档编辑区输入文字，单击"图层"→"栅格化"→"文字"菜单命令，将文本图层转换为普通图层。

（2）将文字转换为路径。在文档编辑区输入文字，单击"文字"→"创建工作路径"菜单命令，文字转换为工作路径，如图 6.69 所示。

（3）将文字转换为形状。在文档编辑区输入文字，单击"文字"→"转换为形状"菜单命令，将文字转换为形状，如图 6.70 所示。

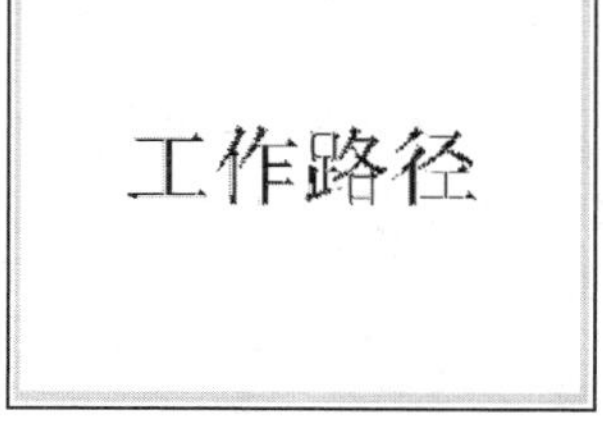

图 6.69 将文字转换为工作路径

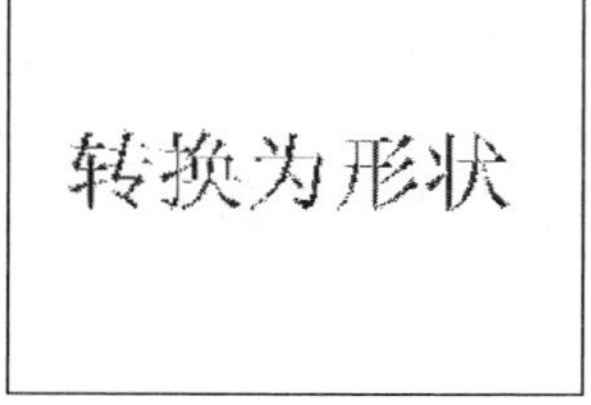

图 6.70 将文字转换为形状

6. 变形文字

在选项栏中单击"创建文字变形"按钮或者单击"文字"→"文字变形"菜单命令,弹出"文字变形"对话框,可以进行参数设置,控制变形的样式和弯曲,如图 6.71 所示,其中:

(1)"样式"选项:在下拉列表中有 15 种不同的效果,可以选择一种对文字进行变形。

(2)"水平"和"垂直"选项:用于调整水平或者垂直方向的变形。

(3)"弯曲"选项:用于设置文字的弯曲程度。

(4)"水平扭曲"选项:用于设置水平方向的透视扭曲变形程度。

(5)"垂直扭曲"选项:用于设置垂直方向的透视扭曲变形程度。

文字变形效果如图 6.72 所示。

图 6.71　"变形文字"对话框

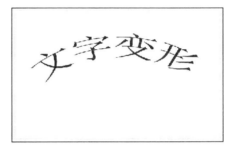

图 6.72　文字变形效果

6.3.17　3D 旋转工具

3D 旋转工具包括:3D 对象旋转工具、3D 对象滚动工具、3D 对象平移工具、3D 对象滑动工具和 3D 对象比例工具 5 个工具,如图 6.73 所示。利用这些工具,可以调整 3D 模式的角度、位置、比例等。3D 旋转工具的快捷键是 K 键。

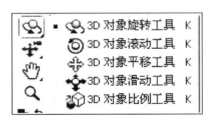

图 6.73　3D 旋转工具

3D 对象旋转工具可以对 3D 对象进行 360 度旋转操作;3D 对象滚动工具可以对 3D 对象进行滚动旋转操作;3D 对象平移工具可以对 3D 对象进行上、下、左、右平移操作;3D 对象滑动工具可以对 3D 对象进行左右移动和放大、缩小操作;3D 对象比例工具可以对 3D 对象进行放大和缩小操作。

3D 旋转工具的选项栏如图 6.74 所示。

图 6.74　3D 旋转工具选项栏

（1）"复位"按钮：单击后可以把图像还原到原始状态。

（2）：点击相应按钮，可以快速地切换3D对象旋转工具、3D对象滚动工具、3D对象平移工具、3D对象滑动工具、3D对象比例工具。

（3）"位置"选项：点击后面的下拉列表，可以切换视图。

（4）"保存"按钮：可以保存视图位置。

（5）"删除"按钮：可以删除保存的视图位置。

（6）"方向"选项：用于显示3D图像的坐标。

6.3.18　3D相机工具

3D相机工具包括：3D旋转相机工具、3D滚动相机工具、3D平移相机工具、3D移动相机工具和3D缩放相机工具5个工具。这组工具可以用来旋转3D模型的角度，查看各个立体面的纹理材质及光感等，还可以更详细地了解当前立体图形的构造。3D相机工具的快捷键是N键。

3D相机工具的选项栏如图6.75所示。

图6.75　3D相机工具的选项栏

6.4　滤镜

滤镜是一组完成特定效果的程序，一个滤镜对应一种特定的效果。滤镜的效果强度和特性可以调整，以产生不同的效果。

6.4.1　风格化滤镜

1. 查找边缘滤镜

使图像产生勾画的效果。查找边缘滤镜处理前后的图像如图6.76和图6.77所示。

图6.76　原图

图6.77　查找边缘滤镜处理后的效果

（图片来源：http://www.zhuoku.com）

2. 等高线滤镜

使图像产生勾画边界的线稿效果,如图 6.78 所示。

3. 风滤镜

使图像产生不同种风的效果,如图 6.79 所示。

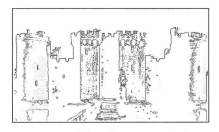

图 6.78　等高线滤镜处理后的效果

图 6.79　风滤镜处理后的效果

4. 浮雕效果滤镜

使图像产生浮雕的效果,如图 6.80 所示。

5. 扩散滤镜

使图像产生在湿纸上扩散的效果,如图 6.81 所示。

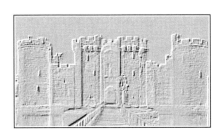

图 6.80　浮雕滤镜处理后的效果

图 6.81　扩散滤镜处理后的效果

6. 拼贴滤镜

将图像拆散成拼贴图像,由不规则的方格拼凑在一起,如图 6.82 所示。

7. 曝光过度滤镜

用于混合负片和正片图像,使图像产生增强光线强度的曝光效果,如图 6.83 所示。

图 6.82　拼贴滤镜处理后的效果

图 6.83　曝光过度滤镜处理后的效果

8. 凸出滤镜

使图像产生有机纹理,如图6.84所示。

9. 照亮边缘滤镜

将图像主要颜色变化区域的过渡像素加强,产生亮光效果,如图6.85所示。

图6.84 凸出滤镜处理后的效果 　　　　图6.85 照亮边缘滤镜处理后的效果

6.4.2 画笔描边滤镜

1. 成角的线条滤镜

使图像产生倾斜线条绘制的效果,成角的线条滤镜处理前后的图像如图6.86和图6.87所示。

图6.86 金字塔原图 　　　　图6.87 成角的线条滤镜处理后的效果

(图片来源:http://www.zhuoku.com)

2. 墨水轮廓滤镜

用精细的线条勾画图像轮廓,形成类似于钢笔画的风格,如图6.88所示。

3. 喷溅滤镜

产生喷溅的效果,使图像中的色彩向四周飞溅,如图6.89所示。

图6.88 墨水轮廓滤镜处理后的效果 　　　　图6.89 喷溅滤镜处理后的效果

4. 喷色描边滤镜

产生喷溅的效果,使图像中的色彩按一定方向飞溅,如图 6.90 所示。

5. 强化的边缘滤镜

使图像产生彩笔勾绘边缘的效果,如图 6.91 所示。

图 6.90　喷色描边滤镜处理后的效果

图 6.91　强化的边缘滤镜处理后的效果

6. 深色线条滤镜

使图像产生黑色阴影的效果,如图 6.92 所示。

7. 烟灰墨滤镜

使图像类似于日本风格的绘画,产生黑色油墨画的效果,如图 6.93 所示。

图 6.92　深色线条滤镜处理后的效果

图 6.93　烟灰墨滤镜处理后的效果

8. 阴影线滤镜

使图像产生铅笔阴影交叉的效果,如图 6.94 所示。

图 6.94　阴影线滤镜处理后的效果

6.4.3　模糊滤镜

模糊滤镜可以模糊图像中边缘过于清晰或者对比度过于强烈的区域，产生各种各样不同的模糊效果。模糊滤镜主要包括表面模糊、动感模糊、方框模糊、高斯模糊、进一步模糊、径向模糊、镜头模糊、模糊、平均、特殊模糊和形状模糊等滤镜。这些滤镜可以模仿拍摄高速运动物体的方法，创建出旋转或者放射模糊的效果。

6.4.4　扭曲滤镜

扭曲滤镜通过移动、扩展或者缩小图像中的像素，使图像产生各种各样的扭曲变形。扭曲滤镜包括波浪、波纹、玻璃、海洋波纹、极坐标、挤压、扩散亮光、切变、球面化、水波、旋转扭曲和置换等滤镜。使用这些滤镜可以创建出波浪、波纹和球面等效果。

6.4.5　锐化滤镜

锐化滤镜通过增加相邻像素的对比度来聚焦模糊的图像，使图像更加清晰，色彩更加鲜明。锐化滤镜包括 USM 锐化、进一步锐化、锐化、锐化边缘和智能锐化等滤镜。这些滤镜能够作用于图像的全部像素，提高图像颜色对比度，使图像清晰，也可以只作用于图像的边缘，对边缘进行锐化，表现出颜色的对比。

6.4.6　视频滤镜

视频滤镜是外部接口程序，用来从摄像机输入图像或将图像输出。视频滤镜包括 NTSC 颜色滤镜和逐行滤镜。这两个滤镜可以转换图像中的色域，使图像适合 NTSC 视频的标准色域，从而使图像可以被接收。

6.4.7　素描滤镜

素描滤镜可以使用前景色和背景色重绘图像，使图像产生一种单色调的效果。素描滤镜可以用于制作手绘图案的效果。素描滤镜包括半调图案、便条纸、粉笔和炭笔、铬黄渐变、绘图笔、基底凸现、石膏效果、水彩画纸、撕边、塑料效果、炭笔、炭精笔、图章、网状和影印滤镜。使用这些滤镜可以创建出粉笔和炭笔涂抹的绘图效果和模拟炭笔素描等效果。

6.4.8　纹理滤镜

1. 龟裂纹滤镜

使图像表面具有凹凸不平的效果，图像轮廓会产生精细的裂纹。龟裂纹滤镜处理前后的图像如图 6.95 和图 6.96 所示。

图 6.95　橙子原图

（图片来源：http://www.zhuoku.com）

图 6.96　龟裂纹滤镜处理后的效果

2. 颗粒滤镜

通过模拟不同类型的颗粒来增加图像纹理，如图 6.97 所示。

3. 马赛克拼贴滤镜

使图像产生由小片或块组成的效果，在块与块之间增加间隙，如图 6.98 所示。

图 6.97　颗粒滤镜处理后的效果

图 6.98　马赛克拼贴滤镜处理后的效果

4. 拼缀图滤镜

将图像拆分成方块的样子，如图 6.99 所示。

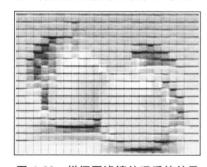

图 6.99　拼缀图滤镜处理后的效果

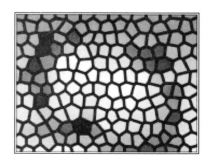

图 6.100　染色玻璃滤镜处理后的效果

5. 染色玻璃滤镜

将图像重新绘制，以图像的色相为基准绘制方块，产生染色玻璃的效果，如图 6.100 所示。

6. 纹理化滤镜

为图像应用所选或创建的纹理，如图 6.101 所示。

图 6.101　纹理化滤镜处理后的效果

6.4.9　像素化滤镜

像素化滤镜将图像中颜色接近的像素结成块。像素化滤镜包括彩块化、彩色半调、点状化、晶格化、马赛克、碎片和铜版雕刻等滤镜。使用这些滤镜可以创建出手绘、抽象派绘画和雕刻版画等效果。

6.4.10　渲染滤镜

渲染滤镜可以改变图像的光感效果，比如模拟在场景中放置不同的灯光，产生不同的光源效果。渲染滤镜包括分层云彩、光照效果、镜头光晕、纤维和云彩等滤镜。使用这些滤镜可以创建出大理石纹理图案和星光、日光照射等效果。

6.4.11　艺术效果滤镜

1. 壁画滤镜

利用一些粗短的小颜料块在图像中进行绘制，产生古壁画的斑点效果。壁画滤镜处理前后的图像如图 6.102 和图 6.103 所示。

图 6.102　荷花原图

（图片来源：http://huaban.com）

图 6.103　壁画滤镜处理后的效果

2. 彩色铅笔滤镜

模拟铅笔在图像上进行绘制，如图 6.104 所示。

3. 粗糙蜡笔滤镜

制作出使用蜡笔在画纸上绘制的效果，如图 6.105 所示。

图 6.104　彩色铅笔滤镜处理后的效果

图 6.105　粗糙蜡笔滤镜处理后的效果

4. 底纹效果滤镜

产生喷绘的效果，制作出布料或油画的效果，如图 6.106 所示。

5. 调色刀滤镜

制作出油画刀绘制的效果，如图 6.107 所示。

图 6.106　底纹效果滤镜处理后的效果

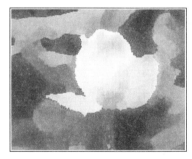

图 6.107　调色刀滤镜处理后的效果

6. 干画笔滤镜

将图像处理成介于油彩和水彩之间的效果，如图 6.108 所示。

图 6.108　干画笔滤镜处理后的效果

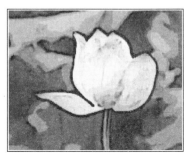

图 6.109　海报边缘滤镜处理后的效果

7. 海报边缘滤镜

可以提高图像的对比度,使图像产生漂亮的海报效果,如图6.109所示。

8. 海绵滤镜

创建强对比颜色的纹理图像,产生被海绵浸染的效果,如图6.110所示。

9. 绘画涂抹滤镜

选取不同类型的画笔制作出具有各种涂抹后模糊效果的图像,如图6.111所示。

图6.110 海绵滤镜处理后的效果

图6.111 绘画涂抹滤镜处理后的效果

10. 胶片颗粒滤镜

在图像中显示柔和的杂点,制作出照片的胶片效果,如图6.112所示。

11. 木刻滤镜

将图像处理成由粗糙剪切的单色纸组成的效果,如图6.113所示。

图6.112 胶片颗粒滤镜处理后的效果

图6.113 木刻滤镜处理后的效果

12. 霓虹灯光滤镜

使图像产生彩色灯光照射的效果,如图6.114所示。

13. 水彩滤镜

使图像产生水彩画的效果,如图6.115所示。

图 6.114　霓虹灯光滤镜处理后的效果

图 6.115　水彩滤镜处理后的效果

14. 塑料包装滤镜

制作出如同被蒙上一层塑料薄膜的图像效果,如图 6.116 所示。

15. 涂抹棒滤镜

使用短对角线涂抹图像的暗区,使图像产生晕开的效果,如图 6.117 所示。

图 6.116　塑料包装滤镜处理后的效果

图 6.117　涂抹棒滤镜处理后的效果

6.4.12　杂色滤镜

杂色滤镜可以将杂点混合入图像,或者去掉图像中的杂点,创建出纹理或者删除图像上面积较小的区域。杂色滤镜可以优化图像,在输出图像的时候经常被使用。杂色滤镜包括减少杂色、蒙尘与划痕、去斑、添加杂色和中间值等滤镜。去斑滤镜能删除与整体图像不协调的斑点,其原理是拿图像中的每个像素与周围的像素相比较,将对比过大的小区域去除,大区域柔化,并且模糊边界中的像素,但不破坏细节。中间值滤镜能减少图像中杂色的干扰,使图像的区域平滑化。

6.4.13　其他滤镜

其他滤镜可以改变构成图像的像素的排列,允许用户自定义新的滤镜,使用滤镜修改蒙版,在图像中移动选区和快速调整颜色。其他滤镜包括高反差保留、位移、自定、最大值和最小值等滤镜。可以使用最大值滤镜和最小值滤镜修改蒙版。

6.4.14 Digimarc 滤镜

Digimarc 滤镜用于在图像中加入作品标记,包括嵌入水印滤镜和读取水印滤镜。嵌入水印滤镜能向图像中嵌入水印图像,但不会影响原有图像,它能随着图像的复制而被复制。读取水印滤镜可以判断图像中是否有水印。

6.5 图层

图层,也称层、图像层。图层上有图像的部分可以是透明或不透明的,没有图像的部分是透明的。制作图像时,可以先在不同的图层上绘制不同的内容并且进行编辑,然后将这些图层叠加在一起,形成完整的图像。对当前图层进行操作时,图像的其他图层不会受到影响。

图层就像一张玻璃纸,但它的功能要比玻璃纸丰富。图层可以保存图像信息,还可以通过运用图层的混合模式、图层不透明度以及调整图层等相关命令来调整图层中的对象。

6.6 蒙版

蒙版可以控制图层中的不同区域的隐藏和显示。蒙版是灰度图像,可以被编辑。蒙版分为4种:快速蒙版、图层蒙版、矢量蒙版和剪贴蒙版。快速蒙版可以快速创建选区。图层蒙版通过灰度图像控制图层的隐藏和显示,可以由绘画工具或选择工具创建。矢量蒙版用于控制图层的隐藏和显示,可以由钢笔工具和形状工具创建。剪贴蒙版依靠底层图层的形状定义图像的显示区域。

学习蒙版的使用要从快速蒙版开始,它可以辅助用户创建选区。在工具箱中单击以"快速蒙版模式编辑"按钮会产生一个暂时的蒙版和一个暂时的 Alpha 通道。快速蒙版使用一个半透明的红色区域覆盖图像,图像上被覆盖的部分被保护起来不会受到改动,其余部分则可以改动。快速蒙版适用于建立临时性蒙版,使用完毕后会消失。如果一个选区的创建非常困难或是需要重复使用,可以为它建立一个 Alpha 通道。

6.7 通道

将图像的颜色分离成几种基本的颜色,每一种基本的颜色就是一条通道。当打开一幅以颜色模式建立的图像时,"通道"面板会为全彩和组成它的原色分别建立通道。打开 RGB 颜色模式的图像文件时,"通道"面板会创建一个全彩通道和 3 个基本颜色通道:红光通道、绿光通道和蓝光通道。单击基本颜色通道左边的眼睛图标可以在图像中隐藏该颜色,单击基本颜色通道的标注部分就可以看到能通过该颜色滤光镜的图像。

通道分为 3 种:颜色通道、Alpha 通道和专色通道。颜色通道用于管理图像中的颜色信息;Alpha 通道可以存储选区;专色通道用于在印刷物中标明可以进行特殊印刷的区域。

6.8　实例

6.8.1　马赛克文字

（1）新建一个图像文件，宽 300 像素，高 150 像素，图层背景为黑色。使用文字工具在图像上输入文字，文字颜色为白色，如图 6.118 所示。

图 6.118　输入文字

（2）在文本图层上单击鼠标右键，在弹出的快捷菜单中选择"栅格化文字"选项，将文本图层转化为普通图层。单击"滤镜"→"模糊"→"高斯模糊"菜单命令，使文字模糊一点，如图 6.119 所示。

图 6.119　对文字进行高斯模糊滤镜处理

（3）选中文字所在的图层，单击"图层"→"向下合并"菜单命令合并该图层与背景层，再单击"图层"→"复制图层"菜单命令复制该图层。选中复制的图层，单击"滤镜"→"像素化"→"马赛克"菜单命令，在弹出的对话框中把单元格大小设置为"10"，处理后的效果如图 6.120 所示。

图 6.120　对复制的图层进行马赛克滤镜处理

（4）在"图层"面板上，选择复制的图层，设置图层的不透明度为"50％"，设置后的效果如图 6.121 所示。

图 6.121   对复制的图层设置不透明度为 50%

（5）选择复制的图层，单击"滤镜"→"锐化"→"锐化"菜单命令三次，使文字锐化。再次选择复制的图层，单击"图层"→"向下合并"菜单命令合并该图层与背景层，效果如图 6.122 所示。

图 6.122   马赛克文字效果图

6.8.2   制作花朵

（1）新建一个图像文件，宽 450 像素，高 350 像素，图层背景为黑色。新建图层，用画笔工具画一条直线，如图 6.123 所示。

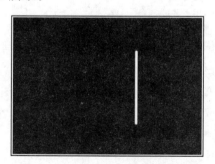

图 6.123   用画笔工具画一条直线

（2）单击"滤镜"→"风格化"→"风"菜单命令，制作出如图 6.124 所示的效果。

图 6.124   用风滤镜处理后的效果

（3）单击"编辑"→"自由变换"菜单命令，然后在图像上点击鼠标右键，在弹出的快捷菜单中选择"变形"选项，如图 6.125 所示。

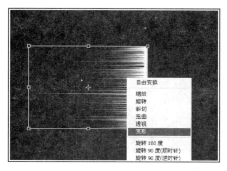

图 6.125　选择"变形"选项

（4）用鼠标拖动控制点，制作出如图 6.126 所示的效果。

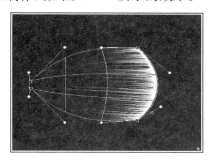

图 6.126　变形后的效果

（5）把图形进行复制，排列成如图 6.127 所示的样子，并把除背景层以外的图层合并。

图 6.127　复制花瓣

（6）单击"编辑"→"自由变换"菜单命令，用鼠标拖动控制点，将图形调整成如图 6.128 所示的样子，把花瓣的图层进行复制并缩小，做成花蕊。

图 6.128　制作花蕊

（7）单击"图层"→"图层样式"→"颜色叠加"菜单命令，为花瓣和花蕊添加颜色，如图 6.129 所示。

图 6.129 为花瓣和花蕊添加颜色

（8）画出花粉和茎秆，如图 6.130 所示。

图 6.130 花朵效果图

6.8.3 火焰文字

（1）新建一个图像文件，宽 600 像素，高 400 像素，分辨率为 150 像素，背景色为黑色。新建图层 1，使用文字工具输入"火焰文字"，文字颜色为白色，如图 6.131 所示。

图 6.131 输入"火焰文字"

（2）单击"图像"→"旋转画布"→"顺时针 90 度"菜单命令将画布旋转，如图 6.132 所示。

图 6.132　旋转画布

（3）单击"滤镜"→"风格化"→"风"菜单命令，在弹出的对话框中选择"风"和"从左"单选按钮，然后重复前述操作一次，制作出如图 6.133 所示的效果。

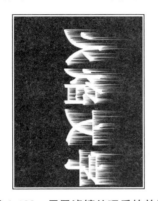

图 6.133　用风滤镜处理后的效果

（4）单击"图像"→"旋转画布"→"逆时针 90 度"菜单命令，将画布恢复原状。单击"滤镜"→"扭曲"→"波纹"菜单命令，在弹出的对话框中设置数量为"166％"，处理后的效果如图 6.134 所示。

图 6.134　用波纹滤镜处理后的效果

（5）单击"图像"→"模式"→"灰度"菜单命令，然后单击"图像"→"模式"→"索引颜色"菜单命令。

（6）单击"图像"→"模式"→"颜色表"菜单命令，在弹出的对话框中选择"黑体"，最终的效果如图6.135所示。

图6.135　火焰文字最终效果

6.8.4　钢笔素描

（1）单击"文件"→"打开"菜单命令，打开素材文件，然后单击"图像"→"调整"→"去色"菜单命令，将图像转换为灰度图，如图6.136所示。

图6.136　图像去色

（2）拖动"背景"图层到"创建新图层"按钮上，复制出"背景副本"图层，然后单击"图像"→"调整"→"反相"菜单命令，如图6.137所示。

图6.137　对"背景副本"图层使用"反相"命令

（3）在"图层"面板中，设置"背景副本"图层的混合模式为"颜色减淡"。单击"滤镜"→"模糊"→"高斯模糊"菜单命令，将图像中景物的轮廓显示出来，在弹出的对话框中设置半径为"2.0"像素，处理后的效果如图6.138所示。

图 6.138　用高斯模糊滤镜勾画景物轮廓

（4）单击"滤镜"→"风格化"→"扩散"菜单命令，在弹出的对话框中设置模式为"变暗优先"，让线条稍微扩散，使笔画的效果更为逼真。

（5）此时素描的轮廓线颜色较浅，需要对其进行加深处理。将前景色设置为黑色，单击"图层"面板下方的"创建新图层"按钮，新建"图层 1"图层，然后按 Alt＋Delete 组合键对"图层 1"图层用黑色填充。

（6）在"图层"面板中设置"图层 1"图层的混合模式为"叠加"，效果如图 6.139 所示。

图 6.139　"图层 1"图层的叠加效果

（7）将"图层 1"图层拖动至"创建新图层"按钮，复制出"图层 1 副本"图层。将"图层 1 副本"图层的不透明度和填充值都设置为"80％"，最终效果如图 6.140 所示。

图 6.140　钢笔素描画效果图

习题 6

1. 制作金属效果的文字。
2. 自制一幅电影海报。

第7章 Animate 动画制作

在信息技术发达的 21 世纪,你会发现动画无处不在,手机上的动画、网页上的动画、电视机中的动画、电影院中的影片……它们以不同的形式向我们展示风格迥异的动画。也许对你来说,制作动画是一件遥不可及的事情,其实不然,本章介绍一款软件——Animate,它可以让你轻松入门,掌握动画制作的基本方法。下面就一起来学习 Animate 的动画制作原理、绘图工具的使用、逐帧动画和补间动画等方面的内容。

7.1 初识 Animate CC 2017

Animate 是一款二维动画制作软件,它在网络动画制作、多媒体产品设计、课件制作以及游戏软件设计等方面显示了强大的功能。Animate 动画不仅可以通过文本、图像、音频和视频等方式来表现动画的主题,还可以通过自带的 ActionScript 脚本语言来实现交互功能。俗话说,"万事开头难",下面就来了解 Animate 的发展历史和最新的 Animate CC 2017 的工作界面。

7.1.1 了解 Animate CC 2017

1. Animate CC 2017 的前身——Flash

在了解 Animate CC 2017 之前,先来熟悉一下 Flash。Flash 的前身是 FutureSplash,当时它的最大的两个用户是 Microsoft 和 Disney。1996 年 11 月,FutureSplash 正式卖给了 Macromedia 公司,改名为 Flash。2005 年 Adobe 公司耗资 34 亿美元并购了 Macromedia 公司,这样 Flash 和 Photoshop 等众多多媒体软件一样成了 Adobe 公司旗下的产品。

众所周知,Adobe 公司旗下的很多软件的更新速度是非常迅速的,Flash 也不例外。从初出茅庐的 Flash 1.0 过渡到 Flash 5.0,再从崭露头角的 Flash MX2004 逐渐发展到大放异彩的 Flash CS 系列,由此可见 Flash 的发展也经历了一个过程。随着软件的升级,Flash 的功能也越来越强大。

随着移动技术的发展,由于 Flash 播放器存在的安全隐患以及 HTML 5 的应用,Adobe 公司宣布将动画创作工具 Flash Professional CC 更名为 Animate Professional CC。在 Animate Professional CC 中同时加入了对 HTML 5 的支持,帮助开发人员创建更多网站、广告和动画电影。

2. Animate 动画的原理和特点

动画是利用人类眼睛的"视觉残留"生物现象来制作的。人在观察物体时,物体在人的大脑视觉神经中停留的时间约为 1/24 秒,若每秒钟更替的画面超过 24 幅,那么当前一幅画面在人的脑海里消失之前,下一幅画面又继续出现,就形成了连续的动画效果。在 Animate 动画的制作过程中,可以为每个文档设置帧频,当帧频为 24 时,动画就会播放得非常流畅,这正是 Animate CC 2017 中帧频默认为 24 的由来。

Animate 动画之所以在二维动画中如此受欢迎,和它自身的特点是息息相关的,其主要特点是:

(1)操作界面友好,易于学习。Animate 软件中的菜单非常合理,几乎没有什么冗余的功能,用户使用它来学习动画的制作,上手是非常快的。

(2)体积小,适于网络传播。和其他格式的动画相比,Animate 动画文件体积小,更适合在网络上进行传播。另外,由于 Animate 采用流媒体技术,可以支持边下载边播放,从而减少下载等待时间。

(3)表现力强。Animate 中可以绘制矢量图形,无论放大多少倍都不会失真。通过绘制的卡通人物等形象来表现动画的情节,可以达到超强的震撼力。

(4)具有强大的交互功能。Animate 有自带的编程工具 ActionScript,用户使用 AS 脚本可以实现影片中的交互功能。

7.1.2 Animate CC 2017 的工作界面

Animate CC 2017 是 Flash 的升级版本,除了加强了 Flash 的动画制作功能之外,它还可以新建 HTML5 Canvas 文件,因此需要认真地观察新版本的变化之处。启动 Animate CC 2017 后,可以见到如图 7.1 所示的启动界面。

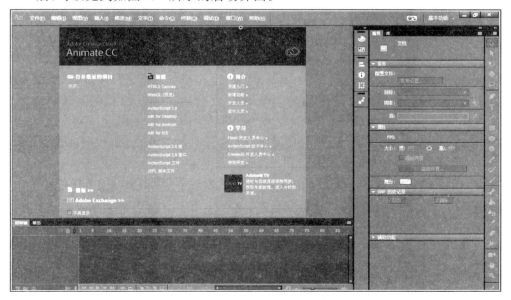

图 7.1 Animate CC 2017 的启动界面

在 Animate CC 2017 的启动界面中放置了"打开最近的项目"、"新建"、"模板"和"学习"等任务，如果选中界面下方的"不再显示"复选框，那么下次启动 Animate 程序时将跳过启动界面，直接进入 Animate CC 2017 的工作界面。在图 7.1 中，单击"ActionScript 3.0"选项，此时出现如图 7.2 所示的工作界面。

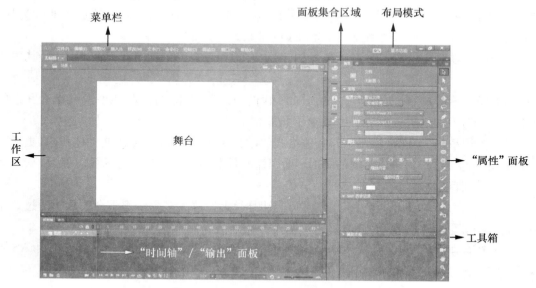

图 7.2　Animate CC 2017 的工作界面

Animate CC 2017 的工作界面中包括菜单栏、工具箱、舞台、工作区、时间轴和"属性"面板等元素，下面就重要组成部分进行简单介绍。

1. 舞台和工作区

舞台和工作区合称为场景。舞台是工作界面中央的矩形区域，它是设计者进行动画创作的区域。用户可以在舞台上插入图像、文本或其他对象，当动画播放时，该区域中的任何对象都可以完整地呈现出来。舞台的默认颜色为白色，大小为 550×400 像素，如果需要修改此属性，可以点击"修改"→"文档"命令，打开"文档设置"对话框进行修改，如图 7.3 所示。

除了舞台尺寸和背景颜色之外，还可以设置动画文档的帧频。文档的默认帧频为 24，即每秒钟播放时间轴中的 24 帧动画，帧频越大，动画播放的速度越快，最大可以设置为 120。在"文档设置"对话框的底部有"设为默认值"按钮，单击此按钮，可以将当前的参数设置为默认值，下次新建的文档将沿用该设置。

舞台周围的灰色区域为工作区。舞台有了工作区，感觉舞台的"地盘"扩大了，可以在上面放置对象。但值得注意的是，当动画播放时，工作区中的对象是无法显示的，所以工作区一般只作为动画的开始和结束点。

2. 工具箱

Animate CC 2017 中提供了十多种工具，动画中出现的可爱的卡通人物、建筑物等图像都可以通过绘图工具来进行绘制。工具箱中有铅笔、钢笔、直线、矩形和椭圆等绘制图形的工具,有墨水瓶、颜料桶等填充工具,以及任意变形、3D 旋转、橡皮擦、放大镜等工具。默认情况下,工具箱在工作界面的最右侧,若在工具箱上方的标题栏上按下鼠标左键不放并拖动,可以将其移动到用户所需的位置,如图 7.4 所示。在工具箱的右上方有一个"折叠为图标"按钮,单击它可将工具箱折叠成如所图 7.5 所示的图标。

图 7.3　"文档设置"对话框

图 7.4　拖动后的工具箱

图 7.5　折叠后的工具箱

3. "属性"面板

打开 AS 3.0 文档时,"属性"面板上显示文档的相关属性,用户可以设置文档大小、帧频等属性。当单击工具箱中的绘图工具时,"属性"面板上就会显示该工具相对应的属性,例如图 7.6 所示的是线条工具的对应属性,用户可以设置线条的笔触等属性。

图 7.6　线条的"属性"面板

4. "时间轴"/"输出"面板

默认情况下,"时间轴"/"输出"面板位于工作区的下方。"时间轴"面板的左边为图层区,右边由播放指针、帧、时间轴标尺及状态栏等组成。在制作动画时,用户在不同的图层对帧进行图像编辑,动画制作完成后图像就按照时间轴的顺序来进行播放。例如,图 7.7 为创建一个简单的形状部件动画的时间轴。

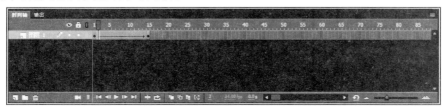

图 7.7　"时间轴"/"输出"面板

5. 布局模式

在布局模式的下拉列表中显示了 Animate 的布局模式，包含动画、传统、调试等，如图 7.8 所示。

图 7.8　布局模式

Animate CC 2017 默认显示的是"基本功能"布局模式。不同的布局模式下显示的面板会有所区别，图 7.9 为"设计人员"布局模式下的工作界面，显示了"工具箱"、"对齐"、"颜色"、"库"等常用面板。

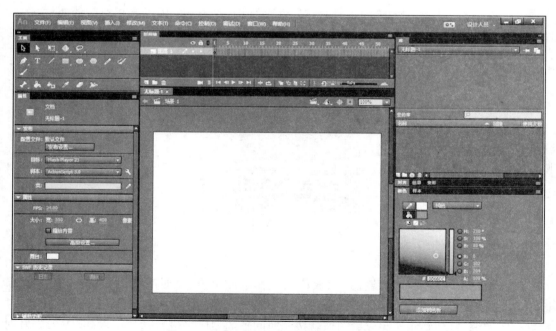

图 7.9　"设计人员"布局模式下的工作界面

6. 面板集合区域

面板集合区域中显示了多种图标，单击图标可以打开相应的面板，如"颜色"、"样本"、"对齐"、"信息"、"变形"等面板。有了面板集合区域，用户就不需要到"窗口"菜单中寻找面板了。

7.1.3　Animate CC 2017 的文件操作

制作动画的第一步是需要新建一个文档,完成后需要对文件进行保存和发布,下面就来看一下在 Animate CC 2017 如中何实现文件的相关操作。

1. 新建文档

在启动 Animate 程序时会显示图 7.1 所示的初始界面,用户可根据实际需要,选择新建一个空白文档或是从模板进行创建。当制作完成一个动画文档后,需要继续新建文档时,可以单击"文件"菜单中的"新建"命令,打开如图 7.10 所示的对话框。在"新建文档"对话框的"常规"选项卡下显示了各种文档类型,单击某一种类型(如 ActionScript 3.0),对话框的右侧会显示该类型文档的属性和描述。

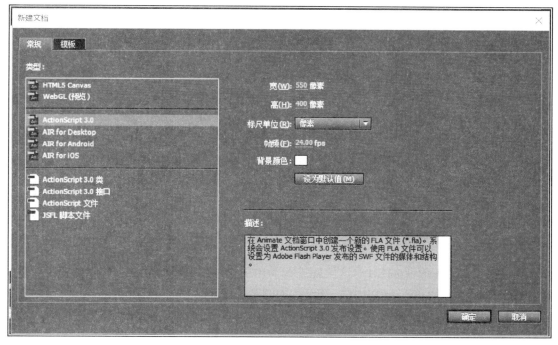

图 7.10　"新建文档"对话框

单击"模板"选项卡,对话框中列出了各种类别的文档模板。如果用户不想从零开始创建文档的话,那么就单击某一类别的模板来创建相应的文档,然后在已有模板的基础上来进一步地编辑文档。例如选择"透视缩放"模板,创建如图 7.11 所示的补间动画,将"母牛"图层的母牛元件换成另一动物,即可制作全新的补间动画。有了模板的帮忙,动画的制作就轻松多了。

图 7.11　从模板创建的补间动画

2. 测试影片

动画文档编辑完成后，为了知道能否顺利地进行播放，需要对影片进行测试。在使用很多应用软件时，我们一般都习惯使用快捷键，这样可以提高效率。使用 Ctrl＋Enter 组合键可以对影片进行测试，使用 Ctrl＋Alt＋Enter 组合键可对当前场景进行测试，使用 Enter 键可以在编辑窗口中播放影片，其实这些测试操作都可以在"控制"菜单下找到相应的命令。需要注意的是，使用 Enter 键播放影片时，有些动画效果不能完整地显示出来，尤其是在舞台中插入了包含动画的影片剪辑时。

3. 保存文件

保存文件是非常常见的操作，这里就进行简单的介绍。在 Animate CC 中保存文档时，默认的保存类型为"Animate 文档（ ＊. fla)"，如图 7.12 所示。

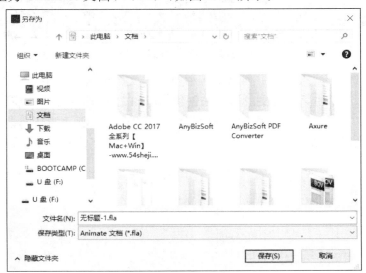

图 7.12　文件的保存类型

4. 发布文件

动画制作完成后,除了要保存之外,还要进行发布。因为 Animate 动画源文件的格式是 FLA,只有在 Animate 程序中才能打开。如果需要在没有安装 Animate 的环境下欣赏 Animate 动画,那么就必须对文件进行发布。其实在测试影片时,Animate 程序会自动地将当前的文件发布为默认的 SWF 格式。如果需要修改默认的发布设置,可以单击"文件"菜单下的"发布设置"命令,出现如图 7.13 所示的对话框。在"发布设置"对话框中,可以对文件的发布格式、文件中插入的声音等参数进行设置。设置完成后,单击"文件"菜单下的"测试"命令即可按照设置的参数完成文件的发布。

仔细观察"发布设置"对话框,你会恍然大悟,不是只有 Photoshop、绘图等工具可以编辑图像,Animate 也可以对图像进行绘制和编辑,用户可以将制作完成后的图像发布为常见的 JPEG 格式或是 GIF 格式。

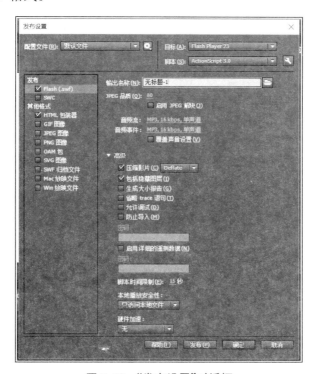

图 7.13　"发布设置"对话框

7.2　工具的使用

在动画中经常会出现很多可爱的动物、人物等形象,正是因为这些形象才使得动画深入人心,使得动画的主题表现得淋漓尽致。如果你不了解 Animate 中的绘图工具,那么你就不可能绘制出精美的图案。其实学习了第 6 章介绍的 Photoshop 工具之后,你会发现 Animate CC 中的有些工具和其是类似的,所以这里不会对每一种工具进行详细介绍。

7.2.1 图形的绘制

使用 Animate CC 中的工具绘制的图形为矢量图。矢量图一般由笔触和填充两部分组成,笔触就是通常所说的边框或线条,填充即图形内部的填充色。线条工具、铅笔工具和钢笔工具是常见的绘制线条的工具,使用矩形工具和椭圆工具绘制的图形既有填充色也有笔触。下面就从简单的绘制工具开始。

1. 线条工具

线条工具用于绘制不同方向的线段。在工具箱中单击线条工具,"属性"面板上会显示相应的属性,如图 7.14 所示。

图 7.14 直线工具的"属性"面板

(1)"笔触颜色"按钮:单击该按钮,在弹出的色板上可以选择线条的颜色。

(2)"笔触"选项:可以拖动滑块来调节线条的粗细,也可以直接在滑块右侧的文本框中输入线条的宽度值。

(3)"样式"选项:在"样式"下拉列表中列出了"极细线"、"实线"、"虚线"等 7 种笔触样式,其实还可以单击"画笔库"按钮,从而选择合适的笔触样式。

(4)"缩放"选项:在"缩放"下拉列表中可以选择笔触的缩放方式。"一般"是指始终缩放粗细;"无"是指从不缩放粗细;"水平"是指如果对对象仅进行水平缩放,则不缩放粗细;"垂直"是指若对对象仅进行垂直缩放时,则不缩放粗细。

(5)"端点"选项:设置路径终点的样式。在"端点"下拉列表中可以选择线段端点的样式,可以选择"无"、"圆角"、"方形"三种样式,如图 7.15 所示。

(a) 采用圆角样式　　　　　　　　　　(b) 采用方形样式

图 7.15 不同端点样式的线段

（6）"接合"选项：定义两个路径段的接合方式。在"接合"下拉列表中可以选择"尖角"、"圆角"和"斜角"三种路径段的接合方式。当选择尖角方式时，可以在右侧出现的"尖角"文本框中输入一个数值以确定尖角的平滑度。

设置完线条工具的属性后，就可以在舞台上选择一个起点，然后按住鼠标左键并进行拖动，绘制自己所需的线条。如果按住鼠标左键的同时按住 Shift 键再进行拖动，就可以绘制与舞台成水平方向、垂直方向或 45 度角的倍数的线条。

2. 铅笔工具

使用铅笔工具可以绘制出灵活自由的直线或曲线。在工具箱中单击铅笔工具，工具箱的下方会出现"铅笔模式"按钮，单击该按钮会弹出一个菜单，包含"伸直"、"平滑"和"墨水"三种模式。

（1）伸直：当绘制规则的图形时，一般会选择该模式，这也是铅笔工具的默认模式。

（2）平滑：选择该模式后，可以使绘制的线条尽可能地消除边缘的棱角，使线条更加光滑。在"属性"面板上可以设置一个平滑系数，值越大，线条就越光滑。

（3）墨水：选择该模式后，绘制出来的线条基本反映鼠标运行的轨迹，使得线条更加接近手绘的效果。

3. 钢笔工具

选择钢笔工具后，"属性"面板上的相关属性虽然与直线工具的相同，可是大多数用户都会感觉使用钢笔工具比线条工具和铅笔工具要复杂一些。

点击工具箱中钢笔工具右下角的三角形，会弹出一个菜单，包含"钢笔工具"、"添加锚点"、"删除锚点"和"转换锚点"4 种工具。钢笔工具既可以绘制直线也可以绘制曲线。选择钢笔工具，在舞台的不同位置单击鼠标，就可以将每次单击的锚点相互连接起来，形成由直线段组成的图形。如果要结束图形的绘制，可以在舞台的空白区域按下 Ctrl 键并单击鼠标左键。如果需要绘制曲线，那么在按下鼠标左键的同时拖动鼠标，此时锚点处会出现一个切线调节柄，当确定了曲线的弧度后再松开鼠标，即可绘制曲线，如图 7.16 所示。

图 7.16 使用钢笔工具绘制的曲线

其实使用钢笔工具绘制的线条是由若干个锚点组成的，当对锚点进行编辑时，即会修改线条的形状。选择删除锚点工具，将鼠标移动到锚点处，按下鼠标左键，即可将线条中的锚点删除，删除前后的线条形状如图 7.17 所示。

 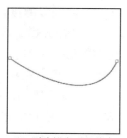

（a）定位将要删除的锚点　　　　（b）删除锚点后的线条

图 7.17　删除锚点

使用添加锚点工具可以在线条上增加锚点，如图 7.18 所示。有了锚点，就可以选择转换锚点工具，用鼠标拖动原有图形上出现的切线调节柄，从而进一步修改其形状，如图 7.19 所示。

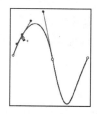 

图 7.18　添加锚点　　　　　　**图 7.19　转换锚点**

4. 矩形工具和基本矩形工具

单击矩形工具图标右下角的三角形，会弹出相应的两种工具，如图 7.20 所示。

选择矩形工具，"属性"面板上会出现相应的属性，如图 7.21 所示。在"属性"面板上设置合适的笔触参数和填充参数后，在舞台上按下鼠标左键并进行拖拽，即可绘制出一个矩形。如果按住鼠标左键的同时按住 Shift 键并进行拖拽，则可绘制一个正方形。

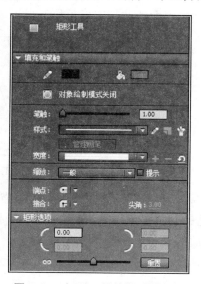

图 7.20　矩形工具　　　　　　**图 7.21　矩形工具的"属性"面板**

在矩形工具的"属性"面板上的"矩形选项"选项区域中有 4 个文本框,用于设置矩形的边角半径,设置的值越大,则矩形边角的弧度越大。默认情况下,边角半径的值为 0,而且 4 个角度的值相同,也可拖动下方的滑块来调节 4 个边角半径,如图 7.22 所示。如果需要为 4 个边角设置不同的值,需要单击滑竿左侧的 按钮,然后再输入不同的边角半径,如图 7.23 所示。单击"重置"按钮,可将 4 个边角半径值恢复为默认的 0。

图 7.22　圆角矩形(边角半径都为 40)　　图 7.23　圆角矩形(边角半径分别为 10、20、30、40)

基本矩形工具与矩形工具的功能基本相同,但是绘制出的图形的属性不同。利用矩形工具绘制的图形,其填充和笔触属性是可以单独编辑的,属于打散的图形(图 7.24(a))。利用基本矩形工具可以将矩形绘制为独立的图形对象,其填充和笔触是一个整体,矩形的 4 个顶点会显示相应的控制点(图 7.24(b)),拖动其中的控制点,还可将矩形转变成圆角矩形。

（a）矩形工具绘制的矩形　　（b）基本矩形工具绘制的矩形

图 7.24　两种矩形工具绘制的图形的效果对比

5. 椭圆工具和基本椭圆工具

选择椭圆工具,按下鼠标左键在舞台上进行拖动,可以绘制出椭圆形,如果需要绘制正圆形,则需要同时按下 Shift 键。在椭圆工具的"属性"面板上的"椭圆选项"选项区域中,通过修改开始角度、结束角度和内径的值,可以绘制多种不同效果的图形,如图 7.25 所示。

图 7.25　不同开始角度、结束角度和内径的特殊图形

与基本矩形工具类似,使用基本椭圆工具绘制出的图形会出现 2 个控制点,这样更有利于对椭圆的形状进行控制。使用基本椭圆工具绘制一个椭圆形,拖动圆心处的控制点即可将椭圆形调整为圆环形,"属性"面板上的内径值会自动跟随修改,如图 7.26 所示。若拖动圆周上的控制点,可以将椭圆形转换成饼形,开始角度和结束角度的参数值也会自动修改,如图 7.27 所示。

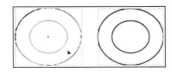　　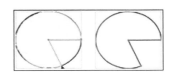

图 7.26　将基本椭圆形调整为圆环形　　图 7.27　将基本椭圆形调整为饼图形

6. 多角星形工具

使用多角星形工具可以绘制五边形、六边形等多边形，如果需要绘制星形，那么需要在"属性"面板的"工具设置"选项区域中单击"选项"按钮，然后在弹出的对话框中将"样式"设置为"星形"，如图7.28所示。

图7.28 "工具设置"对话框

7. 画笔工具

在Animate CC中有两种画笔工具，虽然它们的名称相同，但功能上却有所不同。

1）画笔工具

使用画笔工具可以通过沿绘制路径应用所选画笔图案，绘制出风格化的画笔笔触。在如图7.29所示的画笔工具的"属性"面板上单击"画笔库"按钮，弹出如图7.30所示的"画笔库"面板，用户可以根据需要选择合适的画笔，然后双击鼠标即可将选中的画笔添加到画笔工具的"属性"面板中。用户也可以自己创建一种笔触样式将其添加到画笔库中。默认情况下，使用画笔绘制的对象只有笔触，没有填充，只有在如图7.29所示的"属性"面板底部勾选"绘制为填充色"复选框，绘制出的对象才有填充。

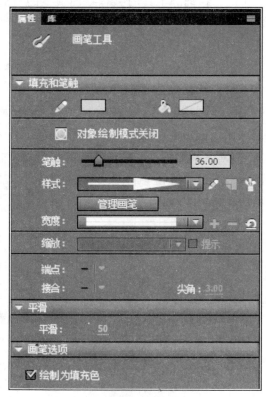

图7.29 画笔工具的"属性"面板

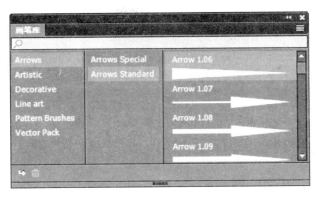

图 7.30　"画笔库"面板

例如,在"画笔库"面板上选择"Pattern Brushes"→"Novelty"→"Flowers"选项,如图 7.31 所示。此时笔触的样式即为花朵图案,然后利用画笔在舞台上画出一个心形,此时心形的笔触就是花朵图案,如图 7.32 所示。

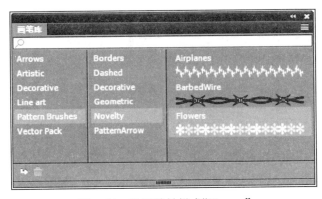

图 7.31　设置笔触样式"Flowers"

图 7.32　"Flowers"笔触的效果

对于已经选择的画笔库中的笔触样式,用户还可以根据需要进行修改。具体方法是单击"编辑笔触样式"按钮 　,打开如图 7.33 所示的"画笔选项"对话框,然后根据需要进行修改。

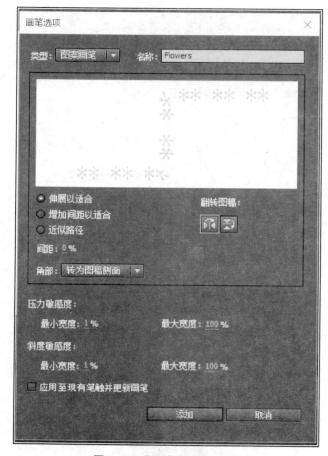

图 7.33 "画笔选项"对话框

2）画笔工具

从图 7.34 可以看出，这种画笔工具绘制出来的对象是填充，不是笔触，因为在其"属性"面板上无法为其设置笔触，只能设置填充。选择画笔工具后，工具箱的底部会出现 5 个按钮，分别是"对象绘制"、"锁定填充"、"画笔模式"、"画笔大小"、"画笔形状"按钮，其中"画笔形状"按钮的弹出菜单如图 7.35 所示。

这里重点介绍"画笔模式"和"锁定填充"按钮。画笔的模式有 5 种，如图 7.36 所示，每一种模式所对应的绘画模式都是不同的。

（1）标准绘画：可以在图形的填充区域和空白区域进行涂色，原有的笔触也会受到影响。

（2）颜料填充：可以在图形的填充区域和空白区域进行涂色，原有的笔触不会被覆盖。

（3）后面绘画：只能在空白区域进行涂色，原有的填充和笔触都不会受到影响。

（4）颜料选择：只能在选择区域内使用画笔进行涂色，没选中的区域不会受到影响。

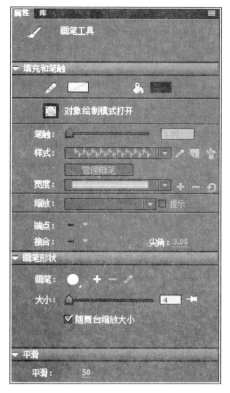

图 7.34　画笔工具的"属性"面板

图 7.35　画笔形状

图 7.36　画笔模式

（5）内部绘画：只能在和画笔起点处颜色相同的区域内进行涂色。如果画笔的起点是空白区域，那么只能在空白区域涂色；如果画笔的起点是蓝色的，那么只能在蓝色的填充区域内进行涂色。

除了"画笔模式"外，"锁定填充"也是一个相对难理解的选项。下面通过一个实例来解释锁定填充，如图 7.37 所示。在画笔工具的"属性"面板上，选择一个渐变色作为填充色，然后用画笔在舞台进行涂色，此次涂色会反映一个完整的渐变。如果单击"锁定填充"按钮后，在舞台上连续涂刷三次，这三次涂色结合起来反映了一个完整的渐变。如果解除锁定填充，在舞台上连续涂刷三次，每一次涂色都反映了一个完整的渐变。从这个例子可以总结出，锁定填充功能是将填充色的填充规律进行锁定，并将该填充规律应用到整个舞台，而不是单次的涂色。

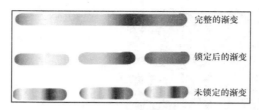

图 7.37 锁定填充的效果

7.2.2 图形的选取和编辑

绘制图形并不是一件简单的事情，我们不可能一蹴而就，而是需要不断地进行编辑，如对图形的颜色、大小、形状等属性进行调整。下面就来介绍常见的用于修饰图形的工具。

1. 颜料桶工具

使用颜料桶工具可以对图形内部区域填充纯色、渐变色或是位图。选择颜料桶工具后，工具箱的底部会出现"间隔大小"和"锁定填充"按钮。锁定填充的功能和画笔工具的锁定功能是相同的，这里不再赘述。当使用颜料桶工具时，如果发现无法对区域进行填充，那可能是因为区域中存在空隙，此时需要选择合适的空隙，如图 7.38 所示。

（1）不封闭空隙：只有完全闭合的区域才可以进行填充。

（2）封闭小空隙：当填充区域中存在较小空隙时可以填充。

（3）封闭中等空隙：当填充区域中存在中等空隙时可以填充。

（4）封闭大空隙：当填充区域中存在较大空隙时可以填充。

在面板集合区域单击"颜色"面板按钮，在打开的"颜色"面板上可以设置填充的颜色类型，主要有无、纯色、线性渐变、径向渐变和位图填充 5 种类型，如图 7.39 所示。下面介绍渐变色填充和位图填充。

图 7.38 空隙大小选项

图 7.39 "颜色"面板

（1）线性渐变：可以为图形内部填充从一种颜色到另一种颜色的线性过渡渐变色。如果需要填充多种渐变色，那么可以在颜色标尺██████████上单击鼠标从而增加一个游标，再在色板中选中需要的颜色即可。如果需要删除某种颜色，将其对应的游标█向左或向右拖动直至消失即可。

（2）径向渐变：可以为图形内部填充从中间向周围呈放射状分布的渐变色，颜色标尺上颜色的调节方法与线性填充的完全相同。

（3）位图填充：如果当前文档的"库"面板中没有位图，则选择"位图填充"类型时将弹出如图 7.40 所示的对话框，然后选择所需的图像即可。图 7.41 显示的是填充位图的一个实例。

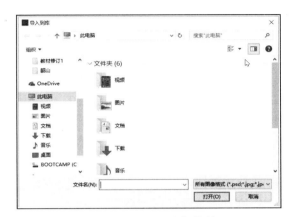

图 7.40　"导入到库"对话框

图 7.41　填充位图的圆形

2. 墨水瓶工具

使用墨水瓶工具可以对图形的边框进行设置。线条应该都是纯色的，这是大家的惯性思维，其实 Animate CC 中的线条也可以是丰富多彩的。和颜料桶工具一样，墨水瓶工具也有 5 种填充模式。用户先单击墨水瓶工具，然后在图 7.39 所示的界面中选择笔触，并在下拉列表中选择一种填充方式，最后在需要设置的图形边框上进行单击，即可完成图形边框的设置。

3. 橡皮擦工具

在绘制图形时，橡皮擦工具肯定是必不可少的，它可以擦除舞台上的对象。可不要小看橡皮擦工具，它也是大有学问的，只有掌握了它的特点，使用起来才会得心应手。橡皮擦工具的选项包含"擦除模式"（图 7.42）、"水龙头"和"橡皮擦形状"（图 7.43）。

图 7.42　橡皮擦的擦除模式

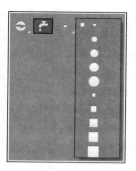

图 7.43　橡皮擦的形状

（1）标准擦除：可以随意擦除图形中的线条与填充色。

（2）擦除填色：只能擦除图形中的填充色部分，线条不受影响。

（3）擦除线条：只能擦除图形中的线条部分，填充色不受影响。

（4）擦除所选填充：只能擦除已选取区域的填充色。

（5）内部擦除：擦除图形内部填充色，一次只能擦除一个封闭区域中的一种填充色。如果橡皮擦的起点是空白区域，则不能擦除任何图形。

使用上述擦除模式可以对图形的局部区域进行擦除，如果需要擦除舞台上的所有对象，双击橡皮擦工具即可。如果需要一次性擦除连续的颜色相同的线条或填充区域，可以使用水龙头工具。

4. 选择工具和部分选取工具

选择工具和部分选取工具的主要功能是实现对象的选取。例如在舞台上绘制一个矩形，如果用选择工具在矩形的填充区域进行单击即可选取填充区域，如果进行双击则可将笔触和填充区域都选中。

选择工具和部分选取工具还有一个功能就是可以改变图形的形状，前者主要用于改变铅笔、椭圆和矩形等工具绘制的图形，而后者主要用于改变钢笔工具绘制的图形。选择工具的特殊用法主要有以下三种，效果如图 7.44 所示。

（1）调整曲线弧度：鼠标指针指向线段时，鼠标指针下方出现黑色的小弧线，按住鼠标左键并进行拖动可以将直线调整为曲线。

（2）添加新角点：按住 Ctrl 键并按住鼠标在线条上拖动，可以在新的图形上添加新角点。

（3）改变线段长度：鼠标指针指向线段的终点，按住鼠标左键进行拖动可以改变线段的长度。

(a) 调整曲线弧度　　　　(b) 添加新角点　　　　(c) 改变线段长度

图 7.44　选择工具的特殊用法

图 7.45(a)为使用钢笔工具绘制的曲线,单击部分选取工具后用鼠标在曲线上移动时,会出现不同形状的鼠标指针。当鼠标指针变成 形状时,按下鼠标左键并拖动,可以移动整个曲线;当鼠标指针变成 形状时,按下鼠标左键并拖动时,会出现曲线的调节柄,从而修改曲线的形状,如图 7.45(b)所示。

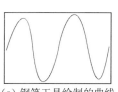

（a）钢笔工具绘制的曲线　　　　（b）移动并调节曲线锚点

图 7.45　使用部分选取工具调节曲线

5. 任意变形工具和渐变变形工具

变形工具包含任意变形和渐变变形工具两种,前者主要用于调节图形的形状,而后者主要用于调节图形的渐变填充色。

1) 任意变形工具

选择任意变形工具,工具箱的底部会出现“紧贴至对象”、“旋转与倾斜”、“缩放”、“扭曲”和“封套”5 个按钮。使用任意变形工具选中对象时,对象的四周会出现 8 个控制点,在对象的中心会出现一个变形点,如图 7.46(a)所示。值得注意的是,扭曲和封套不能作用于位图或是实例,只能作用于打散的图形。

（1）旋转与倾斜:将鼠标指针移动到 4 个角的控制点上,当鼠标指针变成 形状时,按下鼠标左键并拖动可以旋转对象,如图 7.46(b)所示。将鼠标移动到 4 条边上,当鼠标指针变成 形状时,按下鼠标左键并拖动可以旋转对象,如图 7.46(c)所示。

（a）原图　　　　　（b）旋转对象　　　　　（c）倾斜对象

图 7.46　旋转与倾斜的效果

（2）缩放:将鼠标指针移动到边的控制点上按下鼠标左键并进行拖动时,可以调整图形对象的宽度或高度,而对 4 个角上出现的控制点进行拖动时,则可以同时调整宽度和高度,如图 7.47 所示。如果需要等比例地缩放图形对象,可以在拖动角控制点的同时按下 Shift 键。

(a) 调整宽度　　　　　　(b) 调整高度　　　　　(c) 同时调整宽度和高度

图 7.47　缩放的效果

（3）扭曲：将鼠标指针移到控制点上，当鼠标指针变成 ▷ 形状时，可以移动该边或角，从而改变图形对象的效果，如图 7.48 所示。

图 7.48　扭曲的效果

（4）封套：单击"封套"按钮，图形对象上将出现更多的方形或圆形控制点，如图 7.49（a）所示，通过这些控制点可以将图形对象调节成任何形状。选中并拖动方形控制点，可以改变和该控制点相连的两条边，如图 7.49（b）所示；选中并拖动圆形控制点，则出现切线调节手柄，通过调节手柄可以修改图形对象的形状，如图 7.49（c）所示。

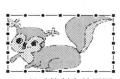
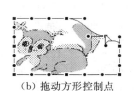
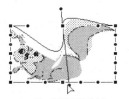

（a）显示控制点的原图　　　（b）拖动方形控制点　　　（c）拖动圆形控制点

图 7.49　封套的效果

2）渐变变形工具

对于渐变填充或位图填充，可以使用渐变变形工具对填充的大小或形状等属性进行调节。对于图 7.49（a）所示的松鼠图形，选择颜料桶工具，在"颜色"面板底部选择彩虹渐变色，然后进行线性渐变填充。填充完成后，使用渐变变形工具单击图形对象，会出现 3 个控制柄，效果如图 7.50（a）所示。◌ 控制柄可用来调整线性渐变色的填充方向，▭ 控制柄可用来改变渐变色的宽度，而中间的 ◫ 控制柄可以调整渐变色的填充中心点。图 7.50（b）为旋转渐变色后的效果，即将原来的水平渐变改为垂直渐变。

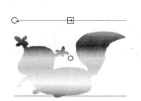

（a）线性渐变填充的原图　　　（b）旋转填充色后的对象

图 7.50　调整线性渐变填充

将图 7.50(a)所示的线性渐变填充修改为径向渐变填充,再使用渐变变形工具单击该图形对象,会出现 4 个控制柄,在图 7.50(a)的基础上增加了 ⊡ 控制柄,效果如图 7.51(a)所示。该控制柄的作用是等比例地缩放渐变色,图 7.51(b)为缩小渐变色后的填充效果。

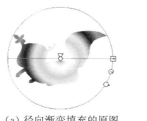

(a) 径向渐变填充的原图　　　(b) 缩小填充色后的对象

图 7.51　调整径向渐变填充

6. 3D 旋转工具和 3D 平移工具

Animate 是二维的动画制作软件,因此在 3D 处理方面显得比较单薄。工具箱中的 3D 转换工具可以通过移动或旋转影片剪辑创建 3D 效果,从而适当地增强 Animate 的功能。3D 转换工具包含 3D 旋转和 3D 平移两个工具,借助这两个工具,可以模拟出 3D 效果。

1) 3D 旋转工具

对于一个转换为影片剪辑的元件,如果使用 3D 旋转工具选中它,此时会出现如图 7.52 所示的 3D 轴,通过 3D 轴可以使得该对象在 X、Y 和 Z 轴上分别进行旋转,效果如图 7.53 所示。

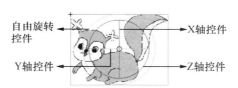

图 7.52　3D 旋转工具

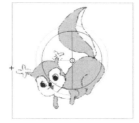

(a) 沿 X 轴旋转　　　(b) 沿 Y 轴旋转　　　(c) 沿 Z 轴旋转

图 7.53　3D 旋转后的效果

2) 3D 平移工具

用 3D 平移工具选择舞台上的影片剪辑元件后,会出现 3D 轴,水平方向的为 X 轴控件,垂直方向的为 Y 轴控件,中间指示的为 Z 轴,如图 7.54 所示。沿 X 轴或 Y 轴移动对象时,对象的大小不变,只是进行水平或垂直的移动,而沿 Z 轴移动时,通过对象大小的改变可使用户感觉更近或更远。

图 7.54　3D 平移工具

7.2.3　文本的使用

　　动画中往往需要通过文字来表述影片中的重要内容,因此了解文本工具的使用也是必需的。选择文本工具,会出现相应的"属性"面板,如图 7.55 所示。文本工具的"属性"面板上显示了文本工具的众多属性,有很多和 Word 中的属性都相似,如字体、字号、文本方向、间距等,这里只对文本类型和文本的滤镜效果做介绍,并通过实例来加强对文本工具的理解。

图 7.55　文本工具的"属性"面板

1. 文本类型

　　Animate 中的文本分为静态文本、动态文本和输入文本三种类型。动画中常见的文本即为静态文本,它在动画播放的过程中不可编辑也不能修改;动态文本就是可编辑的文本,在动画播放的过程中其内容是可以改变的,例如用于显示比赛时间和实时分数的文本;输入文本主要用于在动画播放时供用户输入使用,例如输入用户名、密码。

　　创建不同类型的文本,其"属性"面板的内容会有细微的差别。例如可以为静态文本和动态文本创建 URL 连接,而为输入文本则无法创建,因此输入文本的"属性"面板的"选项"选项区域中就不会出现"链接"和"目标"选项。除此之外,"属性"面板上还有哪些不同之处,请读者自行体会。

2. 滤镜

熟悉 Photoshop 等图像处理软件的用户一定了解滤镜,通过对文本应用滤镜,可以生成新的文本效果。Animate CC 中提供了 7 种滤镜效果,如图 7.56 所示。

图 7.56　滤镜选项

当为文本对象应用滤镜后,可以随时改变其参数设置或者调整滤镜的顺序以达到不同的显示效果。当需要时还可以删除、禁用或恢复滤镜的效果,这些操作都可以通过"滤镜"选项区域的相应选项来实现。

3. 动手练习

使用之前介绍的绘图工具和文本工具制作古诗《春晓》,效果如图 7.57 所示。

图 7.57　古诗《春晓》

1) 新建文档

单击"文件"→"新建"菜单命令,在弹出的"新建文档"窗口中单击"常规"选项卡,选择"ActionScript 3.0",然后单击"确定"按钮,新建文档"未命名- 1. fla"。

2) 导入图片

单击"文件"→"导入"→"导入到舞台"菜单命令,将准备好的图片(图 7.58)导入到舞台中。

图 7.58　古诗配图

(图片来源:http://www.910club.cn/kjsc/kjkjbj/22292.html)

3) 调整图片大小

因为新建的 ActionScript 3.0 文档的默认大小为 550×400 像素,所以应将图片的大小调整为和舞台大小一致。选中图片,在其"属性"面板上设置宽和高分别为 550 像素和 440 像素。

4) 编辑图片

图 7.58 所示的图片来源于互联网,需要将其右下角的"教师俱乐部"字样去掉,修补为和周围相同的颜色,具体做法如下:

(1) 采样修补所需颜色:选择工具箱中的滴管工具,然后在"教师俱乐部"字样的上方用鼠标左键单击,此时工具箱底部的"填充颜色"色块将显示所采样的颜色。

(2) 选中编辑区域:按下 Ctrl＋B 组合键将图片分离。选择多边形工具,然后在舞台的右下角不断单击以创建一个闭合的矩形选区将"教师俱乐部"区域选中(图 7.59)。提示:将文档显示比例调整为 200%,这样修补时会更加精确。

图 7.59　使用多边形工具

(3) 修补图片:选择创建填充的画笔工具,在工具箱底部的"画笔模式"弹出菜单中选择"颜料选择",然后在图 7.59 所示的矩形选区内使用画笔工具进行涂刷,此时"教师俱乐部"

字样即被去掉,被修补为和周围相同的颜色,如图 7.60 所示。

图 7.60　编辑后的图片

5)新建图层

在"时间轴"面板底部单击"新建图层"按钮,在"时间轴"面板上图层 1 的上方出现图层 2。下面将在图层 2 中输入文本,这样文本和背景不会相互干扰。

6)输入古诗标题

在工具箱中选择文本工具,在文本的"属性"面板上,设置字体为华文彩云,字体大小为 48 点,字母间距为 5 点,颜色为黑色,输入古诗标题"春晓",如图 7.61(a)所示。按两次 Ctrl+B 组合键将文本分离,选择墨水瓶工具,将笔触颜色设置为彩虹样式的线性渐变色,然后在标题上进行单击,得到如图 7.61(b)所示的效果。

（a）输入古诗标题　　　（b）调整标题样式

图 7.61　古诗标题

7)输入诗词

继续选择文本工具,设置字体为华文行楷,字体大小为 32 点,行距为 30 点,颜色为黑色,输入古诗的内容。

8)添加滤镜

将古诗内容选中,在"属性"面板的底部单击"添加滤镜"按钮,在弹出菜单中选择"发光",勾选"挖空"复选框,其他采用默认设置。继续添加投影滤镜效果,将阴影颜色设置为紫色(图 7.62)。

图 7.62　应用滤镜的文本

9）保存文件

单击"文件"→"另存为"菜单命令，将文件名修改为"春晓"，该文档即保存为"春晓.fla"。

7.3 基本动画的制作

了解了绘图工具之后，如何使用 Animate CC 制作动画成为了需要掌握的重点。在 Flash CS4 之前的版本中，Flash 动画包含逐帧动画和渐变动画，而渐变动画又包含形状补间动画和动作补间动画两种。逐帧动画的每一个关键帧都需要插入，而渐变动画只需要插入两个关键帧，中间的补间帧是由计算机自动运算而得到的，这样制作渐变动画的工作量就小多了。在 Flash CS4 之后的版本中，渐变动画分为了补间形状动画、传统动作补间动画和补间动画三种。本节将从简单实例入手，由浅入深地讲解逐帧动画、补间形状动画和传统动作补间动画。

7.3.1 图层和帧

对于制作动画来说，掌握图层和帧的使用是非常重要的。一个完整流畅的动画通常需要用到很多图层，而图层之间是相互独立的，这样编辑其中一个图层时不会影响到其他图层。基于这个特点，在制作动画时，可以把不同的对象放置在不同的图层上。使用特殊图层如遮罩层，可以制作出特定的动画效果。有了图层之后，为不同图层的不同帧插入所需的对象，Animate CC 会按照帧来连续播放，从而制作出动画。

1. 图层

"时间轴"面板的左侧部分就是图层区，图层就像透明的薄片一样，层层叠加起来。当上面的图层没有任何对象时，下面图层中的对象是清晰可见的；而当上面的图层有对象时，它将遮挡住下面图层中的对象。

1）图层的模式

如果文档中包含多个图层，那么不同图层上的对象会叠加在舞台的相同位置上，如何快速并正确地选择自己所需图层上的对象呢？掌握了图层的模式后，在制作多图层的动画时会更加得心应手。

（1）当前层模式：文档中可以有多个图层，但某一个时刻只能有一个图层处于编辑状态，该层即为当前层，在其名称栏上会显示一个铅笔图标 ✎。

（2）隐藏模式：如果当一个图层编辑完成，而其他图层也不需要将其作为参考，那么单击 ◉ 按钮可将图层隐藏起来，此时名称栏上会出现 ✖ 标识。

（3）锁定模式：选中某一图层，然后单击 🔒 按钮即可将其锁定。当图层锁定之后，该图层中的任何对象都不会被选中，这样就不会干扰到其他图层的编辑，此时名称栏上会出现 🔒 标识。

（4）轮廓模式：选中某一图层，单击 ▢ 按钮，该图层将以彩色线条的方式显示所有对象的轮廓，此时名称栏上会出现 ▢ 标识。如果多个图层同时以轮廓模式来显示，那么每个图层的轮廓线条的颜色是不同的。

图 7.63 所示的图层区中,图层 1 处于轮廓模式,图层 2 处于锁定模式,图层 3 处于隐藏模式,图层 4 为处于当前层模式。

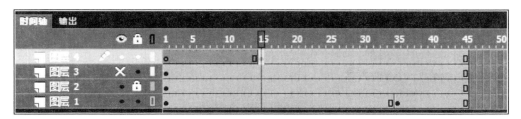

图 7.63 图层的模式

2)图层的类型

单击"时间轴"面板上的"新建图层"按钮默认是在当前图层的上方新建一个普通的图层,如果想了解图层的类型,可以右键单击某一图层,在弹出的快捷菜单中选择"属性"命令,即可打开"图层属性"对话框,如图 7.64 所示。由"图层属性"对话框中可见图层的类型有5 种:

图 7.64 "图层属性"对话框

（1）一般图层:默认的图层类型,图层名称前面会显示▣标识。

（2）遮罩层:放置遮罩对象的图层,当图层设置为遮罩层时,下方的图层自动地转换为被遮罩层。遮罩层中的任何对象都不会显示出来,相当于透明的,它只是为被遮罩层确定一个显示的范围。值得注意的是,线条是不能单独作为遮罩层的。

（3）被遮罩层:当设置遮罩后,被遮罩层中的对象不会完全显示出来,只有和遮罩层的填充相重合的地方才会显示出来。

（4）文件夹:当文档中包含多个图层时,可以将内容相关的图层放在一个图层文件夹中,这样便于图层的整体操作。

（5）引导层:动画播放时,引导层中的任何对象都是不可见的,它只是为其他的图层起到引导作用。引导层分为普通引导层和运动引导层。若图层名称前显示 🔧 标识，那么该图层为普通引导层；若图层名称前显示 📷 标识，则该图层为运动引导层。运动引导层下方的图层为被引导层，而普通引导层没有相应的被引导层。

图 7.65 所示的图层区中，图层 1 和图层 5 为一般图层；图层 2 为普通引导层；图层 3、图层 4 和图层 5 包含在图层文件夹 1 中，其中图层 4 为运动引导层，图层 3 为被引导层；图层 7 和图层 6 分别为遮罩层和被遮罩层，当图层锁定后，才可以查看遮罩的效果，如需对图层继续编辑，则需要解锁。

图 7.65　图层的类型

在上述的 5 种图层类型中，遮罩层和被遮罩层相对难以理解，这里举例来进行说明。新建一个 ActionScript 3.0 文档，在图层 1 的第 1 帧绘制一个五角星，再新建图层 2 并在第 1 帧绘制一个正圆，两个图层叠加在一起后的效果如图 7.66(a) 所示。如果将图层 2 设置为遮罩层，那么图层 1 自动转换为被遮罩层，图 7.66(b) 显示的是设置遮罩后的效果。从图 7.66(b) 看出，图层 1 中的五角星并没有完全显示出来，它只显示了和图层 2 相重合的区域。

（a）设置遮罩前的效果　　　　（b）设置遮罩后的效果

图 7.66　设置遮罩

3）图层的操作

和图层相关的操作有图层的新建、删除和重命名等，这些操作都比较简单，这里就不做详细介绍。用户在操作图层时，应尽量使用"时间轴"面板底部的快捷按钮，例如单击 🗑 按钮即可删除选中的图层。

2. 帧

Animate 动画是以时间轴为基础的，它由先后排列的一系列帧组成，帧频和帧的数量决定了动画播放的时间。

1）帧的类型

Animate CC 中的帧分为普通帧、关键帧和空白关键帧三种，每种类型的标识是不同的，如图 7.67 所示。

（1）普通帧：在时间轴上呈浅灰色显示，并且在连续普通帧中，最后一帧的形状是一个小矩形，按下 F5 键可以插入普通帧。普通帧可以看作关键帧的延续，它和上一个关键帧上的内容相同。

（2）空白关键帧：一种特殊的关键帧，即该关键帧的内容是空白的，它在时间轴中以空白的小圆圈表示，按下 F7 键可插入空白关键帧。

（3）关键帧：在时间轴中表现为一个个黑色的实心点，按下 F6 键可插入关键帧。如果在空白关键帧上插入对象后，空白关键帧会立即转换为关键帧。

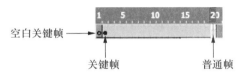

图 7.67　普通帧、关键帧和空白关键帧示意图

2）帧的操作

在对帧进行操作之前，需要先选中单个或多个帧。如果需要选择多个连续的帧，可以先单击所需的第一帧，然后按下 Shift 键，再单击所需的最后一帧即可；如果选择多个不连续的帧，则可以在按下 Ctrl 键的同时一一单击所需的帧。

在编辑动画时，常常需要用到插入帧、删除帧和复制帧等操作，这些操作在鼠标右键的快捷菜单中都可以找到相应的命令。后面将结合动画制作的实例来介绍和帧相关的操作。

3）为帧添加声音

当"库"面板中导入了声音文件后，则可以在帧的"属性"面板中为某一帧添加声音。在制作包含背景音乐的动画时，一般会单独新建一个图层，然后在第 1 帧上添加音乐。声音的 4 种同步方式是事件、开始、停止和数据流。

（1）事件：当触发某个事件时，声音的播放独立于时间轴，播放至声音停止为止。

（2）开始：在播放声音的时候，不能开始播放新声音。

（3）停止：使声音静音，不被播放，但仍然包含在发布的 SWF 文件中。

（4）数据流：使帧的播放和声音的播放同步。

7.3.2　逐帧动画

制作 Animate 动画有制作逐帧动画和制作补间动画两种。在逐帧动画中，需要在时间轴的每一帧上绘制帧对象，使得连续的帧形成动画的效果。制作逐帧动画的方法有很多，例如用导入的静态图片建立逐帧动画，用绘图工具绘制出每一帧的内容，或是导入 GIF 图像等序列图像。对于逐帧动画来说，一般需要较多的关键帧，制作起来费时费力，而且输出的文件体积较大。当然，逐帧动画也有其自身优势，因为它与电影播放模式相似，所以很适合于表现很细腻的动画，如动物转身、头发飘动等效果。

下面以一个实例来说明如何制作逐帧动画。这个实例是制作一个跳跃的松鼠，图 7.68（a）

中为站在地上准备跳跃的松鼠,图7.68(b)中为跳到树枝上的松鼠,也是逐帧动画的最后一帧。

（a）逐帧动画第一帧

（b）逐帧动画最后一帧

图7.68　跳跃的松鼠

该实例的基本制作步骤如下：

（1）新建文档：单击“文件”→“新建”菜单命令,创建新文档“未命名-1.fla”。

（2）导入树木图片：选中图层1的第1帧,导入准备好的树木图片,或是自行绘制树木图案。打开图层1的“图层属性”对话框,将图层1重命名为“树”。接下来的操作和“树”图层无关,所以可将该图层锁定。

（3）绘制松鼠：新建图层2,在第1帧绘制松鼠,绘制完成后将松鼠选中,按下Ctrl＋G组合键,使其成为一个整体。打开图层2的“图层属性”对话框,将图层2重命名为“松鼠”。

（4）在“树”图层的第20帧按下F5键,插入普通帧。

（5）选中“松鼠”图层的第2帧,按下F6键,插入关键帧,然后调整松鼠的位置,使其向树靠拢。

（6）重复步骤(5),在时间轴上不断插入新的关键帧,如图7.69所示。

（7）单击“文件”→“另存为”菜单命令,将文件保存为“松鼠跳跃.fla”。

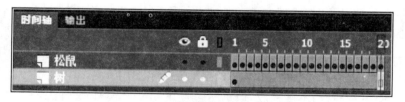

图7.69　逐帧动画的时间轴——松鼠跳跃

7.3.3　补间形状动画

补间形状动画主要是图形形状逐渐发生变化的动画。图形的变形画面不需要依次绘制,只需确定图形在变形前和变形后的两个关键帧上的画面,中间的变化过程由Animate CC自动完成。Animate CC可以补间两个图形之间的颜色、形状、大小和位置。

制作补间形状动画的基本步骤是：首先,在起始与结束的关键帧上分别定义动画元素；其次,选中要创建补间形状动画的关键帧；最后,单击鼠标右键,在弹出的快捷菜单中选择“创建补间形状”命令。补间形状动画创建完成后,在时间轴上表现为绿色背景、两个关键帧之间以箭头连接,如图7.70所示。

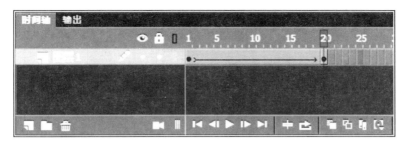

图 7.70　补间形状动画的帧

在补间形状动画的两个关键帧中插入的动画元素不能是元件的实例、文本和组合,只能是打散的图形。下面通过一个实例来讲解由矩形变化为五角星的补间形状动画的制作。

(1)单击"文件"→"新建"命令,新建文档"无标题-1",单击图层 1 的第 1 帧,然后选择工具箱中的矩形工具█,在舞台上按下鼠标左键的同时进行拖动,绘制出一个矩形。

(2)双击矩形对象的边框,按照图 7.71 在"属性"面板上设置笔触的属性,此时矩形的边框发生了变化。

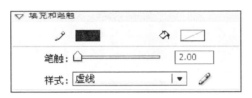

图 7.71　设置笔触属性

(3)在面板集合区域中单击"颜色"面板按钮,在"颜色"面板上的"颜色类型"下拉列表中选择"位图填充",弹出如图 7.72 所示的对话框,选择合适的图片文件导入。

图 7.72　"导入到库"对话框

(4)选择工具箱中的颜料工具,然后在矩形内部区域单击,该矩形内部被填充所选图片,如图 7.73(a)所示。

(5)单击图层 1 的第 30 帧,按下 F7 键插入了一个空白关键帧,然后绘制一个五角星,如图 7.73(b)所示。

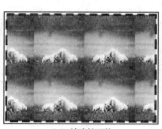

（a）绘制矩形

（b）绘制五角星

图 7.73　补间形状动画的关键帧

（6）右键单击第 1 帧,在弹出的菜单中选择"创建补间形状",在第 1 帧与第 30 帧之间创建了一个补间形状动画,此时的时间轴如图 7.74 所示。

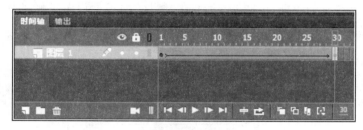

图 7.74　创建补间形状动画后的时间轴——矩形变五角星

（7）按下回车键,观看动画效果,此时显示了一个矩形逐渐转换成五角星的过程,但中间的转换过程并不是很规则,那是因为中间的形状补间部分(即矩形变成五角星的转换过程)完全由 Animate CC 自动运算生成,用户不能干预,对此用户可以通过添加形状提示,对中间的补间帧进行控制。

（8）单击第 1 帧,在菜单栏选择"修改"→"形状"→"添加形状提示",矩形对象上出现标有字母"a"的红点,拖动该点到合适的位置。按照这种方法,继续添加形状提示"b"、"c"和"d",按照图 7.75(a)进行放置。

（9）单击第 30 帧,此时五角星对象上也出现了 4 个形状提示,按照图 7.75(b)进行放置。当提示点定位后,第 1 帧上的提示点由红色变成黄色,而第 30 帧上的提示点由红色变成绿色。

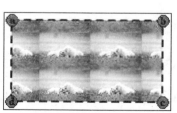

（a）第 1 帧上的形状提示

（b）第 30 帧上的形状提示

图 7.75　设置形状提示

（10）按下回车键，再次观看动画效果，此时可以清晰地显示矩形转换成五角星的过程。

（11）单击"文件"→"另存为"菜单命令，将文件保存为"矩形变五角星.fla"。

7.3.4　传统补间动画

传统补间动画和 Flash CS4 之前版本中的动作补间动画是相对应的。传统补间动画主要是针对图形对象的位置、大小、颜色等属性制作的渐变动画。和补间形状动画类似，传统补间动画需要插入两个关键帧，中间的补间帧由 Animate CC 自动生成，动画创建完成后，在时间轴上表现为蓝色背景、两个关键帧之间以箭头连接，如图 7.76 所示。

图 7.76　传统补间动画的帧

1. 元件和实例

补间形状动画的动画元素是打散的图形，而传统补间动画的动画元素是非打散的对象，如元件的实例、文本或组合。对于打散的图形，如果将其选中，然后按下 Ctrl＋G 组合键，对象即可形成组合。下面介绍如何在 Animate CC 中创建元件。

什么情况下使用元件呢？如果动画中有些元素是重复出现的，那么可以将这些对象创建为元件。在"库"面板上会显示文档中的元件，需要时可直接将其从"库"面板拖动到舞台上即可。

1）创建元件

如果需要将舞台上已有的对象转化为元件，可以单击"修改"→"转化为元件"菜单命令，或是按 F8 快捷键；如果需要在"库"面板中插入一个新的元件，则单击"插入"→"新建元件"菜单命令，或是按下 Ctrl＋F8 组合键。在创建元件时，需要选择元件的类型，如图 7.77 所示。Animate CC 中包含图形、影片剪辑和按钮三种类型的元件。

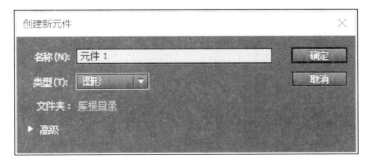

图 7.77　"创建新元件"对话框

（1）图形元件：通常把重复使用的静态图像创建为图形元件。图形元件虽然有自己的时间轴，但它与动画的主时间轴是同步的，因此图形元件中的动画序列是不起作用的。

（2）影片剪辑元件：影片剪辑元件拥有自己的时间轴，它独立于动画的主时间轴，因此影片剪辑元件中可以创建可重用的动画片段，可以包含声音、交互式控件或是其他的影片剪辑。

（3）按钮元件：在交互式影片中往往需要使用按钮，按钮元件默认包含弹起帧、指针经过帧、按下帧和点击帧，如图 7.78 所示。弹起帧为鼠标弹起并且光标不在按钮上时按钮显示的状态；指针经过帧为鼠标光标停放在按钮上时按钮显示的状态；按下帧为在按钮上单击鼠标左键时按钮显示的状态；点击帧用于设置按钮的响应区间，它决定在按钮的多大区域显示手形光标。

图 7.78　按钮的时间轴

2）元件和实例

"库"面板中存放的是文档中的元件，如果在工作界面中找不到"库"面板，可以使用 Ctrl＋L 组合键将其打开。将元件从"库"面板拖动到舞台上，即创建了一个实例，同一个元件可以创建多个实例，而且每个实例的属性可以不同。

如果需要修改元件，可以在"库"面板上双击该元件，重新进入元件的编辑状态。元件被修改之后，舞台上的实例会相应地修改，而某个实例被修改后，其他实例不会发生变化，元件也不会受到影响。

2. 传统补间动画的制作

有了元件的概念之后，下面通过一个实例来讲解传统补间动画的制作过程。传统补间动画的制作主要涉及动画元素的位置、大小、旋转和 Alpha 等属性。

（1）新建一个 ActionScript 3.0 文档，单击"插入"→"新建元件"菜单命令，选择图形元件类型，进入元件 1 的编辑状态，绘制一个松鼠。

（2）单击"编辑"→"编辑文档"菜单命令，返回到文档编辑状态，选中图层 1 的第 1 帧，将"库"面板上的元件 1 拖动到舞台上，放置在舞台的最右侧。

（3）单击图层 1 的第 20 帧并按下 F7 键，插入一个空白关键帧，继续创建一个元件 1 的实例，放置在舞台的最左侧。

（4）鼠标右键单击第 1 帧，在弹出的快捷菜单中选择"创建传统补间"命令。

（5）按下回车键，观看动画效果，显示了松鼠从舞台右侧运动到左侧的过程，如图 7.79 所示。

图 7.79　位置渐变效果图

（6）打开动画的"属性"面板，可以设置传统补间动画的属性，如图 7.80 所示。例如，"缓动"选项的默认值为 0，表示对象匀速进行移动，正整数值表示的是减速运动，负整数值表示的是加速运动。如果在"缓动"文本框中输入"－50"，测试动画时发现松鼠开始时移动得较慢，越接近动画的末尾，松鼠移动的速度就越快。

图 7.80　设置传统补间动画的属性

（7）单击图层 1 的第 1 帧，选中舞台上的松鼠，然后在"属性"面板上设置实例的色彩效果（图 7.81），将 Alpha 值调整为 0%。Alpha 值表示的是实例的透明度，Alpha 值越小，实例越模糊。

图 7.81　实例的色彩效果属性

（8）按下回车键测试动画，显示了松鼠从无到有，从右侧移动到左侧的过程。

（9）单击"文件"→"另存为"菜单命令，将文件另存为"松鼠移动的传统补间.fla"。

7.4　复合动画的制作

在制作传统补间动画时，应用引导层、遮罩层等类型的图层可以制作出一些具有特殊效果的动画。本节将介绍传统运动引导动画、遮罩动画以及补间动画的制作方法，最后通过一个综合实例来讲解。

7.4.1　传统运动引导动画

对于传统补间动画来说，动画的补间帧是计算机自动生成的，因此中间的运动过程是无法控制的。例如图 7.79 所示的动画中，假设第 1 帧时松鼠在舞台的 A 点，第 20 帧时松鼠在舞台的 B 点，测试动画时松鼠会从 A 点沿直线运动到 B 点，如果需要让松鼠按照其他路径运动，那么需要引导层的帮助。

制作引导动画的基本方法是在引导层中绘制一个路径，在被引导层中制作传统补间，那么图层中的对象将沿着路径进行运动。下面在图 7.79 所示动画的基础上制作一个传统运动引导动画。

（1）打开文件"松鼠移动的传统补间.fla"，在"时间轴"面板上以鼠标右键单击图层 1，在其弹出的快捷菜单中选择"添加传统运动引导层"命令，此时图层 1 的上方会出现"引导层：图层 1"图层，将其重命名为"路径"。

（2）单击"路径"图层的第 1 帧，使用铅笔工具并选择平滑模式，在舞台上绘制线条，将其作为对象的运动路径。

（3）按下回车键测试动画，此时松鼠并没有按照绘制的路径运动，这是因为缺少了一个关键的操作。

（4）单击图层 1 的第 1 帧，使用选择工具将松鼠对象拖动到路径的起点处；单击第 20 帧，将松鼠对象拖动到路径的终点处。值得注意的是，在拖动对象时要按下工具箱中的"贴紧至对象"按钮，这样会便于对象吸附到路径的端点上，如图 7.82 所示。

（5）按下回车键进行测试，此时松鼠会按照绘制的路径运动。

（6）单击"文件"→"另存为"菜单命令，将文件保存为"传统运动引导动画.fla"。

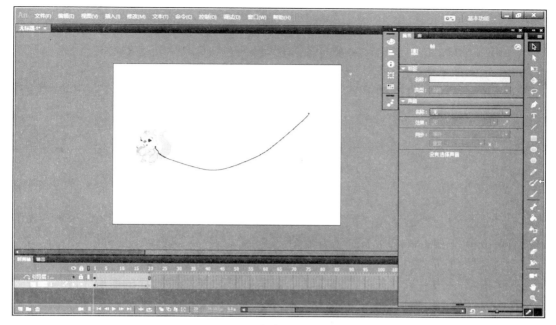

图 7.82　传统运动引导动画

7.4.2　遮罩动画

制作遮罩动画一定要了解遮罩层和被遮罩层的特点,这些在上小节中已经做过介绍。简单来说遮罩层就好比是一个小孔,通过这个小孔就可以看到被遮罩层中的内容。如果在遮罩层或被遮罩层中插入了渐变动画,那么就可以创建更加复杂的动画渐变效果。下面就以一个动态文本动画来介绍遮罩动画。

(1) 单击"文件"→"新建"菜单命令,新建文档"无标题-1"。

(2) 针对图层 1 进行以下操作:

① 选择工具箱中的文字工具,在"属性"面板上设置文本类型为静态文本,字体为 Arial Black,字号为 96 点,然后在舞台上输入文本"Animate"(图 7.83)。

图 7.83　输入的静态文本

② 利用 Ctrl＋B 组合键将文本分离成单个字符,再次应用 Ctrl＋B 组合键将文本打散成矢量图形。

③ 单击第 20 帧,然后按下 F5 键插入普通帧。

④ 鼠标右击第 1 帧,然后在弹出的快捷菜单中选择"复制帧"命令。

(3) 单击"时间轴"面板下方的"新建图层"按钮,此时在图层 1 的上方新建了图层 2,鼠标右击图层 2 的第 1 帧,在弹出的快捷菜单中选择"粘贴帧"命令。

（4）针对图层2进行以下操作：

① 选择工具箱中的墨水瓶工具，然后在"属性"面板上将笔触设置为红色实线，笔触高度为2。此时舞台上的鼠标指针变成了墨水瓶工具形状。

② 把鼠标移至文本的边框处进行单击，为文本进行描边。

③ 选择工具箱中的选择工具，选择文本的填充部分，按 Delete 键将其删除，得到如图7.84所示的效果。

图7.84　删除填充后的文本

④ 单击第20帧，按下 F5 键插入普通帧。

（5）新建图形元件

① 单击"插入"→"新建元件"菜单命令，创建一个元件名为"图片"的图形元件。

② 在元件的编辑窗口中，单击"文件"→"导入"→"导入到库"，打开如图7.72所示的对话框，选择一组图片后，单击"确定"按钮。

③ 在"图片"元件的编辑窗口中，单击图层1的第1帧，从"库"面板（图7.85）上依次把图片拖到舞台上，水平放置。

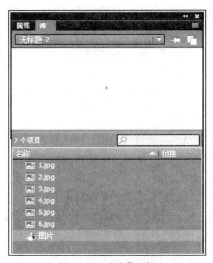

图7.85　"库"面板

（6）单击"编辑"→"编辑文档"菜单命令，返回主场景，新建图层3，置于图层1下方，针对图层3进行以下操作：

① 单击第1帧，从"库"面板上把"图片"元件拖到舞台上，按照图7.86适当调整实例的位置。

图 7.86　第 1 帧上三个对象的位置关系

② 鼠标右击第 20 帧,在弹出的快捷菜单中选择"插入关键帧"命令,然后调整实例的位置,如图 7.87 所示。

图 7.87　第 20 帧上三个对象的位置关系

③ 鼠标右键单击第 1 帧,在弹出的快捷菜单中选择"创建传统补间"命令,此时第 1 帧到第 20 帧之间创建了一个传统补间动画。

（7）利用鼠标右键单击图层 1,在弹出的快捷菜单中选择"遮罩层"命令,此时图层 1 变为遮罩层,而图层 3 自动转换成被遮罩层,同时这两个图层被锁定,如图 7.88 所示。

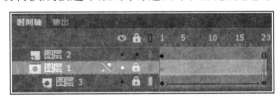

图 7.88　遮罩动画的"时间轴"面板

（8）单击"控制"→"测试影片"菜单命令,测试动画的播放效果。可见文本的边框不会发生变化,而文本的填充部分是不断运动的图片,图 7.89(a)显示的是第 1 帧的画面,图 7.89(b)显示的是第 15 帧的画面。

（a）第 1 帧的画面　　　　　　　　　　　　　（b）第 15 帧的画面

图 7.89　遮罩动画的效果

（9）单击"文件"→"另存为"菜单命令,输入文件名"遮罩动画",文件类型设置为".fla"。

（10）单击"文件"→"发布设置"菜单命令,打开"发布设置"对话框,选中"Flash"和"HTML"复选框,如图 7.90 所示。单击"发布"按钮,将动画发布为 SWF 和 HTML 两种格式的文件。

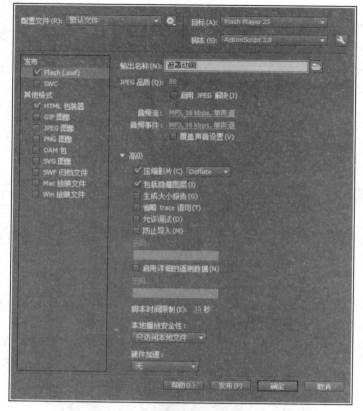

图 7.90 "发布设置"对话框

7.4.3 补间动画

在制作前面介绍的动画时，细心的读者会发现右键快捷菜单中有"创建补间动画"和"创建传统补间"两个命令，它们都可以制作渐变动画，但是制作方法不太相同。为了最大限度地减小文件的体积，补间动画中只有指定的属性关键帧的值存储在源文件和发布后的文件中。所谓的属性关键帧，就是元件实例属性发生变化的关键帧，在时间轴上表现为黑色的菱形。

1. 补间动画和传统补间动画的区别

（1）制作传统补间动画时最重要的是定义两个关键帧，而补间动画只能针对一个元件实例，并使用属性关键帧来实现。

（2）在制作传统补间动画时会将所有不支持补间的对象转换为图形元件，而制作补间动画时会将这些对象转化为影片剪辑元件。

（3）如果需要在补间动画的补间帧中选择单个帧，必须按下 Ctrl 键再单击该帧，而在传统补间动画中则直接单击即可。

（4）补间动画范围内不能添加帧的代码，而传统补间动画可以。

（5）3D 对象不能创建传统补间动画，只能创建补间动画。

（6）补间动画有动画编辑器，可对动画的属性进行调节，而传统补间动画则没有。

（7）补间动画可以另存为动画预设，而传统补间动画则不可以。

2. 补间动画的制作

在制作补间动画时，需要明确的是补间的对象可以是元件或文本，而这些对象的 2D 位置、3D 位置、缩放、倾斜、颜色效果、滤镜等属性都可以作为补间的属性。值得注意的是，在补间动画的补间范围内只能有一个对象。下面就通过一个实例来讲解补间动画的制作步骤。

（1）新建一个 ActionScript 3.0 文档，单击"文件"→"导入"→"导入到库"菜单命令，将准备好的背景图片和蜜蜂图片导入到库中。

（2）单击图层 1 的第 1 帧，将"库"面板上的背景图片拖动到舞台上，调整图片的大小。在第 45 帧插入普通帧，延长背景图片的显示时间。

（3）新建图层 2，单击第 1 帧，将"库"面板上的蜜蜂图片拖动到舞台上，选中蜜蜂图片并按下 F8 键将其转换为"蜜蜂"图形元件，然后调整蜜蜂的大小和位置，如图 7.91 所示。

图 7.91　背景图片和蜜蜂图片

（图片来源：http://travel.cntv.cn/20110321/104286.shtml）

（4）在图层 2 的第 45 帧插入普通帧。鼠标右键单击第 1 帧至第 45 帧之间的任意一帧，在弹出的快捷菜单中选择"创建补间动画"命令，此时时间轴上第 1 帧至第 45 帧的背景变成了淡蓝色。按下回车键进行测试，此时蜜蜂是静止的，需要插入属性关键帧才能制作完整的补间动画。

（5）鼠标右键单击图层 2 的第 15 帧，在弹出的快捷菜单中"插入关键帧"→"位置"命令，此时帧上出现一个菱形的标识。

（6）选中第 15 帧上的蜜蜂，将其拖动到舞台的另一位置，此时第 1 帧和第 15 帧的蜜蜂之间添加了一条由许多点组成的路径，而路径中点的个数为帧的数目，这条路径显示的是蜜蜂的运动轨迹。

（7）单击图层 2 的第 25 帧，像步骤（5）一样插入位置属性关键帧并移动蜜蜂位置。选中选择工具，将鼠标指针移到路径的下方，可将直线路径调整为曲线路径，如图 7.92 所示。

图7.92　调整蜜蜂运动轨迹

（8）继续在图层2的第35帧插入位置属性关键帧，将蜜蜂放置到舞台的左侧，调整路径。

（9）按下回车键测试动画，可以看到蜜蜂沿着路径采花蜜并飞出舞台之外。测试完成后，将文件保存为"蜜蜂采花蜜.fla"，动画的"时间轴"面板如图7.93所示。

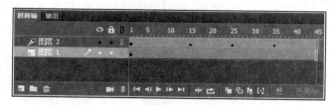

图7.93　补间动画的"时间轴"面板

3. 动画预设

在"时间轴"面板上选择补间动画的补间帧，单击鼠标右键，在弹出的快捷菜单中选择"另存为动画预设"命令，可将制作的补间动画保存起来。例如将图7.93中图层2的补间动画另存为预设动画，弹出如图7.94所示的对话框，输入预设名称。在面板集合区域，单击"动画预设"面板按钮，在打开的"动画预设"面板上显示了默认预设和用户自定义预设（图7.95）。动画预设有利于在多个动画文档之间共享补间动画，使用"动画预设"面板可以导入其他文档中的动画预设，也可以将自己另存的动画预设导出。

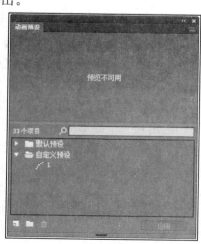

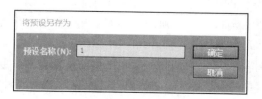

图7.94　"将预设另存为"对话框　　　　图7.95　"动画预设"面板

有了动画预设,便可以为文档中的其他对象创建相同的补间动画,这里举一例来进行说明。

(1) 打开文件"蜜蜂采花蜜.fla",在图层 2 的上方新建图层 3,将准备好的蝴蝶图片导入到舞台上,按下 F8 键将其转化为"蝴蝶"图形元件并调整其位置和大小。

(2) 在"动画预设"面板上单击"自定义预设"列表中的"1"动画预设,然后单击"应用"按钮,即可在图层 3 创建和图层 2 相同的补间动画,此时"时间轴"面板如图 7.96 所示。

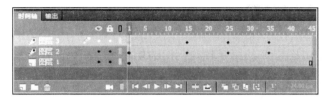

图 7.96　应用动画预设后的"时间轴"面板

(3) 按下回车键测试动画,发现蝴蝶与蜜蜂的运动轨迹是相同的,如图 7.97 所示。值得注意的是,舞台上的每个对象只能应用一个动画预设,如果将第二个动画预设应用于当前对象时,那么第一个动画预设将被替换。

图 7.97　应用动画预设后的舞台效果

7.4.4　综合实例

打开 7.2 节中制作的"春晓.fla"文件,该文件是利用文本、套索等工具制作的,不包含任何动画。下面利用该文档的素材进一步编辑,制作包含动画的文档,具体操作步骤如下。

(1) 新建 ActionScript 3.0 文档,将文档的背景设置为黑色,在图层 1 的第 1 帧导入背景图片,在第 40 帧按下 F5 键插入普通帧,将图层 1 重命名为"背景"。

(2) 新建图层 2,在第 1 帧上绘制一个圆,将其放置到舞台的中心处(图 7.98),按下 F8 键将圆转化为图形元件;在第 40 帧按下 F6 键插入关键帧,并调整圆的大小,使其覆盖整个舞台。

图 7.98　第 1 帧画面的舞台效果

(3) 鼠标右键单击图层 2 的第 1 帧,在弹出的快捷菜单中选择"创建传统补间"命令,该动画制作完成后的效果为:第 1 帧上的小圆逐渐转换为一个大圆。

(4) 将图层 2 设置为遮罩层,此时图层 1 自动转化为被遮罩层,将图层 2 重命名为"圆遮罩",此时"时间轴"面板如图 7.99 所示。

图 7.99　为背景设置遮罩后的"时间轴"面板

(5) 按下回车键测试动画,发现第 1 帧画面的舞台是黑色的,然后通过遮罩层的控制逐渐显示整个背景图片,图 7.100 为第 20 帧画面的舞台效果。

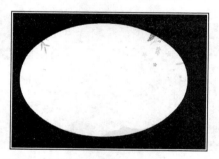

图 7.100　设置遮罩后第 20 帧画面的舞台效果

(6) 将"春晓. fla"文件中的古诗标题分别转化图形元件"春"和"晓",实际效果如图 7.101 所示。

(a)"春"图形元件　　　　　　(b)"晓"图形元件

图 7.101　古诗标题转化为图形元件

(7) 新建图层 3 并重命名为"春",在第 41 帧将"春"图形元件放置在舞台的左上方(X:－90,Y:65),在第 65 帧插入关键帧并调节实例的位置(X:195,Y:65);将第 41 帧上实例的 Alpha 值设置为 0,在第 41 帧至第 65 帧之间创建传统补间动画,在"属性"面板上将"旋转"

选项设置为顺时针 3 次。

（8）在第 70 帧和第 75 帧分别插入关键帧，将第 70 帧上的实例往上移（Y:40）。在第 65 帧至第 70 帧和第 70 帧至第 75 帧之间分别创建传统补间动画。

（9）按下回车键测试动画，"春"字的动画效果是从舞台左侧旋转 3 次运动到标题位置处，然后轻微上移后又回到原来位置。

（10）新建图层 4 并重命名为"晓"，按照步骤（7）和（8）为"晓"字制作类似的动画效果，使得"晓"字从舞台的右上方旋转至标题位置处，经上移运动后回到原处，其"时间轴"面板如图 7.102 所示。"晓"字的上移过程稍微滞后于"春"字，因此在第 66 帧至第 69 帧之间为普通帧，作用是延长舞台显示时间。

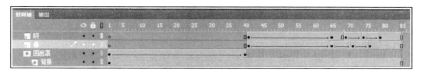

图 7.102　标题动画的"时间轴"面板

（11）按下回车键测试动画，图 7.103（a）为标题旋转时的效果，图 7.103（b）为标题上移后回到原处的舞台效果。

（a）第 55 帧的画面

（b）第 80 帧的画面

图 7.103　标题动画的舞台效果

（12）新建图层 5 并重命名为"诗句"，在第 85 帧选择文本工具，设置字体为华文行楷，字号为 32 点，输入古诗《春晓》的 4 句诗句（图 7.104（a)）并将每句转化为图形元件，此时"库"面板如图 7.104（b）所示。

春眠不觉晓，处处闻啼鸟。
夜来风雨声，花落知多少。

（a）诗句　　　　　　　（b）诗句转化为图形元件

图 7.104　古诗《春晓》的诗句转化为图形元件

（13）新建图层 6 并重命名为"矩形遮罩"，在第 85 帧绘制一个矩形，使其能够将图 7.104(a) 中的诗句覆盖住，然后在第 100 帧插入一个关键帧。

（14）在"矩形遮罩"图层利用任意变形工具调节第 85 帧上矩形的形状，使矩形和诗句几乎呈垂直状态，然后在第 85 帧至第 100 帧之间创建补间形状动画，如图 7.105 所示。

(a) 第 85 帧的画面　　　　　　　　　　　(b) 第 95 帧的画面

图 7.105　矩形的补间形状动画的舞台效果

（15）为矩形创建补间形状动画的目的是希望通过矩形来控制诗句的显示，因此将"矩形遮罩"图层设置为遮罩层，而"诗句"图层自动转换为被遮罩，此时"时间轴"面板如图 7.106 所示。

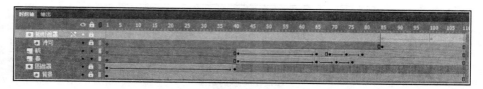

图 7.106　为诗句设置遮罩后的"时间轴"面板

（16）按下回车键测试动画，观察动画的效果。如果诗句的遮罩效果不好，那么需要调节遮罩层中的矩形形状，直到满意为止。动画制作完成后将文档保存为"综合练习.fla"。

习题 7

一、简答题

1. 颜料桶工具在什么情况下使用？锁定填充有什么作用？

2. 简述填充画笔工具的 5 种模式。

3. 简述椭圆工具和基本椭圆工具的区别。

4. 橡皮擦工具有哪几种擦除模式？水龙头工具有什么作用？

5. 文本有哪三种类型？它们分别有什么特点？

6. 如何对文本应用线性渐变填充色？请简述基本步骤。

7. 图层有哪些类型？它们分别有什么特点？

8. 按钮元件有哪些帧？它们分别表示按钮的什么状态？

9. 引导层分为哪两种？它们分别应用于哪些场合？

10. 元件有哪几种类型？元件和实例有哪些联系？

11. 逐帧动画和渐变动画各有什么优缺点？

12. 传统补间动画和补间动画有哪些异同点？

二、操作题

1. 使用工具栏中的工具绘制如图 7.107 所示的蝴蝶。

图 7.107　蝴蝶

2. 使用图 7.58 中的图片，采用下面两种方法，制作如图 7.108 所示的彩图文字，并说明两种方式的区别：

（1）利用位图填充方式。（提示：输入文字后，需将文字分离后才可以使用颜料桶填充。）

（2）利用遮罩层和被遮罩层。（提示：参考 7.4.2 中遮罩动画的制作。）

图 7.108　彩图文字

3. 参考 7.3.3 节中的实例，制作一个数字"1"渐变为数字"2"的补间形状动画，要求添加形状提示。（提示：输入的文字需要打散后才能创建补间形状动画，可以按照图 7.109 添加形状提示。）

（a）第 1 帧上的形状提示　　　（b）第 30 帧上的形状提示

图 7.109　形状提示的添加

4. 参考 7.4.1 节中的实例，为图 7.107 中的蝴蝶制作引导动画，引导线和蝴蝶的舞台效果如图 7.110 所示。

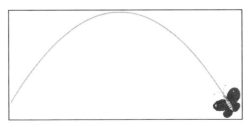

图 7.110　蝴蝶的引导动画

5. 参考 7.4.3 节中的实例,利用补间动画,制作和图 7.110 所示动画效果相同的实例。(提示:利用选择工具调整蝴蝶的运动路径。)

6. 制作一个宣传短片的动画,主题是"中秋节",要求融合形状补间动画、遮罩动画、引导动画,并插入背景音乐。

参考文献

[1] 宋翔. Word 排版之道[M]. 北京:电子工业出版社,2009

[2] 徐小青,王淳灏. Word 2010 中文版入门与实例教程[M]. 北京:电子工业出版社,2011

[3] 王欣欣. 文档之美:打造优秀的 Word 文档[M]. 北京:电子工业出版社,2012

[4] 神龙工作室. Office 2016 办公应用从入门到精通[M]. 北京:人民邮电出版社,2017

[5] 龙马工作室. Excel 2016 从新手到高手[M]. 北京:人民邮电出版社,2011

[6] 董培雷,玄夕同. Office 2016 从入门到精通[M]. 北京:科学出版社,2011

[7] 新视角文化行. Dreamweaver CC 网页制作实战从入门到精通[M]. 北京:人民邮电出版社,2015

[8] 张国勇,贺丽娟. 完全掌握:Dreamweaver CC 白金手册[M]. 北京:清华大学出版社,2015

[9] 张晓景. HTML5 动画制作神器:Adobe Edge Animate CC 一本通[M]. 北京:电子工业出版社,2015

[10] 郭晓俐. 二维动画设计:Flash 案例教程[M]. 北京:清华大学出版社,2011